AF356338

LES

TRAVAUX SOUTERRAINS

DE PARIS

24050 — PARIS, IMPRIMERIE A. LAHURE

9, rue de Fleurus, 9

LES

TRAVAUX SOUTERRAINS DE PARIS

V

DEUXIÈME PARTIE

LES ÉGOUTS

TROISIÈME PARTIE

LES VIDANGES

PAR

M. BELGRAND

MEMBRE DE L'INSTITUT
INSPECTEUR GÉNÉRAL DES PONTS ET CHAUSSÉES
DIRECTEUR DES EAUX ET DES ÉGOUTS DE PARIS

PARIS

Vᵛᵉ CH. DUNOD, EDITEUR

LIBRAIRE DES CORPS DES PONTS ET CHAUSSÉES, DES MINES ET DES TÉLÉGRAPHES

49, QUAI DES AUGUSTINS, 49

1887

Arrivé aux dernières années de sa carrière, M. Belgrand avait considéré comme un devoir de faire la description des nombreux et beaux ouvrages qu'il avait construits et le récit des difficultés qu'il avait eu à vaincre dans leur exécution, afin qu'ils puissent servir d'enseignement à ceux qui viendraient après lui. Comme s'il eût eu le pressentiment d'une fin que personne pourtant ne pouvait supposer si prochaine, il y travaillait sans relâche et avec une sorte de hâte. Aussi, pendant que ses premières publications étaient sous presse, il réunissait les matériaux qui devaient composer les dernières.

C'était pour ses anciens collaborateurs une pieuse obligation de recueillir ces documents et de les mettre au jour. Déjà M. Buffet, Inspecteur général des ponts et chaussées, qui avait dirigé les travaux de l'aqueduc de la Vanne sous les ordres de M. Belgrand, après avoir coordonné tout ce qui concernait les Eaux, a pu en former un volume publié sous le titre : *Les Eaux nouvelles*.

La tâche de rassembler les pièces relatives aux Égouts était revenue à M. l'Ingénieur en chef Édouard Couche, qui avait eu le Service des égouts pendant les dernières années de M. Belgrand. Déjà il avait commencé ce travail de classement et l'avait accompagné d'annotations que l'on trouvera dans le présent volume, lorsque, à son tour, une mort inopinée vint interrompre brusquement sa brillante carrière, et porter parmi sa famille et ses amis un deuil d'autant plus cruel que son dévouement paternel, cause de sa perte, avait été inutile, et que son fils était devenu, comme lui, la proie des flots.

A la suite de ce tragique événement, l'auteur de ces lignes, successeur de M. Couche au Service des égouts, fut prié de terminer l'œuvre déjà bien avancée. Et voilà comment le plus humble des disciples de M. Belgrand a été appelé à son tour à apporter sa pierre au monument qui doit manifester la gloire du Maître, en publiant ses travaux.

M. Belgrand avait trouvé, pour la composition des premiers volumes qu'il a fait paraître, un aide aussi zélé qu'habile dans la personne de son secrétaire, M. Mourot, aujourd'hui chef de bureau à la Préfecture de la Seine, et il lui en a publiquement adressé ses remerciements dans sa préface. M. Mourot, dont l'attachement respectueux a survécu à celui qui l'inspirait, a continué le même concours à la publication de ce volume, en recherchant dans les papiers de M. Belgrand tous les renseignements qui pouvaient être utiles, et en faisant préparer les remarquables dessins qui composent l'Atlas.

Le volume des *Égouts* ne présente pas moins d'intérêt que les œuvres précédentes de M. Belgrand. Il ne s'agit point ici d'ouvrages grandioses qui frappent le regard, comme les aqueducs de la Dhuis et de la Vanne, dont les arcades élevées apparaissent au loin, foulant de leurs pieds gigantesques les forêts et les champs. Ce sont des galeries souterraines qu'un petit nombre de personnes connaissent pour en avoir visité les lignes principales sur un wagon poussé par des égoutiers. Pour les délicats, leur destination en fait un objet répugnant, et cependant ils sont aussi nécessaires à la santé publique que les canaux qui amènent aux habitants l'eau pure des sources.

C'est grâce aux nombreux égouts construits sous sa direction, que M. Belgrand a pu dire à juste titre, dans les premières lignes de ce livre, que Paris est devenu la capitale la plus propre du monde, après en avoir été la plus infecte.

Le haut mérite de M. Belgrand est d'avoir constitué l'unité du réseau des égouts, d'en avoir fait un corps dont toutes les parties, collecteurs et petites galeries, sont agencées pour concourir au même objet.

Le premier des grands collecteurs eut pour but d'intercepter les eaux des égouts et celles, non moins nauséabondes, de la Bièvre, et de porter leur débouché *extra muros*, pour les empêcher de corrompre la Seine à l'intérieur de Paris.

M. Belgrand réalisa ce programme avec la hardiesse et la sûreté de coup d'œil qui le caractérisaient ; il n'hésita point à percer le promontoire qui sépare la place de la Concorde de la plaine de Clichy, et à diriger par cette trouée le collecteur qui vient, en ligne directe, se jeter dans la Seine en face d'Asnières, gagnant ainsi une chute de 2 mètres perdue par les méandres du fleuve, et abaissant de la même hauteur le niveau de submersion des caves les plus basses de Paris.

Ce n'était pas un travail facile que d'ouvrir un souterrain au milieu de sables bouillants, sous des maisons portant de nombreux étages ; mais M. Belgrand trouvait vite une solution simple aux difficultés qu'il rencontrait en exécution : il fit, au moyen d'épuisements, descendre la nappe aquifère au-dessous de la construction et, en asséchant ainsi les sables, fit disparaître leur dangereuse fluidité pour les transformer en une masse solide et résistante.

Le collecteur d'Asnières est l'évacuateur principal des égouts de Paris. M. Belgrand y joignit de nombreux collecteurs secondaires, tracés au fond des grands plis de terrain que forme le sol de la ville.

En même temps, il rattachait à ces organes essentiels du réseau, une multitude de petits égouts qui, prenant les eaux des diverses rues, étendaient rapidement le périmètre des quartiers assainis.

Jusqu'alors, on avait, pour la construction des égouts, employé des moyens coûteux qui avaient retardé leur développement. M. Belgrand, qui avait étudié sur place la fabrication et les précieuses propriétés du ciment de Vassy, en introduisit l'emploi d'une manière presque exclusive dans les maçonneries des égouts, réduisit par ce moyen leur épaisseur au strict minimum et parvint ainsi à diminuer les dépenses dans une proportion telle qu'il put donner à la section intérieure de ces galeries souterraines des dimensions bien supérieures à celles des anciens égouts, sans que le prix en fût augmenté.

L'économie professée par M. Belgrand n'était pas de celles qui envisagent uniquement le chiffre de la dépense sans avoir égard aux résultats qu'on doit en attendre : elle ne retranchait que sur l'inutile.

Comprenant la nécessité de défendre les conduites d'eau contre les chances de rupture qu'offre le sol remué de Paris, de faciliter leur réparation et d'en surveiller les pertes, il n'hésita point à disposer tous les égouts de sorte qu'on puisse y placer des tuyaux sans gêner la circulation des égoutiers. Quelques-uns d'entre eux durent recevoir une ouverture suffisante pour qu'on y logeât les plus grosses conduites de la distribution d'eau. On a lieu de se féliciter de cette sage résolution de M. Belgrand, qui permet aujourd'hui à tous les égouts de Paris d'offrir un asile précieux aux fils télégraphiques, téléphoniques, aux tubes pneumatiques destinés à la circulation des dépêches télégraphiques et enfin aux tuyaux de transmission de la force motrice.

Après les désastres de l'année 1870, M. Belgrand fut obligé, bien à contre-cœur, et par des nécessités financières, de donner à quelques-uns des petits égouts construits après cette époque, des dimensions inférieures à celles qu'il considérait comme un minimum ; il s'y résigna pour ne pas ajourner l'assainissement de certaines rues ; mais, dès que la situation se fut améliorée, il fallut revenir au type primitivement indiqué par lui comme une limite à l'exiguité des égouts.

Ce n'est pas assez de construire les égouts, il faut encore

les maintenir en bon état et empêcher que les immondices amenées par les eaux ne s'y déposent et n'y développent, par la fermentation, des gaz infects et délétères qui gagnent la rue et l'intérieur des maisons.

On doit à M. Belgrand un système de curage méthodique des égouts de Paris.

Au moment où il fut nommé Ingénieur de la Ville, le curage des égouts rentrait dans les attributions du Préfet de police, tandis que leur construction ressortissait au Préfet de la Seine : rien n'était plus irrationnel qu'une pareille division de service, car il est impossible de donner à un égout des dispositions favorables à son bon état d'entretien si l'on n'a pas observé, par la pratique du curage, les difficultés de l'écoulement des immondices et autres matières mêlées aux eaux d'égout, et, d'un autre côté, on ne peut bien diriger le curage si l'on n'est pas prévenu des dispositions prises par le constructeur en vue de le faciliter. Un décret du 10 octobre 1859 vint mettre fin à ce tronçonnement du Service des égouts en le plaçant tout entier dans les mains du Préfet de la Seine. M. Belgrand se trouva ainsi chargé de réorganiser sur de nouvelles bases le fonctionnement du curage.

La situation était difficile, car le grand développement donné aux chaussées macadamisées, souvent sur des voies très fréquentées, avait amené dans les égouts des masses de graviers et cailloux que l'eau ne pouvait entraîner.

Pénétré de cette idée que le bon état des collecteurs est le principe du bon état de tout le réseau, que toute obstruction d'une artère principale occasionne au loin l'encombrement de ses affluents, il s'appliqua tout d'abord à maintenir dans les collecteurs la liberté d'écoulement, et il employa, à cet effet, des chasses d'eau produites mécaniquement par des vannes portées sur des trucs roulant sur rails ou suspendues à des bateaux. La circulation lente mais continue de ces machines, qui viennent et reviennent sans cesse sur le même chemin, assure d'une manière non moins complète qu'économique le départ des immondices et même des sables et corps lourds qui tombent et séjournent sur les radiers des égouts.

On ne pouvait employer les mêmes engins pour le curage des tuyaux qui, près du pont de l'Alma, font passer sous la Seine les eaux d'égout de la rive gauche à la rive droite, et il fallait cependant éviter à tout prix l'engorgement de ce siphon ; tout le monde sait par quel procédé simple et ingénieux M. Belgrand a résolu le problème : une boule en bois roulant sous l'action du courant fait dans les tuyaux du siphon l'office que les vannes de chasse remplissent dans les cunettes des collecteurs.

Les petites galeries ne se prêtaient pas, du temps de M. Belgrand, à des procédés de curage aussi efficaces que ceux employés pour les collecteurs. Elles manquaient d'eau, cet agent indispensable du nettoyage et de la propreté : tous les efforts étaient portés alors sur la construction des égouts, dont le réseau s'accroissait par an avec une vitesse dont on n'avait pas eu d'exemple auparavant, et sur l'augmentation de l'approvisionnement d'eau ; mais les sources qu'on allait chercher au loin n'étaient pas encore arrivées, et les usines qui devaient puiser un supplément d'eau en rivière n'étaient pas encore achevées. Aussi, pour aider le travail des égoutiers, on n'avait d'autres moyens que de retenir les eaux sales dans les égouts à l'aide de vannes qu'on ouvrait au moment voulu pour produire une chasse énergique mais, malheureusement, bien nauséabonde; il fallait ensuite extraire par les regards les dépôts de sable accumulés. Suivant le principe adopté par M. Belgrand, le service des collecteurs était assuré avant tout; les soins donnés au reste des égouts dépendaient des crédits mis à sa disposition. Cependant il veillait avec attention à ce que les accumulations de sable n'excédassent pas une certaine hauteur : il s'en faisait présenter périodiquement la situation, et dès que leur amas dépassait la limite qu'il considérait comme extrême, il faisait commencer l'extraction.

Aujourd'hui que les pavages en bois remplacent le macadam et diminuent la production des sables, que les ressources en eau ont presque doublé et qu'une canalisation complète la porte dans toutes les rues, les difficultés du curage des égouts ont considérablement diminué, et l'on peut en même temps y obtenir un degré de propreté plus satisfaisant.

Sur tous les points des égouts où cela paraît nécessaire, il suffit maintenant d'établir un réservoir, de le relier à la canalisation qui l'alimente lentement, puis de se servir de l'eau qu'il a emmagasinée pour chasser les immondices et laver les parois de l'égout.

Les galeries construites par M. Belgrand se prêtent sans difficulté à tous ces perfectionnements et elles ont l'immense avantage de permettre les modifications qu'indiquent les progrès de la science ou que réclament les besoins nouveaux, sans qu'il soit nécessaire de les détruire pour les refaire en entier.

Les égouts assurent d'une manière visible à tous les yeux la propreté de la rue, mais par leur relation souterraine avec la maison ils ont un rôle important à jouer dans son assainissement. Les questions de salubrité étant restées dans les attributions du Préfet de police, M. Belgrand n'a été conduit à s'occuper de l'intérieur des maisons qu'à l'occasion des vidanges, le décret du 10 octobre 1859 ayant dévolu cette partie importante de l'assainissement des villes au Préfet de la Seine qui déjà, depuis 1849, était chargé de la voirie de Bondy et du dépotoir de la Villette.

Très impressionné des inconvénients de la voirie et de ceux des vidanges, dont les procédés non encore perfectionnés incommodaient gravement les habitants de Paris, M. Belgrand s'intéressa d'abord à toutes les inventions proposées pour diminuer ou prévenir les odeurs infectes que répandaient dans les maisons la vidange des fosses fixes et, dans la banlieue, le traitement des matières extraites. Mais, voyant bien que l'on ne remédierait jamais entièrement au mal tant que les fosses existeraient, il rechercha les moyens de les rendre inutiles.

Le seul procédé qu'il reconnut d'abord comme praticable fut de conduire directement aux égouts les liquides provenant des cabinets d'aisances et de retenir dans des fosses mobiles les matières solides que ces galeries lui paraissaient alors être absolument impropres à recevoir. On comprendra en effet, après ce qu'on vient de lire, qu'avec le manque d'eau dont on souffrait pour le lavage des égouts, M. Belgrand ait craint d'y envoyer des matières qui auraient certainement séjourné sur les radiers et y auraient répandu l'infection.

Il s'appliqua donc à substituer aux fosses anciennes des appareils diviseurs et de petit volume qu'on pût enlever périodiquement avec leur contenu ; ce sont les tinettes-filtres que tout le monde connaît aujourd'hui.

Ces appareils présentaient l'avantage de supprimer la vidange nocturne, avec son bruit qui troublait le sommeil des habitants et ses émanations qui suffoquaient tout le voisinage, et de faire disparaître les vastes et infects bassins de la voirie de Bondy ; de plus, M. Belgrand y voyait le moyen de développer la consommation d'eau dans les maisons où les propriétaires se gardaient de l'introduire, de peur d'avoir à l'enlever ensuite, à grands frais, des fosses où elle finit toujours par aboutir.

Bien que les tinettes filtrantes présentent des inconvénients que M. Belgrand avait prévus et a cherché à prévenir en en détournant les eaux étrangères aux cabinets d'aisances, dont l'abondance y provoque des débordements et la dilution des matières, elles ont constitué un réel progrès sur le système des fosses fixes ; aussi ont-elles gagné la faveur des propriétaires, et se sont-elles élevées au nombre de 50000 depuis l'arrêté du 2 juillet 1867 qui les a autorisées.

Lorsque M. Belgrand eut augmenté les ressources de la distribution d'eau, et qu'il eut entrevu les services qu'on en tirerait pour le lavage des égouts, il pensa que l'on pourrait se passer de la tinette filtrante dans certains cas, et qu'il serait possible d'admettre dans les égouts toutes les matières sorties des cabinets d'aisances, sans aucune distinction. Mais, avec sa prudence ordinaire, il y mettait la condition qu'on procéderait par des essais successifs. Depuis sa mort, cette question a été l'objet de vives controverses; elles ont abouti, sous une forme un peu différente, à la conclusion qu'il avait énoncée quinze ans auparavant.

Dans le volume qu'on va lire, la pensée de M. Belgrand n'a pu recevoir tous les développements qu'il lui aurait donnés s'il l'avait composé lui-même pour l'impression, mais elle ressort cependant de l'ensemble des morceaux qui ont concouru à le former et qui sont tous de sa plume, quoique certains aient été écrits à des époques différentes. On y reconnaîtra la clarté d'esprit, la bonhomie fine et le sens droit qui le distinguaient. On y retrouvera le témoignage de l'attachement qu'il portait à ses fonctions et à la science, sans aucune recherche de la renommée.

Il ne se préoccupait en effet que du but utile qu'il fallait atteindre, et ne déviait point de la ligne qu'il s'était tracée, ne comptant pour rien les contradictions et les obstacles qui pouvaient l'en détourner tant qu'ils ne compromettaient pas le succès de l'entreprise et ne lui demandaient que plus de travail et de fatigue.

Ceux qui ne l'ont pas connu ne pourront s'empêcher

d'éprouver un sentiment de sympathique admiration pour ce serviteur sincère des intérêts parisiens ; ceux qui, comme nous, ont pu apprécier sa ferme et paternelle autorité, sa bonté communicative, y trouveront avec son souvenir une consolation et un encouragement à l'imiter jusqu'au bout.

Paris, 12 juin 1887.

HUMBLOT,

Ingénieur en chef des ponts et chaussées.

TRAVAUX SOUTERRAINS DE PARIS

DEUXIÈME PARTIE

LES ÉGOUTS

INTRODUCTION

Lorsque j'entends les Parisiens se plaindre si vivement de l'état actuel de la voirie et des boues du macadam, je ne puis m'empêcher de penser qu'ils ont la mémoire bien courte et qu'ils ont trop vite oublié les inconvénients d'un passé qui n'est guère éloigné cependant.

Mais, en y réfléchissant, on reconnaît qu'il doit en être ainsi; les maux présents, les seuls dont nous souffrons, nous paraissent, quelque légers qu'ils soient, plus intolérables que les maux passés, surtout quand nous sommes, pour toujours, débarrassés de ces derniers.

Dans les questions de l'ordre de celles dont je vais m'occuper principalement, rien n'est plus naturel que de ne tenir aucun compte des améliorations réalisées et de ne voir que les inconvénients de ce qui existe.

Les enfants de Paris nés au commencement du siècle se souviennent que les chaussées des rues de la ville n'avaient pas, vers 1830, la forme bombée qu'on leur a donnée depuis.

À cette époque, un ruisseau occupait le milieu de toutes les voies publiques ; de petits ruisseaux secondaires partaient de chaque maison et déversaient dans le collecteur commun le flot impur des eaux ménagères qui, en temps de sécheresse, croupissaient longtemps en larges flaques dans les inégalités d'un pavé mal entretenu. Les voitures, entraînées par la pente, tenaient invariablement une de leurs roues dans cette fange liquide, et en faisaient jaillir d'épaisses nappes qui retombaient sur les passants. Il était impossible de se promener dans Paris par le plus beau temps sans être exposé à la *crotte*. J'emploie à dessein ce mot si connu de nos pères.

Lorsqu'il pleuvait, c'était naturellement pis encore ; le milieu de chaque rue était occupé par un large torrent d'eau boueuse qu'on franchissait sur des ponts volants, et qui allait s'engouffrer dans une des rares bouches d'égout disposées de loin en loin aux points bas de la ville.

Ces bouches ne ressemblaient guère à celles des égouts actuels, qui sont dissimulées sous les bordures des trottoirs. Elles se présentaient, énormes et béantes, souvent au milieu même de la rue, et répandaient une insupportable odeur dans tout le voisinage.

Toutes ces misères, qui nous paraîtraient si intolérables aujourd'hui, n'étaient rien, néanmoins, si on les compare à celles qui affligeaient nos aïeux dans des temps plus reculés. Les xvi⁰, xvii⁰ et xviii⁰ siècles, qui ont vu s'ériger tant de monuments qui sont aujourd'hui l'orgueil et les lettres de noblesse de la cité, n'étaient pas moins remarquables par l'état de barbarie dans lequel restaient plongées la voirie urbaine et la police. On me pardonnera donc peut-être d'exposer rapidement ici l'histoire de ces travaux cachés qui ont fait de la ville de poussière, de boue et de fumée qu'ont habitée nos pères, la plus belle, la plus élégante et, j'ose ajouter, la plus propre des villes du monde.

PREMIÈRE PARTIE

PÉRIODE ANCIENNE

CHAPITRE PREMIER

Il est très difficile de se rendre compte de l'état de la voirie de Paris dans les premiers temps de la monarchie. C'est vers le règne de Louis XII qu'on a commencé à consigner les actes de l'Administration municipale dans des registres qui forment aujourd'hui les plus précieuses des archives de la Ville. On ne peut guère faire que des conjectures sur ce qui existait antérieurement.

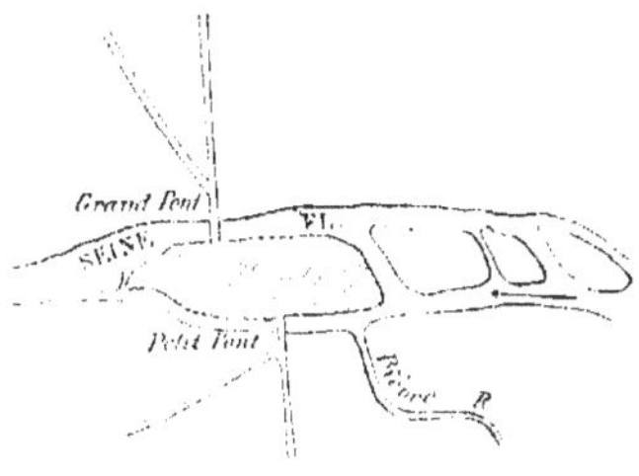

Fig. 1. — Lutèce au temps des Romains.

Tout le monde sait que l'ancienne ville était renfermée dans l'île de la Cité, qu'elle n'occupait même pas tout entière; car un bras du fleuve, qui passait à peu près dans l'emplacement de la place Dauphine, isolait l'îlot sur lequel s'appuie aujourd'hui le Pont Neuf dans sa partie moyenne (fig. 1).

Réduite à ces dimensions exiguës, la ville pouvait à la rigueur se passer d'égouts, et les eaux pluviales et ménagères auraient coulé sans difficulté vers le fleuve à la surface du sol des rues, si celles-ci avaient été convenablement pavées et entretenues.

Sous Louis VII, les limites de la ville ne dépassaient pas, sur la rive droite, le tracé actuel de la rue de Rivoli entre le Louvre et la rue du Pont-Louis-Philippe, et, sur la rive gauche, le tracé de la rue des Écoles entre la rue des Augustins et la rue des Bernardins (fig. 2). Quelques années plus tard, le roi Philippe

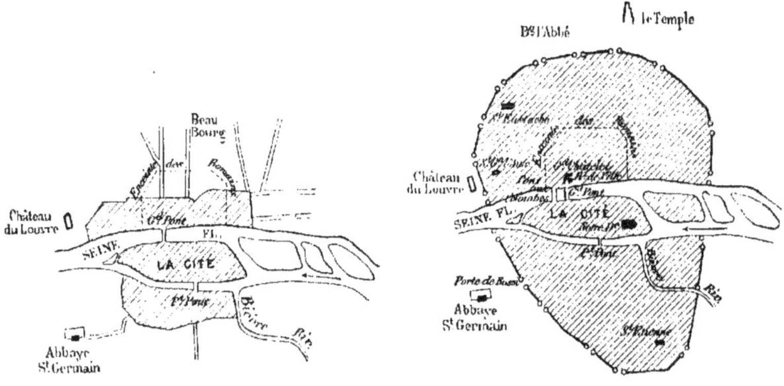

Fig. 2. — Paris sous Louis VII (xii° siècle).   Fig. 3. — Paris sous Philippe Auguste (1223).

Auguste reporta cette enceinte sur la rive droite jusqu'à l'emplacement actuel du Louvre, des rues du Petit-Lion, Michel-le-Comte et de l'église Saint-Paul, et, sur la rive gauche, jusqu'à la place occupée aujourd'hui par le palais de l'Institut (Tour de Nesle), la rue Saint-André-des-Arts, la place Saint-Michel et la rue des Fossés-Saint-Victor (fig. 3).

Entre ces limites, la ville, dont la population était de 200000 âmes environ, se trouvait dans les conditions de nos grandes villes de province, et aurait pu, comme beaucoup d'entre elles, se passer d'égouts sans deux circonstances fortuites.

Le régime de la voirie n'avait pas fait les mêmes progrès

que la cité. Les rues, non pavées et mal nivelées, offraient à chaque pas des monceaux d'immondices qui s'opposaient au libre écoulement des eaux.

J'emprunte à M. Maxime Paulet le passage suivant d'un ancien historien qui donne une idée de ce que produisait, dans les rues de Paris, ce mélange de boue, d'eaux ménagères et de déjections de tout genre :

« Pendant le séjour que Philippe Auguste fit cette année
« dans Paris, il arriva que, se promenant un jour dans la cour
« de son palais, il s'approcha de la fenêtre d'où il prenait vo-
« lontiers plaisir à voir couler la Seine. Dans ce moment, des
« chariots qui vinrent à passer près de là remuèrent la boue
« dont les rues étaient pleines, et répandirent une telle in-
« fection aux environs, que le roi eut peine à la supporter.
« Ce fut l'occasion qui le détermina à entreprendre un ouvrage
« qui, bien que jugé très nécessaire, avait jusque-là effrayé
« par son excessive dépense ; mais il était accoutumé de sur-
« monter de pareils obstacles : il manda les bourgeois de la
« ville avec le Prévôt, et leur ordonna de paver toutes les rues
« de pierre, et son ordonnance eut son effet, ce qui rendit la
« demeure de Paris et plus saine et plus commode. »

Il faut donc se figurer le sol de Paris couvert d'immondices que l'absence de toute police laissait s'amonceler dans les rues.

Il est facile de comprendre ce qui se passait lorsque les eaux d'une forte averse venaient s'accumuler dans ces cloaques; elles pénétraient dans les maisons avec des torrents de vase infecte. C'est ce qui résulte d'anciens documents et notamment d'une plainte des habitants du faubourg Saint-Honoré qui remonte à 1356.

Mais un obstacle d'une nature beaucoup plus grave s'opposait encore à l'écoulement des eaux.

Le sol sur lequel reposait Paris dans ces temps anciens était

absolument plat, et fort peu élevé au-dessus des basses eaux
de la Seine.

Il faut faire abstraction, bien entendu, de la pointe de la montagne Sainte-Geneviève, qui déjà était enclavée dans le mur
d'enceinte. Mais le reste du sol de la ville, et même les plaines
qui s'étendaient à l'entour depuis l'emplacement actuel du quai
Debilly, des rues de la Pépinière, Saint-Lazare, Popincourt,
Sainte-Marguerite et de Bercy sur la rive droite, et de la rue du

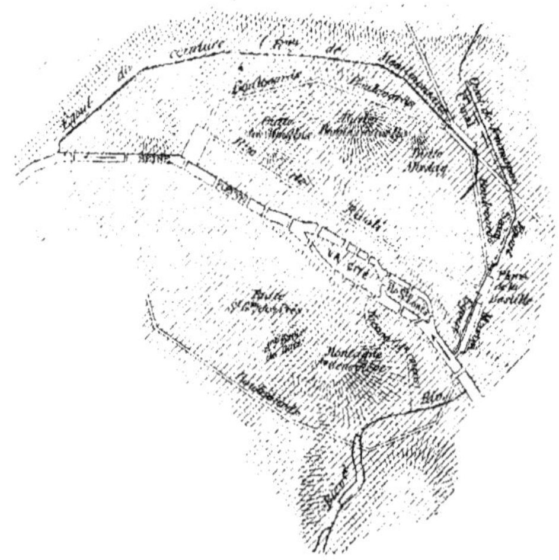

Fig. 4. — Orographie de l'ancien Paris.

Cherche-Midi sur la rive gauche, présentaient une surface tout
unie; on n'y remarquait pas encore les légères ondulations
qu'y ont formées depuis les buttes Meslay, Bonne-Nouvelle, des
Moulins, Saint-Germain-des-Prés, etc. (fig. 4), ou du moins
ces collines n'étaient encore qu'en voie de formation, comme
je le démontrerai ci-après.

Ces plaines n'étaient pas élevées de plus de 4 à 5 mètres au-
dessus des basses eaux du fleuve [1]; or les observations faites

____

[1] Aujourd'hui les points bas de toute la partie de Paris que je viens de décrire sont

par moi et par d'autres dans ces dernières années prouvent que les eaux de la Seine en temps de crue s'élèvent de 5 mètres et plus, en moyenne, pendant 1^{jour},66 par an, et quelquefois pendant dix jours.

Il est bien probable que, dans ces temps anciens, le régime du fleuve était ce qu'il est encore aujourd'hui ; il envahissait donc presque régulièrement, chaque hiver, non seulement la ville, mais encore les faubourgs. Je ne veux pas faire ici la lamentable histoire des désastres causés, pendant le moyen âge, par cette Seine si paisiblement encaissée aujourd'hui entre ses quais, mais tout le monde lira avec intérêt le livre que M. Maurice Champion a publié sur ce sujet [1].

Un des premiers besoins des habitants de Paris fut de se préserver de ce fléau, et des endiguements formés de décombres s'élevèrent sur toutes les rives du fleuve.

Il en résulta que les eaux pluviales, qui, en raison du peu de largeur de la ville, s'écoulaient d'abord tant bien que mal vers le thalweg de la vallée, furent arrêtées par les digues, et que la pente des rues se trouva renversée du côté du nord. Les eaux de la ville n'arrivaient donc à leur exutoire naturel que par de longs détours, et sur un sol presque sans pente. De là l'impérieuse nécessité d'ouvrir de distance en distance des canaux pour les recevoir.

de 7 à 8 mètres au-dessus de ce niveau ; mais dans les nombreuses fouilles d'égout que j'ai fait ouvrir dans toutes les directions, j'ai trouvé souvent une accumulation de 3 à 4 mètres de décombres au-dessus du sol vierge ; il résulte de là que l'ancien niveau ne dépassait pas de plus de 4 à 5 mètres celui des basses eaux du fleuve.

[1] *Les inondations en France*, chez Dunod, éditeur.

CHAPITRE II

DES PREMIERS ÉGOUTS DE PARIS.

Ces canaux ne furent d'abord que de simples fossés à ciel ouvert.

Je viens de dire que l'exhaussement des bords du fleuve sur la rive droite ne leur permettait plus de s'y déverser; ils se dirigeaient du côté du nord, et tombaient dans deux ruisseaux qui ont joué depuis un grand rôle dans l'assainissement de Paris. Tous deux avaient leur origine au pied des coteaux de Belleville, mais ils coulaient presque en sens inverse. Le moins important se dirigeait vers l'est et débouchait dans les fossés de la Bastille, l'autre coulait vers l'ouest, suivait le pied des coteaux de la rive droite, et tombait en Seine vers le ponceau de Chaillot.

Ce ruisseau, qui a reçu longtemps presque toutes les eaux de la rive droite, et qui a été un obstacle au développement de la ville du côté du nord, portait autrefois les noms de *Ruisseau de Ménilmontant* ou de *Grand Égout de Ceinture*.

Ainsi, dès l'origine, les eaux de Paris s'écoulaient sur la rive droite dans les deux directions qu'on leur a conservées jusqu'à ces derniers temps, c'est-à-dire du côté d'amont, vers la place de la Bastille, et, du côté d'aval, vers Chaillot en longeant le pied des coteaux.

Sur la rive gauche, la solution du problème était presque forcée. Les eaux qui ne descendaient pas directement en Seine par les lignes de plus grande pente de la montagne Sainte-Geneviève, tombaient, d'une part, dans les fossés Saint-Victor et Saint-Bernard et dans la Bièvre, et, d'autre part, dans la partie des fossés de la ville occupée encore aujourd'hui par l'égout Guénégaud, entre la rue de l'École-de-Médecine et la pointe de l'Institut.

Mais, avant d'aller plus loin, je dois faire connaître les causes des changements de relief subis par le sol de la ville au Moyen âge.

La couche générale de détritus qu'on trouve presque uniformément répandue sur toute la surface, ne doit son origine qu'à l'absence de toute police et à la crainte des inondations.

Mais lorsque le roi Philippe Auguste eut fait paver les principales rues, le niveau des voies publiques se trouva fixé, et il fallut bien, bon gré mal gré, transporter les immondices hors du mur d'enceinte.

Les habitants furent tenus de balayer les ordures qui souillaient le devant de leurs maisons, et de les faire transporter hors la ville; pour la première fois en 1548, une pénalité fut établie contre ceux qui s'acquittaient mal de ces soins de propreté. « Item, nulz qui portent boës et mainent terreaux, gravois ou aultres choses, de nuyt ou de jour, ne soyent si hardis de les laisser cheoir, espendre ne maitre en rue, mais les portent et mainent entièrement aux lieux accoutumés, et au cas où aulcuns seroient trouvés faisant le contraire, ils seront arrestés et contraincts à les oster à leurs dépens, et seront tenuz de payer amende au roi notre Sire. » (Maxime Paulet.)

Ces *lieux accoutumés* étaient les voiries ou décharges publiques, situées d'abord à peu de distance de l'enceinte de Philippe Auguste.

Les deux plus anciennes étaient même dans l'intérieur de la ville; elles formèrent, suivant Girard, deux éminences, l'une à la pointe orientale de la Cité, qu'on appelait le *terrain* ou *motta papellardorum*, l'autre, derrière l'Hôtel de Ville, était désignée sous le nom de *monceau Saint-Gervais*. Toutes deux ont à peu près disparu, et, dans le nivellement général des rues de Paris, à peine remarque-t-on une surélévation de 1 mètre aux points désignés.

Mais les autres, situées hors de l'enceinte de la ville, ont laissé des traces plus durables.

Sans nous attacher à l'âge de ces divers dépôts, nous nous contenterons de dire que tout le monde a vu la *Butte des Moulins*, qui s'élevait de près de 5 mètres au-dessus des rues Neuve-des-Petits-Champs et Saint-Honoré; la butte Baillis, qui domine de 4 mètres au moins la rue de Valois; les buttes Bonne-Nouvelle et Meslay, qui dominent les boulevards.

Sur la rive gauche, le labyrinthe du Jardin des Plantes (ancienne butte des Coupeaux) est également formé par un amoncellement de décombres. Suivant les anciens historiens de la ville, il en existait deux autres dans la rue Saint-Hyacinthe et derrière la place de l'Estrapade. La première a disparu, l'autre n'a laissé que des traces peu visibles.

Il ne peut rester aucun doute sur l'origine de ces collines; quand même les anciens auteurs ne seraient pas unanimes sur ce point, les tranchées que le service municipal a l'occasion d'y ouvrir font reconnaître chaque jour la nature du sol.

J'ai trouvé dans la rue Notre-Dame-de-Nazareth, au fond d'une de ces fouilles, une couche épaisse d'un terreau noir et compact provenant évidemment d'un ancien dépôt de matières fécales.

Un amas du même genre, découvert à Vaugirard, a été exploité longtemps comme carrière de poudrette. Il est bien probable que chaque voirie avait une place réservée pour ces sortes de matières, et on se fait facilement une idée de ce que devait être l'atmosphère d'une ville ainsi avoisinée.

Les fouilles des égouts de la rue de Rennes ont démontré, au contraire, que la butte Saint-Germain-des-Prés était une disposition naturelle du sol, due à un reste des graviers d'un ancien lit de la Seine remontant à l'âge de la pierre taillée.

Ces mamelons isolés furent renfermés successivement dans les diverses enceintes de Paris et se couvrirent de constructions.

Enfin, lorsqu'en 1670 et 1671 on jugea les anciens remparts de Paris inutiles, on décida qu'ils seraient démolis et remplacés par une promenade publique. Telle est l'origine de cette série de bourrelets qui fait onduler d'une manière si pittoresque la chaussée de nos boulevards intérieurs.

En résumé, si l'on cherche à se rendre compte des divers thalwegs ou lignes d'écoulement des eaux qui résultent du relief naturel ou artificiel de Paris, on trouve :

Sur la rive droite :
Entre les coteaux et le bourrelet des boulevards vers l'ouest, l'ancienne vallée du ruisseau de Ménilmontant, occupée encore jusqu'à Chaillot par l'égout de Ceinture; vers l'est, le thalweg du ruisseau de la Bastille, longé de bien près par l'égout Jemmapes. Entre le bourrelet des quais et la ligne de collines des anciennes voiries, le thalweg de la rue de Rivoli (fig. 5, page suivante).

Sur la rive gauche .
La Bièvre, légèrement déviée vers l'est à sa sortie de la vallée profonde où elle coule, et, à cela près, dans le même emplacement qu'au Moyen âge; elle se dirigeait autrefois suivant le tracé de la rue Saint-Victor (fig. 6, page suivante).

Les thalwegs formés entre le pied des coteaux du Luxembourg et la Seine par la butte Saint-Germain-des-Prés viennent se réunir à la Croix-Rouge, et débouchent encore par leur ancienne voie, les rues du Four et de Buci, à l'emplacement de

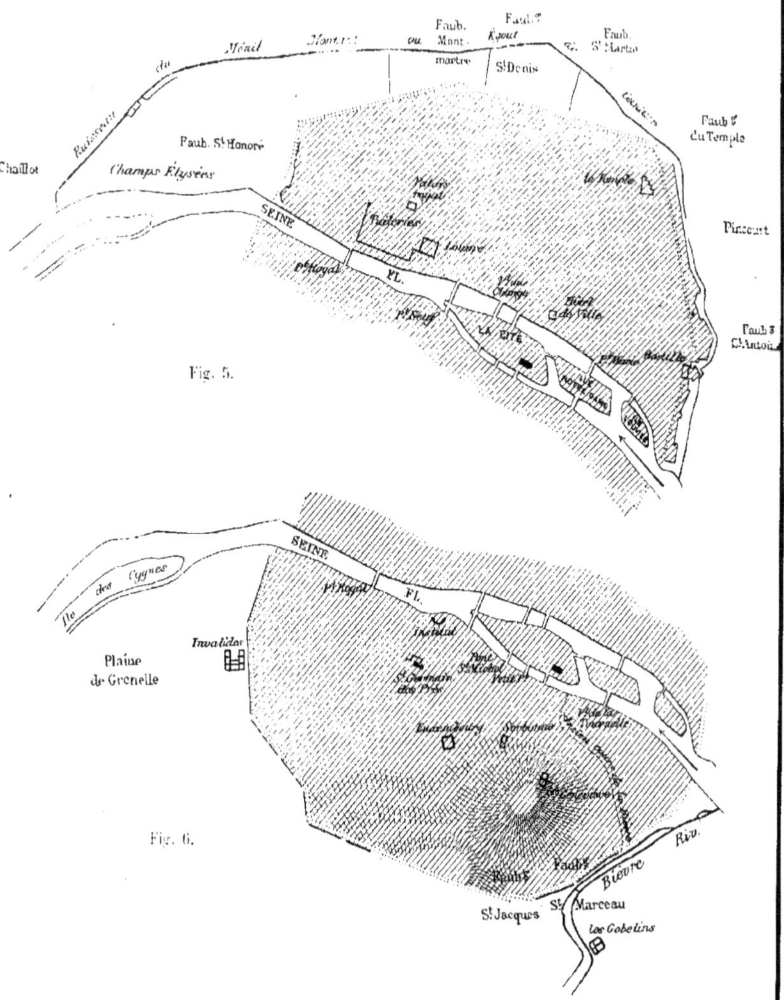

Fig. 5.

Fig. 6.

la porte Buci, où les eaux se déchargeaient dans les fossés de la ville.

Ces détails un peu longs étaient indispensables pour faire

comprendre pourquoi les eaux de la rive droite ont de tout temps été dirigées par un long détour vers le ponceau de Chaillot. Qu'on ne croie pas que c'était par un sentiment de délicatesse raffinée et pour préserver les eaux du fleuve, que nos ancêtres en agissaient ainsi : si la municipalité de Paris détournait vers le ruisseau de Ménilmontant l'égout de la rue Saint-Antoine qui débouchait vers la Bastille, c'était pour complaire aux premiers Valois; si un prévôt des marchands faisait répondre à Henri II, qui voulait faire suivre aux égouts le chemin le plus court pour arriver en Seine : « Faire plutôt « passer un bras de la rivière par dedans lesdits égouts en « la rivière, qui en serait infectée et partant le peuple de Paris « privé de l'usance d'icelle », cette excellente maxime n'était guère observée par ceux qui déviaient la Bièvre vers l'est, ramenaient à la porte de Buci les eaux du faubourg Saint-Germain et à la Bastille celles de Montfaucon.

Je reviens aux anciens égouts de Paris qui, dans l'origine, je l'ai dit plus haut, n'étaient que de simples fossés.

Rien ne peut donner aujourd'hui une idée de l'infection que ces canaux immondes répandaient dans toute la ville.

Pendant le xive siècle, les rois de France ne cessèrent de lutter avec la municipalité de Paris pour débarrasser leurs hôtels Saint-Paul et des Tournelles d'un incommode voisin de ce genre qui coulait à ciel ouvert dans la rue Saint-Antoine, venait s'engouffrer, près l'église Saint-Paul, sous une voûte connue sous le nom de Pont-Perrin et, de là, tombait dans les fossés de la Bastille. Il fut en 1412 détourné vers le ruisseau de Ménilmontant à travers la culture Sainte-Catherine et l'emplacement actuel des rues Saint-Louis et des Filles-du-Calvaire ; mais, dans son nouveau parcours, il passait près du palais des Tournelles, qui occupait alors les terrains où s'est élevée depuis la place Royale. Louis XII, François Ier et Henri II cherchèrent à lui faire donner une autre direction, mais l'Administration municipale résista tantôt par son inertie, tantôt ouvertement.

Henri II insistait surtout très vivement pour que son palais fût débarrassé de ce fâcheux voisinage, et avait chargé son architecte Philibert Delorme de s'entendre avec le prévôt des marchands.

« Ledit seigneur roi voulait et entendait que les égouts de la
« ville passant le long du parc des Tournelles et allant au pon-
« ceau de Chaillot, fussent détournés et allassent tomber à la
« rivière ou ailleurs où il serait avisé, à quoi a été fait réponse
« par ledit seigneur prévôt des marchands que la matière était
« de grande importance, qu'il n'en saurait rien conclure sans
« assembler le conseil de ladite ville, et néanmoins aurait re-
« montré audit seigneur roi, et à son conseil privé, les in-
« commodités qui pourraient venir à ladite ville, même au
« quartier des Halles et rue Saint-Denis où est la fleur des
« anciens bourgeois d'icelle ville, si on fait un port de là
« à l'eau, comme le veut ledit seigneur. » (*Registres de la
Ville*, délibération du 24 novembre 1550.)

En résumé, le prévôt des marchands l'emporta de haute lutte, et le Grand Égout continua à rouler ses eaux immondes vers le ponceau de Chaillot.

François Ier, moins patient que son successeur, avait déjà cherché à procurer à sa mère, la duchesse d'Angoulême, une habitation plus saine et plus agréable, en échangeant en 1518 sa terre de Chanteloup contre l'emplacement actuel des Tuileries; mais nos rois n'étaient pas heureux dans le choix de leurs résidences. Le fossé de l'enceinte de Charles VI passait à peu de distance de l'emplacement actuel de la grille du Carrousel[1].

Un ruisseau coulait au fond de ce fossé, et ne tarda pas à devenir un véritable égout, quand le quartier Saint-Honoré se couvrit de constructions. On voit en effet dans un mémoire

---

[1] On a trouvé le mur de contrescarpe de cette enceinte en construisant l'égout qui traverse la place.

de Hugues Cosnier, publié en 1618, que les eaux stagnantes qui y séjournaient répandaient l'infection dans tout le voisinage.

« Tous ces détails et bien d'autres circonstances, dit Parent-« Duchâtelet, sont bien plus capables que toutes les disserta-« tions de nous donner une idée de l'atmosphère de Paris à « ces époques éloignées, et de nous faire apprécier le bienfait « d'établissements qui rendent aujourd'hui le dernier du « peuple mieux partagé sous le rapport de l'air que ne « l'étaient alors nos rois dans l'intérieur de leurs palais. »

Quelques autres égouts ou canaux découverts traversaient les quartiers les plus populeux de la ville, ceux où se trouvait, suivant l'expression du prévôt des marchands, « la fleur des anciens bourgeois de la ville », et y répandaient l'infection.

L'un d'eux partait de la rue Saint-Denis, suivait les rues du Ponceau et du Vert-Bois et venait se relier au Grand Égout vers la porte du Temple.

Un autre recevait les eaux des Halles, suivait la rue du Cadran et tombait dans le seul égout voûté que Paris possédât alors, celui de la rue Montmartre. Dès le règne de Charles VI. Hugues Aubriot, alors prévôt des marchands, avait fait couvrir d'une voûte le canal à ciel ouvert qui écoulait les eaux de cette dernière rue.

Tous ces ouvrages si mal conçus dans l'intérêt de la salubrité générale étaient encore plus mal entretenus. La pente des canaux était si faible que les immondices s'y accumulaient et formaient des barrages qui s'opposaient à l'écoulement des eaux. Il fut question, du temps de Henri II, de faire passer un bras de la Seine dans les fossés de l'enceinte de Charles VI et d'y faire tomber tous les égouts; mais ce projet n'eut aucune suite, et on se contenta de donner l'ordre au maître des Œuvres de faire nettoyer tous les ans les égouts les plus incommodes.

Ce travail ne fut même pas exécuté régulièrement, et en 1610, Marie de Médicis, craignant que la stagnation des immondices n'amenât quelque maladie contagieuse, chargea un trésorier de France de passer l'adjudication de ce nettoiement annuel. (*Registres de la Ville.*)

Quelques égouts avaient été voûtés sous les règnes de Henri IV et de Louis XIII. François Miron, alors prévôt des marchands, avait, en 1605, fait couvrir d'une voûte l'égout du Ponceau entre les rues Saint-Denis et Saint-Martin ; le travail avait été exécuté à ses frais[1]. L'égout de la Courtille-Barbette, qui suivait le tracé actuel de la rue Vieille-du-Temple, avait été voûté en 1619, aussi bien que ceux des rues Sainte-Catherine, Saint-Louis et des Filles-du-Calvaire.

Plusieurs de ces galeries passaient sous des propriétés particulières, et le prévôt des marchands en ordonnait le nettoyage aux frais des propriétaires toutes les fois que le besoin s'en faisait sentir.

Pour décharger les particuliers de cette dépense, la Ville avait consacré un impôt de dix sols par muid de vin à l'amélioration et au curage des égouts.

Le roi Louis XIII mit la main sur cet impôt et négligea tellement le curage des égouts qu'ils s'encombrèrent complètement.

Il est vraiment curieux de voir quel était l'état de cette partie si importante de la voirie de Paris en plein dix-septième siècle, sous le règne de Louis XIV, alors que la France s'élevait à l'apogée de sa gloire littéraire et artistique.

On possède une description des égouts existants en 1665.

Le tracé et la longueur des galeries voûtées et des canaux découverts y sont minutieusement indiqués.

Voici d'abord l'énumération des égouts voûtés. Je complète cet état descriptif en indiquant autant que possible les dates

---

[1] Ce dernier vestige de l'un des deux plus anciens égouts voûtés de Paris a été détruit en 1858 lors de l'ouverture du boulevard Sébastopol.

d'exécution des travaux et en traduisant les mesures anciennes
en mesures nouvelles :

1° Égout de la rue Montmartre, voûté sous Charles VI
par Hugues Aubriot, prévôt des marchands, ayant $1^m,95$ de
largeur à son entrée et $2^m,27$ à la porte Montmartre ; longueur. . . . . $468^m,00$

Cinq gargouilles ou branchements de cet égout
ayant ensemble. $107^m,25$

2° Égout du Ponceau, voûté en 1605 par Fran-
çois Miron et à ses frais. . . . . $117^m,00$

3° Égout des rues de l'Égout, Saint-Louis et des
Filles-du-Calvaire, ayant $1^m,95$ de largeur à son
embouchure et $2^m,62$ à partir de cette dernière rue ;
longueur, y compris la partie faite au delà du
bastion. . . . . $900^m,90$

Sept gargouilles ou branchements de cet égout. $78^m,00$

4° Égout Courtille-Barbette ou de la rue Vieille-
du-Temple, de $1^m,95$ et $2^m,62$ de largeur ; longueur. . . . . $273^m,00$

Ces deux derniers égouts furent voûtés en 1619.

5° Égout du Pont-aux-Biches, en partie voûté ;
largeur $1^m,95$ à son entrée, $2^m,62$ à son issue,
longueur . . . . $156^m,50$

6° Partie voûtée de l'égout Gaillon, de $1^m,62$ de
largeur. . . . . $273^m,00$
                                                   ————————
Longueur totale des égouts voûtés de Paris en 1663. $2353^m,65$

Les égouts à ciel ouvert formaient un développement de 8055^m,95 et le Grand Égout, situé entièrement extra muros, figurait dans cette longueur pour 6218^m,55.

Il faut observer que dans cette énumération il n'est pas question de la rive gauche ni des îles.

Il n'y avait probablement d'autres égouts sur la rive gauche que les ruisseaux infects qui suivaient le fond des fossés des fortifications sur les deux pentes de la montagne Sainte-Gene-viève. L'un d'eux a été conservé et voûté plus tard. Il est

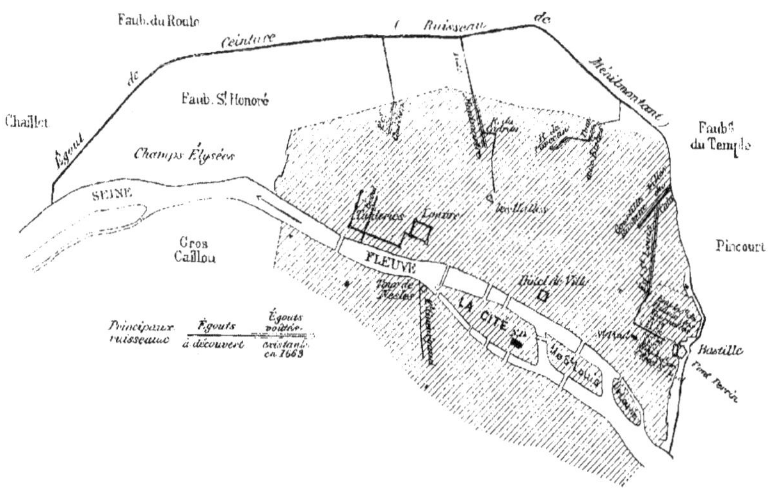

Fig. 7. — Carte des égouts de Paris en 1663.

situé sous les maisons depuis la rue de l'École-de-Médecine jusqu'à la Seine, où il débouchait alors à l'aval de la tour de Nesle (fig. 7).

On voit avec quelle lenteur s'exécutaient, même à cette époque si remarquable de notre histoire, les ouvrages qui inté-ressent le plus la salubrité d'une grande ville.

Malheureusement nos rois n'aimaient pas Paris, et Louis XIV, entièrement absorbé par ses gigantesques travaux de Versailles, ne songeait guère aux besoins les plus impérieux de la capitale de la France. Néanmoins, vers 1666, il forma le Conseil de police, composé des plus grands seigneurs de la cour, et leur enjoignit de s'occuper principalement de la netteté et la salubrité de la ville.

On fit du reste fort peu de travaux.

On voûta quelques parties des égouts des Filles-du-Calvaire et du Ponceau; on construisit l'égout des Invalides, qui, traversant l'Esplanade et tombant en Seine, vis-à-vis l'hôtel, ne profite en rien à la salubrité générale.

L'entretien des anciens ouvrages était négligé comme par le passé; l'eau surtout manquait pour en opérer le lavage. Dans un des procès-verbaux des séances du Conseil de police, on remarque l'avis de Colbert qui, « dans la séance du 1ᵉʳ jan- « vier 1667, proposa, comme meilleur moyen d'assainir les « égouts, d'établir plusieurs fontaines dans les quartiers qui « en auraient besoin, et, à côté de chacune d'elles, un réser- « voir de 15 muids (41^{mc},10) qu'on aurait lâchés à la fois ». (Parent-Duchâtelet.) Cet avis de Colbert est fort remarquable. C'est au moyen des eaux publiques qu'on est parvenu à assainir complètement les égouts de Paris; mais on ne pouvait mettre ce procédé en pratique à une époque où les fontaines de la ville ne pouvaient pas fournir l'eau nécessaire aux habitants; aussi ne fit-on rien.

Les immondices accumulées dans le Grand Égout formaient un tel obstacle à l'écoulement des eaux, qu'à la moindre pluie, les galeries voûtées des rues Saint-Louis et Vieille-du-Temple s'engorgeaient et inondaient tout le quartier. (*Traité de la Police*, t. IV, p. 410.)

Le mal devint si intolérable que les habitants demandèrent la suppression des égouts en s'offrant à contribuer à la dépense. Un arrêt du Conseil du 24 avril 1691 nomma une commission pour étudier la question, mais on ne fit rien jusqu'en 1714,

époque où l'on reconstruisit l'égout de la rue Vieille-du-Temple
et celui de la rue Saint-Louis, depuis la rue de l'Écharpe jusqu'à celle des Filles-du-Calvaire.

Nous arrivons enfin à une époque où l'assainissement de
Paris va faire un grand pas, et où la municipalité va entreprendre un de ces grands ouvrages qui marquent dans l'histoire
d'une ville.

J'ai déjà dit plus haut que presque toutes les déjections des
quartiers de la rive droite tombaient dans le ruisseau de Ménilmontant, autrement dit « l'égout de Ceinture ». Cet égout avait
été voûté, depuis l'église Saint-Paul, dans le parcours des rues
de l'Égout, Saint-Louis et des Filles-du-Calvaire; mais, au delà
des anciens remparts de la ville, jusqu'au ponceau de Chaillot, il
coulait à ciel ouvert dans le fond d'une sorte de vallée formée
d'un côté par les collines de la Villette, Montmartre et Chaillot,
de l'autre par la petite éminence des boulevards.

« Les quartiers du Louvre, de Saint-Honoré, de la butte
« Saint-Roch ayant été couverts de nouveaux hôtels pendant la
« Régence, on reconnut la nécessité de reculer les limites de
« la ville au delà du rempart, entre les rues d'Anjou, de
« la Ville-l'Évêque et du Faubourg-Montmartre; on accorda
« quelques privilèges à ceux qui voudraient s'y établir. »
(Girard.)

« Ils furent exempts, à perpétuité, du logement des gardes
« françaises, suisses et autres gens de guerre; ce quartier, au-
« jourd'hui celui de la Chaussée-d'Antin, n'étant destiné qu'à
« loger la classe ouvrière et malheureuse, rien ne pouvait être
« plus précieux que ce privilège. » (Parent-Duchâtelet.)

Mais ces privilèges étaient absolument illusoires; par suite
du voisinage du Grand Égout, les émanations de ce cloaque
rendaient toutes les plaines voisines inhabitables. Il fut décidé

par lettres patentes de 1721 qu'il serait recouvert d'une voûte, ainsi que l'égout Gaillon, jusqu'à la barrière des Porcherons ; toutefois ces dispositions ne furent pas exécutées. L'affaire fut reprise en 1737, et le prévôt des marchands, qui était alors Turgot, fut autorisé à traiter de gré à gré avec les propriétaires pour l'acquisition des terrains.

Cette grande entreprise était enfin entre les mains d'un homme qui pouvait la mener à bonne fin, et, en effet, trois ans après, en 1740, le ruisseau de Ménilmontant était renfermé entre deux fortes murailles de cinq pieds de hauteur, distantes d'une toise. Au lieu de paver, comme il était alors d'usage, le fond du ruisseau, on le revêtit d'un double rang de dalles épaisses superposées.

On voit dans les Registres de la Ville que la longueur du nouvel égout fut trouvée de 5106 toises (6056^m,70) depuis l'extrémité de la rue des Filles-du-Calvaire jusqu'à la Seine, et que la pente totale fut trouvée de 17 pieds 11 pouces 10 lignes (5^m,84) [1].

Turgot compléta son œuvre en établissant en tête du nouvel égout, vers la rue des Filles-du-Calvaire, un vaste réservoir contenant 22 000 muids d'eau (6028 mètres cubes), alimenté avec les eaux de Belleville. On lâchait brusquement cette masse d'eau dans le chenal, qui se trouvait ainsi nettoyé.

Les habitants des nouveaux quartiers du faubourg Montmartre, de la Chaussée-d'Antin et de la Ville-l'Évêque demandèrent à couvrir d'une voûte, à leurs frais, le chenal maçonné construit

---

[1] Cette pente est presque uniforme en prenant l'égout par grandes parties ; mais il y a des inégalités de détail considérables.

Girard dit qu'il fut nécessaire d'ouvrir un nouveau lit au ruisseau, dans la crainte d'asphyxier les ouvriers qui auraient remué les vases infectes du lit ancien. Il me paraît difficile qu'il en ait été ainsi, car on retrouve encore, encastrées dans les voûtes de l'égout, les ponceaux sur lesquels les rues du Faubourg-Saint-Martin, du Faubourg-Saint-Denis, du Faubourg-Poissonnière, de la Chaussée-d'Antin, du Faubourg-Saint-Honoré, franchissaient le ruisseau avant l'exécution des travaux de Turgot. Ces ponts, qui aujourd'hui jalonnent encore l'ancien lit, semblent prouver qu'il n'a pas été changé.

par Turgot. Cette permission leur fut accordée à la condition que l'entretien de la voûte serait à leur charge à perpétuité.

Mais on leur octroya aussi la propriété du terrain situé au-dessus de cette voûte, de sorte que l'égout de Ceinture se couvrit de maisons et de jardins sur une grande partie de son tracé. Il se trouve aujourd'hui sous la voie publique dans les rues des Fossés-du-Temple, du Château-d'Eau, Richer, de Provence, Saint-Nicolas d'Antin, mais il s'engage encore sous des propriétés particulières entre la rue de l'Arcade et la Seine.

Les conséquences de ce travail de Turgot furent immenses. Il permit de réunir à Paris tous les vastes terrains situés au nord des boulevards, les quartiers de Montmartre, de la Chaussée-d'Antin, de la Madeleine, des Champs-Élysées qui, destinés dans l'origine à la classe pauvre, sont devenus aujourd'hui les plus riches et les plus luxueux de Paris.

Le ruisseau de Ménilmontant était un obstacle au développement de Paris du côté du nord et de l'ouest, comme la Bièvre du côté de l'est. Les boulevards eux-mêmes étaient trop rapprochés de ce fétide cloaque pour être habitables par la population riche. On peut donc dire que c'est à Turgot qu'il faut attribuer tout le mérite de la création de ces beaux quartiers [1].

Sans doute on a fait de nos jours des travaux d'assainissement plus considérables que ceux de l'égout de Ceinture, mais aucun dont les résultats pratiques soient aussi nets et aussi évidents. Qu'on se figure les rues du Château-d'Eau, Richer, de Provence, Saint-Nicolas d'Antin, remplacées par un ruisseau aussi fétide au moins que la Bièvre. N'est-il pas évident que Paris ne pouvait franchir cet obstacle et qu'il restait forcément

---

[1] Est-ce critiquer trop vivement les actes de l'Administration municipale de dire qu'elle aurait pu percer un peu mieux le beau quartier de la Madeleine, et qu'elle n'aurait pas dû abandonner aussi complètement le tracé des rues à la convenance des propriétaires de terrains et des entrepreneurs de bâtiments? On aurait ouvert à bien bas prix autrefois les boulevards Malesherbes et Haussmann, dont tout le monde reconnaît aujourd'hui l'utilité.

confiné au sud du boulevard? Et qu'on ne croie pas qu'il aurait été très facile de nos jours de faire disparaître ce cloaque. Un des caractères de notre époque est de tirer parti et utilité de tout : des tanneries, des mégisseries, etc., industries qui ne craignent pas les émanations des égouts, se seraient élevées sur les bords du ruisseau de Ménilmontant; une population nombreuse serait venue prêter ses bras à ces établissements qui auraient augmenté encore l'infection, et lorsque le mal serait devenu intolérable, on aurait reculé peut-être devant une expropriation générale et le déclassement de toute la population d'une partie de la ville.

C'est ce qui a lieu aujourd'hui pour la Bièvre. Si quelque Turgot, au xviiie siècle, alors que l'industrie était peu développée, avait eu l'heureuse idée de cacher cet infect ruisseau sous une voûte, nul doute qu'il n'eût réussi à changer l'aspect des quartiers du Panthéon, Mouffetard et Saint-Marcel. Aujourd'hui l'administration actuelle, que personne n'accusera de manquer de hardiesse, hésite en présence de la somme des intérêts engagés.

Mais les hommes de la trempe de Turgot sont rares, et la deuxième moitié du xviiie siècle fut aussi stérile en améliorations du régime sanitaire de Paris que les siècles précédents [1].

---

[1] Les contemporains de Turgot lui rendirent complètement justice ; le roi Louis XV lui-même voulut visiter les travaux.

Voici la curieuse relation de cette visite qu'on trouve dans les Archives de la Ville :

« Le roi voulant faire à la ville l'honneur de voir le nouvel égout découvert et son réservoir, prit, pour honorer ladite ville de cette faveur, le jour de son départ pour Compiègne.

« Sa Majesté partit de Choisy-le-Roi, passa par le faubourg Saint-Antoine, étant venue par eau de Choisy à Bercy, où elle monta en carosse. Arrivée à la porte Saint-Antoine, Sa Majesté trouva un détachement des gardes de la ville de cinquante hommes avec un drapeau ; ensuite, Sa Majesté vint par-dessous le rempart, au réservoir du Grand Égout, situé un peu au-dessus du Pont-aux-Choux ; elle descendit de carosse sur le rempart, et fut reçue par MM. les prévôt des Marchands, échevins, procureurs du roi et greffier ; le receveur ne s'y trouva pas, étant à la campagne ; tous en manteau et rabat plissé. M. le prévôt des Marchands eut l'honneur de lui présenter un parasol très magnifique à la descente de son carosse, et Messieurs en présentèrent aux seigneurs de sa cour, et le conduisirent en l'enceinte du réservoir, de là dans le bâtiment où est le puits destiné à contenir une pompe, ensuite aux deux glacières ; puis, en sortant de cette enceinte et à quelques pas d'icelle, Sa Majesté fut conduite à la tête du Grand Égout, et vit sortir l'eau du réservoir

A l'époque où s'exécutaient les travaux du Grand Égout, on couvrait d'une voûte les égouts Gaillon et Faubourg-Montmartre. Les égouts de l'École-Militaire et du Palais-Royal sont encore de la même date. La tourmente révolutionnaire était peu favorable aux paisibles travaux dont il est ici question; ils furent complètement négligés.

En résumé, à la fin du xviiie siècle, la longueur totale des égouts voûtés de Paris se décomposait ainsi :

Rive droite : Grand Égout de Ceinture et ses principaux embranchements. . . . . 11 675 mètres.

Égouts tombant directement à la Seine. .   5 963   —

Total pour la rive droite. . . . .   17 656   —

Égouts des îles.   282   —

Égouts de la rive gauche. . . . . . .   8 153   —

Longueur totale . . . .   26 051 mètres.

« pour entrer dans le canal de l'égout. M. le prévôt des Marchands avait fait construire un
« petit pont de charpente sur le canal même, pour que Sa Majesté fût plus en face; ce pont,
« auquel on descendait par deux escaliers de pierre, était couvert, par les côtés et par le
« bas, de riches tapis et de deux tapis de velours galonnés d'or, pour que Sa Majesté pût
« regarder et s'appuyer d'un côté et de l'autre; le chemin qui conduit du rempart à la porte
« du réservoir avait été dressé, aplani et sablé; et depuis la descente du carosse du roi jus-
« qu'à la porte du réservoir il y avait deux files de gardes de la ville; les gardes de la
« ville étaient aussi en sentinelle au dedans du réservoir et à chaque coin et aux portes
« des bâtiments qui sont au dedans; ils gardaient les avenues du petit pont où le roi des-
« cendit. Le roi resta dans cet endroit environ une grosse demi-heure, pendant laquelle il
« ne cessa de parler à M. le prévôt des Marchands sur la beauté de cet ouvrage, et Sa Ma-
« jesté eut la bonté de se confier aux gardes de la ville, aucun de ses gardes du corps
« n'ayant pris de poste et tous étant restés avec le carosse; il n'entra que MM. les officiers
« des gardes du corps à la suite du roi. MM. du Bureau reconduisirent le roi à son carosse;
« mais M. le prévôt des Marchands lui avait demandé permission de le quitter pour pouvoir
« prendre les devants et être en état de le recevoir à la grille du faubourg Saint-Martin, où
« le roi devait arrêter pour voir l'effet de la première vanne. Messieurs montèrent en carosse
« dès que le roi fut parti, et furent assez à temps pour le recevoir à ladite grille de Saint-
« Martin, où il descendit de carosse et vit lever la vanne. Les deux côtés du pont étaient
« aussi couverts de riches tapis; il marqua à ces messieurs son contentement. Un autre dé-
« tachement de la ville gardait et faisait aussi l'enceinte de cet endroit, et le roi monta en
« carosse et partit pour Compiègne, etc. » (Extrait des *Registres de la Ville*, vol. LXXXI,
fol. 159.)

Suivant Girard, cette longueur aurait été seulement de 22 387 mètres, mais son énumération contient plusieurs omissions.

Quoique bien restreint, si on le compare à ce qu'il est aujourd'hui, le développement des égouts n'en paraissait pas moins une chose merveilleuse à nos ancêtres. Parent-Duchâtelet lui-même, qui est presque notre contemporain, s'écrie avec admiration : « Telle est l'histoire des immenses ouvrages « qui ont été entrepris pour l'embellissement et l'agrandisse- « ment de Paris, et qui n'ont pu être exécutés que dans l'espace « de quatre cents ans. »

Aujourd'hui l'Administration municipale exécute, dans le cours d'une année, ce qui coûtait autrefois de si pénibles efforts.

CHAPITRE III

DES ÉGOUTS DANS LA PREMIÈRE PARTIE DU XIXᵉ SIÈCLE

Jusqu'à la fin du XVIIIᵉ siècle, les égouts furent tracés et construits sans système arrêté; tantôt l'on cherchait à se débarrasser d'un voisinage incommode, en voûtant quelques ruisseaux immondes : c'est ce qu'a fait Turgot; tantôt on cherchait à renfermer dans un canal souterrain les torrents d'eau boueuse qui, à la moindre pluie, se précipitaient vers les points bas de la ville. Les anciens ne paraissent pas avoir eu d'autre but dans la construction de leurs égouts [1].

Parent-Duchâtelet lui-même, qui écrivait, vers 1824, un des

---

[1] Voici, par exemple, ce qu'on trouve sur ce sujet dans la correspondance de Pline le Jeune et de Trajan :

« Pline à l'empereur Trajan,

« La ville d'Amastris, Seigneur, qui est belle et bien bâtie, compte parmi ses principaux
« ornements une place magnifique et d'une grande étendue, le long de laquelle se trouve
« ce qu'on appelle une rivière, mais qui n'est en effet qu'un cloaque impur, dont l'aspect
« est aussi choquant que les exhalaisons en sont dangereuses. Il n'importe donc pas moins
« à la santé des habitants qu'à la beauté de la ville de le couvrir d'une voûte. C'est ce que
« l'on fera, si vous le permettez. J'aurai soin que l'argent ne manque pas pour un ouvrage
« si grand et si nécessaire. »

« Trajan à Pline,

« Il est juste, mon cher Pline, de couvrir d'une voûte ce cloaque dont les exhalaisons sont
« préjudiciables à la santé des habitants d'Amastris.

« Je suis très persuadé que votre diligence ordinaire ne laissera pas manquer l'argent
« nécessaire à cet ouvrage. »

livres les plus remarquables qui aient été publiés sur cette matière, n'indique rien de plus.

Jusqu'en 1825, les ingénieurs chargés de la construction des égouts marchaient sans parti pris et à peu près au hasard. Ils déployaient dans le choix et l'emploi des matériaux un luxe fort déplacé dans ce genre de construction. J'en donnerai une idée en disant que l'égout Rivoli, entre les rues des Pyramides et Saint-Florentin, construit vers 1805, a coûté, suivant Parent-Duchâtelet, 800 000 francs. Comme cette galerie a 666 mètres de longueur, la dépense aurait été de 1200 francs par mètre courant [1].

Cet exemple ruineux ne fut pas imité, mais néanmoins la plupart des égouts construits à cette époque ne coûtent guère moins de 400 francs par mètre, somme qui paraîtra encore énorme si l'on considère qu'aujourd'hui, malgré le renchérissement des matériaux et de la main-d'œuvre, une galerie de même section et de même longueur coûte à peine 120 francs.

Aussi la construction des égouts de Paris marchait-elle avec une grande lenteur.

La longueur du réseau s'augmentait à peine de 500 mètres par an de 1806 à 1825 ; c'était beaucoup comparativement au travail des temps anciens ; car depuis Hugues Aubriot, qui sous Charles VI voûtait le premier égout, jusqu'en 1806, le réseau ne s'allongeait guère que de 5000 mètres par siècle. Mais c'était peu si l'on tient compte de ce qui s'est fait dans ces derniers temps, où le travail d'une année a souvent dépassé 50 kilomètres et s'est élevé jusqu'à 70 kilomètres.

---

[1] J'ai peine à admettre cette monstrueuse dépense, quoique Parent-Duchâtelet prétende que c'est du constructeur lui-même, M. l'architecte Fontaine, qu'il tient ce document. L'égout Rivoli, qu'il ne faut pas confondre avec la belle galerie construite dans la même rue, de 1852 à 1854, n'a que 1^m,50 de largeur sur 1^m,85 de hauteur moyenne ; la surface du vide est par conséquent de 2 mètres carrés. Comment est-il possible qu'il ait coûté 1200 francs par mètre courant, lorsque l'égout d'Asnières, qui a été construit à une époque où tout a doublé de valeur, n'a exigé qu'une dépense de 765 francs en moyenne par mètre courant ?

En 1824, lorsque Parent-Duchâtelet écrivit son remarquable livre, la longueur des égouts de la rive droite était de. . . . . 25 711 mètres.

    Sur la rive gauche on comptait. . . . . . . 9 550 —

    Dans les îles. . . . . 587 —

De sorte que la longueur totale des égouts voûtés de la ville était de. . . . . 55 628 —

    Il y avait en outre, dans la rue du Carême-Prenant et dans le voisinage de la rue Grange-aux-Belles, des égouts muraillés et non voûtés d'une longueur de. . . . . 605 —

    Et sans compter la Bièvre, de simples fossés découverts où coulait une eau infecte (égouts des rues Rambouillet et Traversière). 865 —

De sorte qu'en 1824 la longueur totale des égouts de Paris était de. . . . . 37 094 mètres.

Mais toutes les eaux pluviales et ménagères ne tombaient pas dans ces égouts. Elles s'accumulaient, en partie, dans des mares sans écoulement ; cinq de ces mares existaient encore dans le mur d'enceinte en 1824. Une, entre autres, empoisonnait une de nos plus charmantes promenades ; elle était située dans la Pépinière du Luxembourg. Les autres portaient les noms de Picpus, du Cloître-des-Bernardins, du Cul-de-Sac-de-Saint-Sébastien et de la rue Basse-Saint-Denis. Il est facile de comprendre quelle horrible puanteur ces cloaques sans issue devaient répandre dans tout le voisinage.

On donnera une idée de l'abandon dans lequel se trouvait alors cette partie si essentielle du service municipal, en disant qu'on ne connaissait pas bien exactement le tracé et la position des égouts.

« Je me suis trouvé dans un grand embarras, dit Parent-
« Duchâtelet, lorsqu'il m'a fallu désigner dans cette descrip-
« tion la longueur de chaque égout; quelques personnes qui
« la connaissaient ne voulurent pas me la donner; je ne pou-
« vais me fier à celle que je trouve dans le Mémoire sur les
« eaux de Paris [1], puisqu'il est dit, page 280, que l'égout de
« l'École-Militaire n'a que 270 mètres; or il est évident que
« le Champ-de-Mars a une longueur beaucoup plus consi-
« dérable. »

Nous arrivons enfin à une époque où l'on va comprendre
toute l'importance des égouts et reconnaître qu'ils sont un
des moyens les plus puissants d'amélioration du relief des
voies publiques d'une grande ville. Ce point admis, le réseau
des égouts de Paris devait se développer et se développa, en
effet, d'une manière complètement régulière et avec une grande
rapidité.

Cette révolution fut opérée par deux ingénieurs des ponts et
chaussées fort remarquables, MM. Duleau et Emmery.

La première amélioration obtenue d'abord fut une énorme
diminution dans les dépenses, due entièrement à M. Duleau, et,
par suite, un grand développement de travaux.

Laissons parler M. Emmery, qui succéda à M. Duleau, si malheureusement emporté par le choléra en 1832 :

« En 1823 .... MM. Devilliers, Coïc et Duleau adoptent,
« pour les égouts du canal Saint-Martin, l'emploi exclusif de la
« chaux hydraulique avec petits matériaux et un profil aussi
« simple que bien approprié à ce genre d'écoulement.

« Les égouts, même modernes, avaient été établis à grands
« frais, avec radier et assises courantes en pierre de taille, et
« avec mortier de chaux grasse; ces égouts coûtaient 400 francs
« par mètre courant de galerie.

----

[1] *Recherches sur les Eaux de Paris*, Girard, 1812.

« A partir de l'exécution du canal Saint-Martin, et sur
« l'exemple de l'égout latéral de cette dérivation, les ingénieurs
« ont projeté exclusivement tous les égouts de Paris en ma-
« çonnerie de meulière, à bain de mortier hydraulique, avec
« fondation sur couche de béton. La dépense par mètre courant
« d'égout s'est trouvée réduite, suivant les sections grande,
« moyenne et petite, à 150 francs, à 100 francs et même à
« 80 francs.

« M. Duleau avait projeté, sous les ordres de M. Girard, en
« 1831, onze grandes lignes d'égouts [1].

« Ces projets présentaient ensemble un développement de
« 11 800 mètres; notre camarade avait mis en mouvement,
« dès 1832, l'exécution des huit grands ouvrages qui figurent
« en tête de l'énumération ci-dessous désignée, et il avait im-
« primé à ces travaux une telle activité que lorsqu'il mourut,
« en avril 1832, on avait déjà voûté (et à peine avait-on atteint
« la belle saison) 2000 mètres [2]. »

Duleau, qu'on doit appeler, selon moi, l'inventeur des égouts
modernes de Paris, ne fit qu'une trop courte apparition dans le
service municipal. Emporté au moment où il entrait dans la
carrière, il n'a rien écrit sur les égouts; du moins n'ai-je rien
trouvé à la bibliothèque de l'École des ponts et chaussées, où
l'on a conservé la collection de ses Mémoires. Mais ses successeurs ont adopté les réformes qu'il avait introduites dans ce
genre de construction, et l'on peut dire aujourd'hui que si les
anciens errements avaient été maintenus, la ville ne serait pas
dotée de ce magnifique réseau de galeries souterraines qui a
si radicalement amélioré l'aspect et la viabilité de ses rues.

---

[1] Rue Traversière-Saint-Antoine, rues Saint-Louis et Saint-Paul, rues Vieille-du-Temple
et des Blancs-Manteaux, rues du Temple et Sainte-Avoie, rues Saint-Denis et de la Baril-
lerie, rues Castiglione et de la Paix, rue Gaillon, rue de Pontoise, quartiers Saint-Sulpice et
du Luxembourg, rues Censier et de Lourcine, boulevards extérieurs du Nord.

[2] Emmery, *Annales des Ponts et Chaussées*, 1836, 2ᵉ semestre, p. 290.

En 1830, MM. Girard et Duleau firent adopter une autre modification moins heureuse, mais impérieusement exigée par les circonstances.

On a vu que, jusqu'à cette époque, presque tous les égouts de la rive droite se .dirigeaient vers l'égout de Ceinture et, par conséquent, n'infectaient pas les eaux de la Seine dans la traversée de Paris; mais, à mesure qu'on développait le réseau, l'insuffisance du Grand Égout se faisait sentir davantage, et, à chaque orage, les points bas de la Chaussée-d'Antin et des faubourgs du Temple, Montmartre et Saint-Honoré étaient submergés.

« En 1830, MM. Girard et Duleau posent et font adopter à la
« ville le principe de décharger le Grand Égout, et d'établir dès
« lors de nombreuses et longues lignes d'égouts descendant
« directement à la Seine [1]. »

En 1835, M. Emmery propose et la ville met à exécution un système rationnel d'entrée d'eau pour l'assainissement des rues [2].

Ce système peut se formuler très simplement :

Pour faire disparaître tout cassis transversal aux carrefours des rues et assainir la rue en même temps, il faut établir une bouche d'égout aux points bas du ruisseau qui enveloppe un îlot de maisons, et, pour compléter l'assainissement, placer une borne-fontaine ou une bouche d'eau sous trottoir aux points hauts du même ruisseau. Il faut, bien entendu, faire que le nombre de ces points hauts et bas soit un minimum, par conséquent le réduire, à moins de circonstances spéciales, à un de chaque sorte.

Telle était bien l'idée de M. Emmery, et il l'a mise en pra-

---

[1] Emmery, *Annales des Ponts et Chaussées*, 1856, 2° semestre, p. 291.
[2] Emmery, *Annales des Ponts et Chaussées*, 1856, 2° semestre, p. 291.

tique constamment pendant les sept années qu'il passa au service municipal (de 1852 à 1859).

Mais à cela ne se bornent pas les améliorations introduites dans le service par M. Emmery.

Jusqu'alors les bouches d'égout se composaient :

1° A l'origine, d'une *entrée d'eau*, sorte de gueule énorme[1], béante sur la voie publique, répandant l'infection de l'égout dans tout le quartier, aussi repoussante à la vue qu'à l'odorat, servant à absorber rapidement le produit des pluies, qui y arrivait souvent de fort loin et avec les proportions d'un torrent.

2° Aux points bas sans issue des chaussées fendues, dites culs-de-lampe, d'*une grille* dont les vides s'obstruaient rapidement sous l'amoncellement des débris de toute sorte : paille, chiffons, fumiers et autres objets qui stationnaient longtemps et en abondance sur la voie publique, à cette époque où les eaux pluviales étaient le seul agent du lavage des rues (fig. 8).

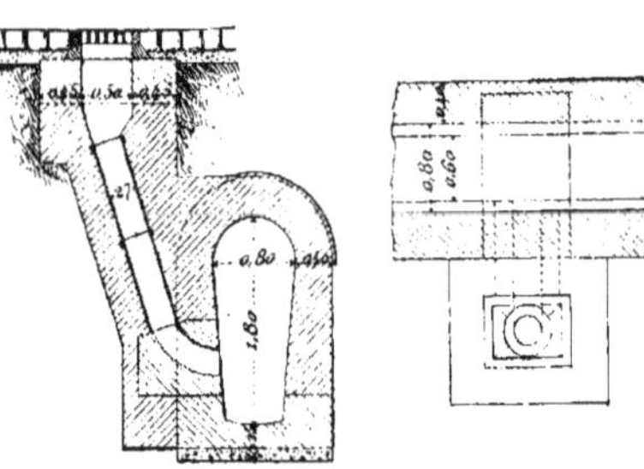

Fig. 8. — Bouche d'égout pour chaussée fendue.

Il résultait de là qu'à chaque pluie ces culs-de-lampe se couvraient en quelques minutes d'une vaste nappe d'eau qui venait battre les murs des maisons voisines.

---

[1] Voici un exemple de l'usage vraiment barbare qu'on a fait quelquefois des entrées d'eau.
« La rue du Port-Mahon, dans laquelle se trouve l'embouchure de l'égout du Mont-Blanc, « est tellement disposée, à cause de ses deux trottoirs, que c'est à la surface même du sol « que les ouvriers laissent les eaux s'accumuler en barrant complètement l'ouverture; il ré-« sulte de cette disposition favorable qui permet à l'eau de tomber de plus haut, qu'aucun « égout n'est plus promptement, plus parfaitement et plus facilement nettoyé que celui-là. » (Parent-Duchâtelet. *Essai sur les cloaques et égouts de Paris*, p. 100.)
Une rue de Paris, convertie en étang pour nettoyer un égout, et un homme de la portée d'esprit de Parent-Duchâtelet citant ce procédé comme un exemple à suivre, que dire de cela, si ce n'est que nous avons tellement marché dans la voie du progrès que nous ne pouvons plus comprendre les errements d'un passé bien rapproché de nous cependant?

M. Emmery substitua, à ces entrées d'eau défectueuses, nos bouches sous trottoir actuelles, si peu gênantes pour la circulation des voitures et pour les voisins, et qui, tout en absorbant une grande masse d'eau, ne s'obstruent presque jamais et répandent bien moins d'odeur [1].

Une amélioration considérable qui suivit immédiatement la construction des égouts fut la conversion des chaussées fendues des rues en chaussées bombées [2], et la généralisation de la construction des trottoirs.

Enfin, c'est encore à M. Emmery qu'on doit les cartes des eaux et des égouts de Paris, plans statistiques qui depuis cette époque n'ont cessé d'être tenus avec une complète régularité.

En 1835, un premier crédit fut voté pour lever le plan et faire le nivellement des égouts de Paris. Avant cette époque, on l'a dit plus haut, non seulement on n'avait aucun document statistique sur ces ouvrages, mais on ne connaissait même pas leur position exacte. On peut donc dire que M. Emmery a complété l'œuvre si bien commencée par M. Dulcau.

Sous l'impulsion vigoureuse des hommes remarquables que l'Administration municipale avait su choisir, les égouts, dont l'utilité était bien comprise désormais, se construisirent avec une rapidité inconnue jusqu'alors.

Tandis que dans les quatre siècles qui ont précédé le nôtre, depuis le premier égout voûté par Hugues Aubriot, le réseau s'était allongé de 5 kilomètres en moyenne par siècle; de 1806 à 1823, de 500 mètres par an, et, de 1824 à 1831, de 1 kilomètre par an; nous voyons, de 1832 à 1836, l'allongement

---

[1] Emmery, *Annales des Ponts et Chaussées*, 1834, 1er semestre, p. 244 et suivantes.

[2] M. Emmery cite un fait curieux qui prouve combien, dans Paris, il était nécessaire de construire les égouts avant de faire une conversion. Quelques années avant 1835, et avant d'avoir construit les bouches d'égout nécessaires, on convertit la partie de la rue Saint-Honoré qui avoisine le Palais-Royal en chaussée bombée; mais il y eut submersion des rez-de-chaussée à la suite de plusieurs orages, et la clameur publique obligea l'Administration à ordonner le remaniement du pavé et son rétablissement en chaussée fendue. (*Annales des Ponts et Chaussées*, 1836, 2e semestre, p. 292.)

annuel s'élever en nombre rond à 8 kilomètres. (Voir ci-contre
la Carte des égouts de Paris au 1ᵉʳ janvier 1857.)

Au fur et à mesure que ces travaux s'exécutaient, on faisait
disparaître les énormes bouches saillantes qui déshonoraient et
infectaient les rues. Les trois dernières furent supprimées
en 1856.

Les grilles, qu'on substituait d'abord aux grandes bouches,
cessèrent d'être en usage
vers 1840. On faisait disparaître peu à peu celles
qui avaient été établies
en même temps qu'on
construisait les trottoirs;
on les remplaçait par
de nouvelles bouches,
encore en usage aujour-
d'hui, et les ingénieurs

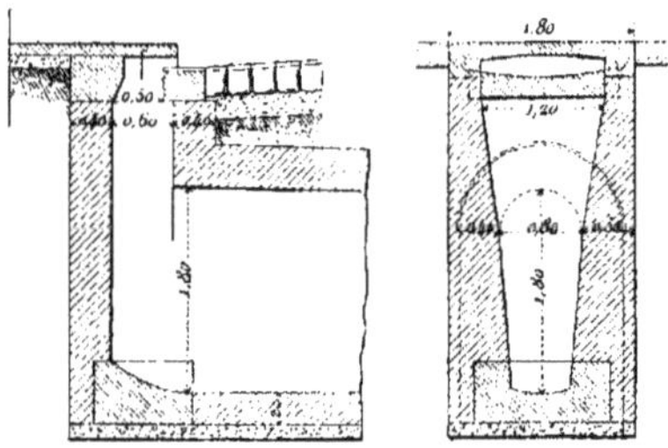

Fig. 9. — Bouche d'égout pour chaussée bombée.

de la voie publique convertissaient en chaussées bombées toutes
les chaussées fendues dont les carrefours pouvaient être atteints
par les ramifications des égouts (fig. 9).

Les projets d'égouts étaient donc accompagnés d'une étude
de nivellement des rues, et l'on cherchait à réduire au minimum,
c'est-à-dire à un, le nombre des points bas de chaque îlot de
maisons, afin de réduire également à un le nombre des points
hauts et par conséquent des bornes-fontaines.

Sous les successeurs de M. Emmery, les travaux ne marchèrent pas avec moins de rapidité; ils ne se ralentirent un
peu qu'en 1848 et 1849, à cause des événements politiques;
encore la longueur d'égouts exécutée ces deux années fut-elle
de 6563 mètres.

Nous approchons enfin d'une époque qui marque dans l'his-

THER 1857.

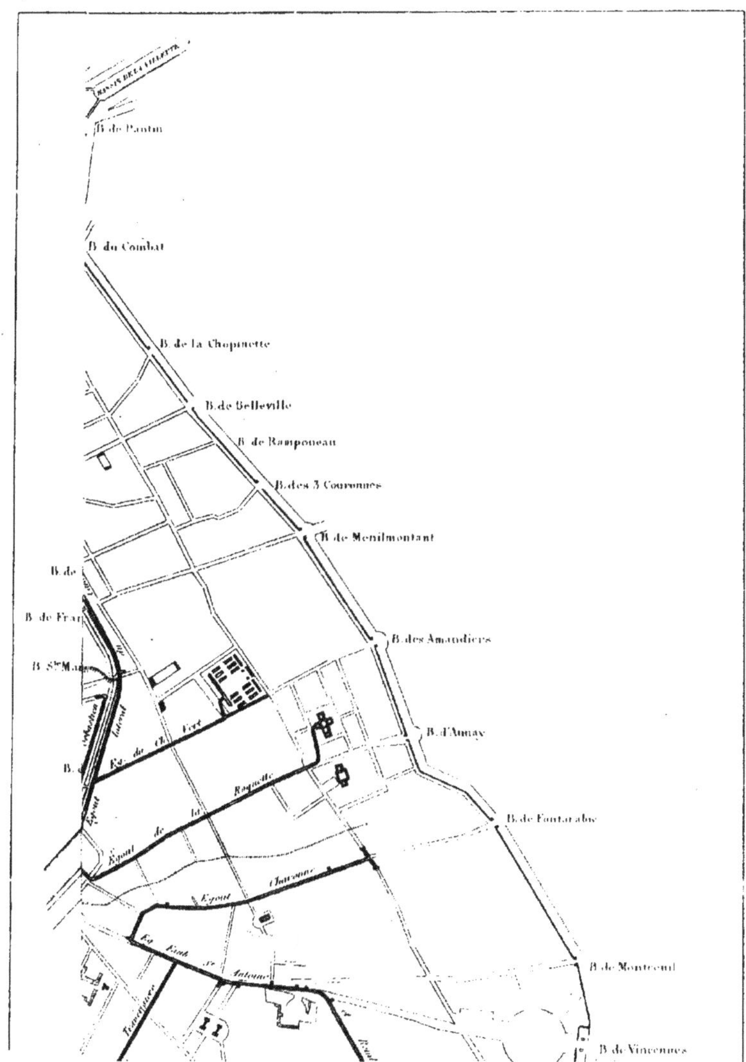

BASSIN DE LA VILLETTE
B. de Pantin
B. du Combat
B. de la Chopinette
B. de Belleville
B. de Ramponeau
B. des 3 Couronnes
B. de Menilmontant
B. de
B. de Fra
B. St Mau
B. des Amandiers
B. d'Annay
B. de Fontarabie
B. de Montreuil
B. de Vincennes
Egout
Egout latéral
Rte. du Chemin Vert
Roquette
Egout de la
Egout Charonne
Egout
St Antoine

STATISTIQUE DES ÉGOUTS DE PARIS AU 1ER JANVIER 1857.
Échelle.
Les Travaux souterrains de Paris __ Les Égouts __

toire des égouts, non seulement par la rapidité de leur développement, mais par une transformation d'importance capitale
dans les types adoptés.

Depuis longtemps on avait reconnu l'avantage qu'il y aurait
à placer les conduites de la distribution des eaux de la Ville dans
des galeries où il serait possible de les visiter en tout temps
pour les entretenir et les réparer.

L'égout Saint-Denis, construit sous le premier Empire, avait
été disposé pour recevoir des
conduites d'eau, et, en effet,
dès cette époque, on y avait
placé la conduite de 0ᵐ,25 qui
alimente encore aujourd'hui la
fontaine des Innocents (fig. 10).

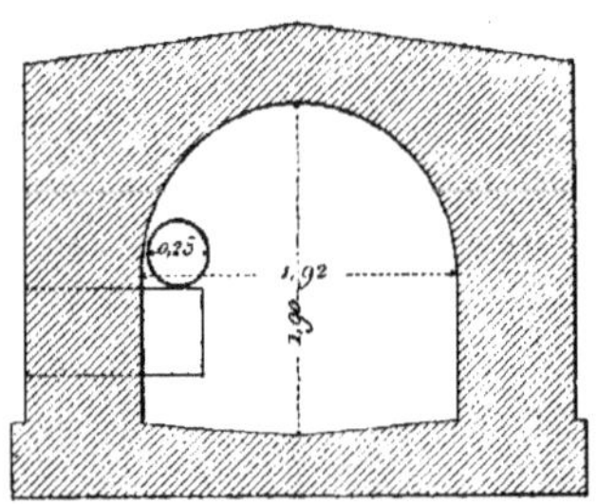

Fig. 10. — Égout de la rue Saint-Denis.

Mais les agrandissements de
section que ce système exigeait
donnaient lieu à une augmentation considérable dans le
chiffre de la dépense, et lorsque MM. Duleau et Emmery arrêtèrent leurs types d'égouts, ce mode de pose des conduites fut
à peu près abandonné. On ne construisit qu'un petit nombre
d'égouts-galeries, tels que ceux de Clichy et de Miroménil.
Les autres égouts étaient pour la plupart trop petits pour
qu'on pût y poser une conduite d'eau.

M. Mary, lorsqu'il fut chargé de la direction du Service des
eaux et des égouts de Paris, chercha à revenir, au moins pour
la petite distribution, à l'idée de M. Girard.

Il porta à 0ᵐ,80 la largeur minimum des égouts, ce qui permettait d'y poser des conduites de petite dimension, de 0ᵐ,084
et de 0ᵐ,108 par exemple.

Cette nouvelle section fut appliquée aux égouts construits
jusqu'en 1851.

On comprenait de plus en plus l'importance de cette nouvelle destination des égouts, mais on reculait devant l'augmen-

tation de dépenses qu'exigeaient les galeries destinées à recevoir les grosses conduites d'eau.

Telle était la situation lorsqu'en 1851, un des ingénieurs du Service municipal, M. Mille, montra qu'on pourrait accroître considérablement la section intérieure des égouts sans accroître beaucoup le cube des maçonneries et par conséquent le chiffre des dépenses.

En revenant en effet de l'exposition de Londres, après avoir fouillé les archives de la Cité et de la métropole, il en rapportait un profil ovoïde très économique, mais constituant une innovation très hardie que M. Dupuit, personnellement, n'hésita pas à accepter, en principe, pour la nouvelle galerie à construire dans le faubourg Saint-Antoine.

Restait à y convertir également l'Administration, ce qui fut beaucoup plus difficile.

Il faut savoir en effet que, jusqu'alors, les égouts de Paris

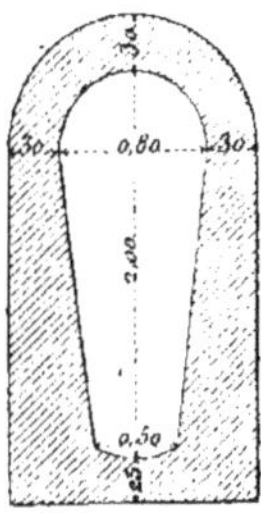

Fig. 11. — Type d'égout ancien.

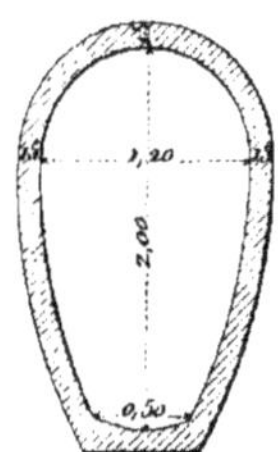

Fig. 12. — Type d'égout actuel.

avaient été construits suivant le profil de la figure 11. Les murs qui portent la voûte devaient avoir l'épaisseur nécessaire pour résister à la poussée des terres.

On tenait aussi à ce que l'égout fût établi sur une base large et solide.

On comprend facilement la peine qu'eut M. Mille à faire adopter, au lieu du type admis, le profil ovoïde représenté par la figure 12.

Les ingénieurs, habitués à la règle de Perronnet, qui fixe à un pied (0^m,32) l'épaisseur des plus petites voûtes, n'acceptaient pas volontiers des parois en maçonneries qui n'avaient que 0^m,15 d'épaisseur; la forme ovoïde leur paraissait manquer de stabilité. Les Anglais, à la vérité, construisaient depuis longtemps, à Londres, des égouts ovoïdes, mais les plus grands avaient des dimensions restreintes qui ne paraissaient pas justifier suffisamment la hardiesse du novateur.

M. Dupuit néanmoins soutint énergiquement son collaborateur. Il fit voir dans son *Traité sur les Eaux*, publié en 1854, que la forme ovoïde résistait beaucoup mieux à la poussée des terres, même avec de faibles épaisseurs, que les formes droites admises jusqu'à ce jour, et il réussit à la faire adopter dans l'avant-projet d'assainissement présenté par lui en 1855.

Une autre amélioration considérable s'introduisit vers la même époque dans la construction des grands égouts.

En 1851, lorsqu'on ouvrit la rue de Rivoli, on résolut d'y construire une grande galerie pour intercepter les eaux des égouts que, depuis 1830, on ne dirigeait plus vers l'égout de Ceinture, et qui tombaient directement en Seine.

On discutait dans le cabinet de M. Dupuit les dispositions de cette galerie; un ingénieur étranger au service, M. Watier, qui assistait à cette conférence, proposa d'établir dans l'égout une cunette garnie de deux banquettes aux angles desquelles on fixerait deux cornières qui formeraient un chemin de fer. Cette idée fut trouvée excellente et elle fut adoptée par M. Dupuit.

Les ingénieurs chargés de dresser le projet de l'égout arrêtèrent

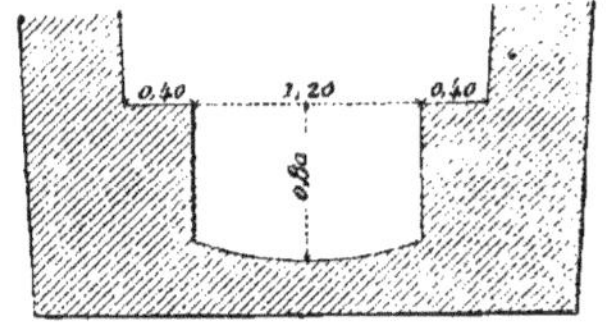

Fig. 15. — Dimensions de la cunette du collecteur.

les dimensions de cette cunette, ainsi que l'indique la figure 15. La largeur de 1^m,20, qui a été adoptée depuis pour toutes les cunettes d'égouts à rails, est peut-être trop petite.

Un wagon fut construit pour transporter les matières extraites de l'égout; il fut muni d'une vanne qui devait pousser ces matières dans la cunette, jusqu'à ce qu'elles fussent réunies en tas assez considérable pour être chargées commodément dans le wagon. Cet appareil n'eut, il est vrai, qu'un succès médiocre : nous dirons pourquoi en parlant du nettoiement des égouts. Mais il n'en est pas moins l'origine du système actuel de curage des grands égouts.

En même temps qu'on introduisait ces améliorations dans la construction des galeries, on modifiait d'une manière non moins heureuse leur réseau général.

On a vu que le mode d'assainissement de MM. Dulcau et Emmery consistait à disposer le réseau des égouts de manière à placer une bouche au point bas du ruisseau de chaque îlot de maisons. On supprimait ainsi à la fois et ces cassis transversaux, si gênants pour les voitures, qu'on trouvait à tous les carrefours, et ces longs ruisseaux que les eaux pluviales devaient suivre pour trouver une bouche d'égout.

Mais les eaux ménagères continuaient à s'écouler à ciel ouvert dans le ruisseau de la rue en contournant chaque îlot de maisons. Malgré le lavage des ruisseaux, ces eaux n'en répandaient pas moins une odeur fort désagréable à leur sortie des tuyaux de descente des maisons. En hiver, elles formaient en se congelant un obstacle à la circulation, et enfin, il faut bien le dire, il n'était pas digne d'une ville comme Paris de voir ses rues bordées d'égouts à ciel ouvert, lorsque depuis longtemps, à Londres, toutes les eaux privées étaient absorbées souterrainement.

Le décret du 26 mars 1852 fit disparaître cette imperfection.

L'article 6 est ainsi conçu :

« Toute construction nouvelle dans une rue pourvue d'égout
« devra être disposée de manière à y conduire souterrainement

« les eaux pluviales ou ménagères ; la même disposition sera
« prise pour toute maison en cas de grosses réparations et en
« tous cas avant dix ans. »

L'arrêté préfectoral du 19 décembre 1854 complète cette
disposition législative. Il oblige tous les propriétaires à perdre
leurs eaux par une galerie d'égout (fig. 14) ayant 2ᵐ,30 de hauteur sous clef et 1ᵐ,30 de largeur aux naissances de la voûte, et
munie d'un tuyau de
ventilation de 3 déci-
mètres carrés montant
jusqu'aux combles de
la maison [1].

De ces prescriptions
nouvelles devait résul-
ter un très grand pro-
grès dans les condi-
tions générales de sa-
lubrité de la voie

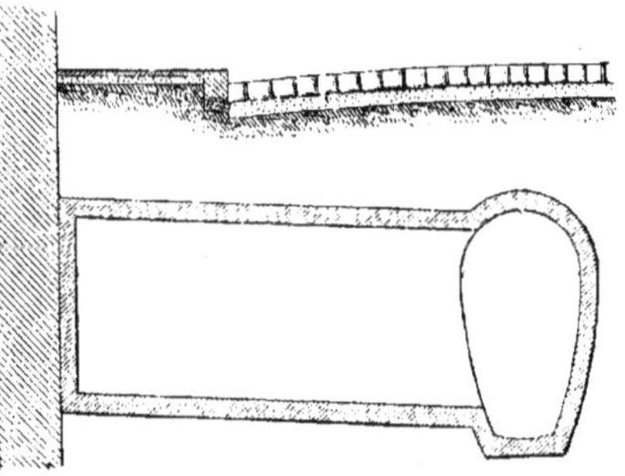

Fig. 14. — Type de galerie d'égout particulier.

publique, mais elles entraînaient aussi des dépenses considérables.

L'application du système de MM. Duleau et Emmery n'exigeait en effet de canalisation que dans la moitié des rues de
Paris ; la conséquence forcée du nouveau décret, au contraire,
était la canalisation complète de toutes les rues. Toutes les prévisions antérieures se trouvaient donc radicalement changées ;
on trouvera dans un mémoire présenté au Conseil municipal, le
4 août 1854, par M. Haussmann, Préfet de la Seine, l'exposé
du nouveau système d'assainissement de l'édilité parisienne.

D'après ce projet, toutes les rues devaient être munies
d'égouts assez grands pour recevoir non seulement les conduites d'eau, mais aussi un réseau complet de tuyaux destinés
à conduire hors la ville les liquides des fosses d'aisances.

---

[1] En fait, l'obligation de ce tuyau d'évent a été abandonnée.

Des branchements d'égouts particuliers établissaient une circulation complète entre la galerie de la voie publique et les maisons. Chaque branchement recevait le tuyau de plomb qui puisait dans la conduite publique l'eau destinée à l'alimentation de l'immeuble; c'était par là que cette eau revenait ensuite à l'égout après avoir servi aux usages domestiques.

Les eaux-vannes se mélangeaient dans ce même branchement aux eaux pluviales; le vidangeur suivait ce chemin pour extraire des réduits, remplaçant les fosses, les tinettes renfermant les matières solides. On supprimait ainsi la vidange à ciel ouvert, opération dont toute la population parisienne a tant à souffrir. De là l'obligation de donner de grandes dimensions à ces galeries particulières.

Un certain nombre d'égouts collecteurs, munis de rails, devaient enfin conduire toutes les déjections solides et liquides à l'aval de la ville.

Déjà, dans le système de MM. Duleau et Emmery, la surface de la ville avait été divisée en un certain nombre de bassins; chaque bassin devait être assaini par un égout maître qui recevait tous les branchements dirigés vers les points bas des ruisseaux.

Mais l'étude de chaque bassin avait été faite isolément; les dimensions, les pentes, l'altitude des radiers des égouts étaient fixées sans qu'on se préoccupât du bassin voisin.

Le nouvel ensemble, au contraire, établissait en principe une solidarité complète entre les égouts débouchant dans le même collecteur. Il fallait donc refaire une étude générale.

En effet, le programme de 1854 fut suivi, dès 1855, d'un projet qui avait la prétention d'y être conforme.

Malheureusement ce projet supposait la reconstruction complète des 155 kilomètres d'égouts existants. Les collecteurs, sans s'étendre assez loin vers l'aval, arrivaient à une cote beaucoup trop basse; les eaux de la Seine y auraient pénétré à la moindre crue, ce qui eût rendu le service impossible en hiver.

Enfin, la dépense, estimée 155 millions, était une trop lourde charge pour les finances de la ville.

Il fallait donc remanier entièrement ce projet, en s'imposant l'obligation de conserver presque toutes les anciennes galeries; ce fut la tâche à laquelle je dus m'appliquer en prenant possession du service.

PÉRIODE CONTEMPORAINE

CHAPITRE IV

TRACÉ DU COLLECTEUR GÉNÉRAL.

Ce qui me préoccupait le plus dans le travail dont je me trouvais chargé, c'était la partie du programme qui imposait l'obligation de conduire toutes les eaux d'égout à l'aval de Paris.

On avait, il est vrai, fait un premier pas dans ce sens lors de la construction de la rue de Rivoli. L'ingénieur en chef, directeur du service, avait, à cette époque, proposé d'établir sous la voie nouvelle un égout collecteur pour rejeter vers l'aval de Paris les eaux de la rive droite; cette proposition avait été adoptée, et le collecteur construit en 1851, 1852 et 1853.

C'est le premier égout où l'on ait posé un chemin de fer pour faciliter le nettoiement, mais la section était trop petite, la cunette insuffisante pour recevoir toute l'eau même en temps sec; de plus, la construction n'avait été poussée que jusqu'à la place de la Concorde, et il aurait été difficile d'aller beaucoup plus loin faute de pente suffisante.

En effet, le débouché de ce collecteur se trouvait établi à l'entrée du quai de la Conférence, à l'altitude 27 mètres. En réduisant à $0^m,50$ la pente qui, dans la partie alors construite, est de 1 mètre par kilomètre, on arrivait à la barrière de Passy à l'altitude de $25^m,70$, c'est-à-dire à 1 mètre à peine au-dessus de l'étiage de la Seine, et aux fortifications (on parlait déjà de l'annexion) à $24^m,25$, soit au niveau de l'étiage.

Ces conditions étaient détestables; la moindre crue du fleuve devait remonter dans l'égout et en paralyser le service, et l'expérience a fait voir depuis que ces interruptions du nettoiement des collecteurs sont désastreuses, qu'il faut de grands sacrifices pour réparer le temps perdu : dans ces conditions, le collecteur n'aurait certainement pas fonctionné.

En outre, on salissait les eaux du fleuve dans la traversée de Sèvres, de Saint-Cloud, du Bois de Boulogne, de Neuilly, etc., c'est-à-dire dans la plus riche et la plus luxueuse partie de la banlieue de Paris.

J'eus alors la pensée qu'il serait loisible de profiter du long détour que fait la Seine en se repliant sur elle-même, pour diriger les eaux d'égout beaucoup plus en aval par une galerie plus courte, et de gagner ainsi toute la différence de pente du fleuve depuis les fortifications vers Billancourt jusqu'au point choisi.

Je reconnus qu'en suivant le tracé du boulevard et de la rue Malesherbes, de la route d'Asnières et de la rue du Bac-d'Asnières, on pouvait faire passer en souterrain sous le promontoire Monceau une galerie qui, partant de la rue de Rivoli avec une pente de $0^m,50$ par kilomètre, aboutirait en Seine vis-à-vis du village d'Asnières un peu en aval du pont.

Cette galerie qui n'avait que 5 kilomètres de longueur (1 kilomètre de moins que celle qui aurait été dirigée de la rue Royale aux fortifications en suivant les quais) pouvait passer sous le chemin de fer d'Auteuil sans en atteindre la voie, et sous le pont du chemin de fer de l'Ouest à la traversée de la route d'Asnières, sans exiger le relèvement du sol au delà de la limite réglementaire.

La construction de l'égout collecteur devait singulièrement diminuer le danger des crues de la Seine.

C'est ce que montre le tableau suivant, qui donne les hauteurs des plus grandes crues et les altitudes du remous dans Paris.

HAUTEURS DES PLUS GRANDES CRUES DE LA SEINE ET DU REMOUS DANS PARIS.

DÉSIGNATION DE LA CRUE	HAUTEUR de la crue au-dessus de l'étiage	ALTITUDE DU REMOUS DANS PARIS		OBSERVATIONS
		dans le système actuel. Altitude d'étiage au pont de la Tournelle : 26m,25	le débouché étant reporté au pont d'Asnières. Altitude d'étiage au pont d'Asnières : 25m,29	
		mètres.	mètres.	
11 juillet 1615	9,04	35,23	32,55	On n'a trouvé aucun repère de cette crue dont l'existence peut être mise en doute. La crue suivante, au contraire, a été repérée en divers points.
Février 1649	7,66	35,91	30,95	
25 janvier 1651	7,83	34,08	31,12	
27 février 1658	8,81	35,06	32,10	
27 février 1690	7,55	35,80	30,84	
27 mars 1711	7,62	35,87	30,91	
26 décembre 1740	7,90	34,15	31,19	
9 février 1764	7,33	35,58	30,62	
3 et 4 mars 1784	6,66	32,91	29,95	
9 décembre 1801	6,22	32,47	29,51	
3 janvier 1802	7,45	33,70	30,74	
3 mars 1807	6,70	32,95	29,99	
13 mars 1817	6,50	32,55	29,59	
17 décembre 1856	6,40	32,65	29,69	
3 février 1850	6,07	32,32	29,35	

Observations :

Voici les altitudes des points les plus bas de Paris :

Rive droite.

Entre la rue du Faubourg-Saint-Antoine, le marché Beauveau, la rue de Ceinture et le quai de la Rapée. — plus haute cote du sol. 35,60 ; plus basse. 35,45

Rues Saint-Antoine et de Rivoli, jusqu'à l'Hôtel de Ville. — plus haute cote du sol. 35,45 ; plus basse. 34,50

Rue de Rivoli entre la rue de l'Oratoire et la place de la Concorde. — plus haute cote du sol. 34,75 ; plus basse. 32,12

Un grand nombre de points du quartier dit le Marais, entre la rue Neuve-Saint-Eustache, les boulevards et la Seine. — de 35,00 à 35,67

Ligne de l'égout de Ceinture, depuis la rue du Faubourg-Poissonnière et rues avoisinantes. — de 34,89 à 30,66

Rive gauche.

Les bords de la Bièvre et quelques rues avoisinantes. — de 35,29 à 29,44

Un grand nombre de points entre le boulevard Saint-Germain et la Seine. — de 34,00 à 32,25

Rues Jacob, de l'Université, de Lille et de Verneuil, et quelques rues voisines. — de 35,61 à 30,68

Quartiers du Gros-Caillou et de la Cunette. — de 36,00 à 30,29

On voit par ce tableau qu'en supposant la ligne des quais insubmersible, ce qui pouvait se réaliser sans beaucoup de difficultés, Paris devenait insubmersible lui-même, sauf sur un très petit nombre de points, par le fait seul de la construction de l'égout d'Asnières.

Le tableau montre en outre qu'à défaut de cette solution, non seulement le service des égouts était condamné à se voir interrompu par les grandes crues du fleuve, mais encore que certains quartiers des plus riches de Paris, tels que ceux de la Madeleine et des Champs-Élysées, étaient submersibles par des crues encore très éloignées du maximum. J'ai entendu des témoins oculaires parler de la submersion des Champs-Élysées par les crues de 1802 et de 1807; l'eau s'élevait à une assez grande hauteur au-dessus du sol pour qu'on pût parcourir en bateau les quartiers inondés.

Il est à remarquer que le fait a dû se reproduire quatre fois de 1784 à 1807, c'est-à-dire en 23 ans. Depuis 1807, les inondations ont été moins fréquentes, et surtout ont été resserrées sur un petit nombre de points. Mais les mêmes phénomènes météorologiques qui ont causé les grandes crues de la fin du xviii° siècle peuvent se reproduire tous les jours.

Aux époques où ces désastreux phénomènes se sont manifestés, ils n'atteignaient que des quartiers à peu près déserts, et néanmoins ils ont laissé un profond souvenir dans la population parisienne. Mais qui peut évaluer les pertes causées par une crue qui recouvrirait d'un à deux mètres d'eau le faubourg Saint-Honoré, les quartiers compris entre la Madeleine et la rue de la Pépinière, et la partie la plus riche de la rue de Rivoli, surtout avec la déplorable habitude qu'on a prise d'établir sous les maisons neuves deux étages de caves? L'appréhension que devait causer le retour de semblables désastres aurait suffi à elle seule, suivant moi, pour justifier la construction de l'égout d'Asnières.

Néanmoins, si le grand égout collecteur qui devait former la base du nouveau système n'avait eu d'autre but que de rendre impossible le retour de ces inondations extraordinaires, son utilité aurait été contestable aux yeux de beaucoup de personnes, qui regardent trop aisément comme ne pouvant plus se reproduire des malheurs anciens déjà d'un demi-siècle.

Mais, comme on admettait dès lors que tout le réseau des conduites d'eau devait être renfermé dans les égouts, il fallait éviter non seulement les submersions des rues par les grandes crues du fleuve, mais encore tout séjour prolongé des crues ordinaires dans les égouts; le tableau suivant fait voir l'état des choses avec les deux systèmes d'égouts dont il a été question plus haut.

ALTITUDES DES CRUES ORDINAIRES DE LA SEINE DANS LES ÉGOUTS.

HAUTEURS DES CRUES au-dessus de l'étiage	ALTITUDES MINIMUM DES REMOUS DANS PARIS		OBSERVATIONS
	SANS L'ÉGOUT D'ASNIÈRES — Étiage : 26^m,25	AVEC L'ÉGOUT D'ASNIÈRES — Étiage : 25^m,29	
Crues de 4 mètres et au-dessus.	30^m,25	27^m,29	Ces crues, qui interrompent la navigation, durent 14 jours en moyenne et 40 jours au plus par an.
Crues de 5^m,25 et au-dessus.	31^m,50	28^m,54	Ces crues durent 1 jour 66 en moyenne et 10 jours au plus.

En admettant que l'altitude minimum des radiers des égouts affluents fût aux environs de la cote 28 mètres, on voit qu'avec l'égout collecteur d'Asnières, on n'avait en moyenne que 1^{jour},66, et, au plus, que 10 jours d'interruption de service par an.

Sans lui au contraire, les submersions dureraient en moyenne 14 jours et exceptionnellement 40 jours pendant la même période.

La solution proposée offrait donc, à tous les points de vue, des avantages considérables, qui déterminèrent immédiatement l'Administration municipale à l'adopter. Il fut décidé en principe que toutes les eaux de la rive droite seraient dirigées vers une grande galerie longeant la rue Royale et le boulevard Malesherbes, passant en souterrain sous le promontoire Monceau et débouchant en Seine à l'aval du pont d'Asnières.

Restait à déterminer le système des collecteurs secondaires, qui devaient tous amener leurs eaux à cet émissaire général, à l'exception de ceux qui pourraient déboucher en Seine encore plus loin de Paris.

CHAPITRE V

TRACÉ DES PRINCIPAUX COLLECTEURS SECONDAIRES.

1° — RIVE DROITE.

Collecteur des Coteaux. — Sur la rive droite, le principal affluent du grand collecteur devait être un égout longeant le pied des coteaux du nord. Cette galerie était indispensable pour faire disparaître les inondations que les rues de Provence, Saint-Lazare, etc., éprouvaient à chaque instant.

Le point de départ de ce collecteur fut fixé à l'intersection du quai Jemmapes et du boulevard (alors projeté) du Prince-Eugène, aujourd'hui boulevard Voltaire.

Le tracé devait suivre le quai Jemmapes jusqu'à l'écluse des Récollets, passer le canal Saint-Martin sous cette écluse, suivre la rue des Vinaigriers jusqu'au boulevard de Magenta, puis ce boulevard jusqu'à celui de Strasbourg, et enfin emprunter les rues de la Fidélité, Paradis-Poissonnière, Papillon, Lamartine, Saint-Lazare et de la Pépinière jusqu'au boulevard Malesherbes, où il rencontrait le collecteur général.

On verra plus loin par suite de quelles circonstances ce tracé fut, ultérieurement, un peu infléchi vers le nord, de manière à emprunter une partie de l'ancien égout de Ceinture, élargi et approfondi.

Collecteur de la Villette ou du Nord. — Pour que la galerie que je viens d'indiquer ne fût pas exposée à se voir envahie parfois par un énorme volume d'eau, il fallait intercepter les eaux de Belleville avant leur entrée dans l'ancien Paris. Dans ce but, le projet comprenait un égout suivant les boulevards extérieurs depuis l'ancienne barrière de Fontarabie jusqu'à la route d'Allemagne, puis cette dernière rue et celles de Marseille et de Bordeaux (aujourd'hui rue de Crimée) et débouchant enfin dans le grand égout départemental de la plaine Saint-Denis.

L'ensemble de ces deux collecteurs formait, autour de la partie basse et moyenne de la rive droite, une ligne de défense ouverte seulement vers l'est; le périmètre ainsi protégé contre les afflux du dehors n'avait plus à écouler que ses propres eaux, et celles qui pourraient lui venir de la direction de Saint-Mandé.

Les premières devaient être évacuées par trois égouts, savoir :

Le collecteur des Petits-Champs, tracé suivant le thalweg de la petite vallée que bordait, au nord, l'éminence des boulevards intérieurs, et au sud, les buttes des Moulins et de la place des Victoires. Il partait de la rue Vivienne suivant les rues Neuve-des-Petits-Champs, Neuve-des-Capucines, le boulevard et tombait dans le collecteur général à la place de la Madeleine.

L'égout de Rivoli. — Prend les eaux de l'ancien quartier du Marais aux rues Vieille-du-Temple, du Temple, Saint-Martin, Saint-Denis; suit la dépression comprise entre les buttes de la Halle-aux-Blés et de la place des Victoires d'une part, et le bourrelet des quais d'autre part, et débouche enfin dans le collecteur général à la place de la Concorde.

Le grand égout de Sébastopol. — Destiné en temps ordinaire à recevoir les eaux de la partie du Marais et du quartier des Halles trop basse pour se drainer dans l'égout Rivoli, et en

temps d'averse, à décharger directement en Seine le trop-plein
du collecteur des Coteaux.

Quant aux eaux venant de l'est, elles devaient être écoulées
par un collecteur dit de *Saint-Mandé*, qui, ayant son origine
près du cours de Vincennes, aurait parcouru cette voie jusqu'à
la place du Trône, descendu le boulevard Mazas, et suivi les
quais jusqu'à la place de la Concorde.

En fait, cette galerie projetée s'est dédoublée ; la partie amont
a pu, comme on le verra plus loin, être tenue à un niveau suffisamment élevé pour conduire au collecteur des Coteaux ses
eaux qui sont fort abondantes, parce qu'elle en reçoit beaucoup de l'extérieur de Paris. L'égout des quais, construit à partir de la gare de l'Arsenal, a formé une branche indépendante.

2° — RIVE GAUCHE.

La disposition topographique de la rive gauche est plus simple que celle de la rive droite. On n'y trouve qu'un seul thalweg
très prononcé, c'est celui de la Bièvre. (Voir la carte du relief
de Paris, planche Ire de l'Atlas.)

Le projet ne prévoyait donc sur cette rive qu'une seule galerie formant un collecteur de grande étendue, c'était l'égout
de la Bièvre et des quais.

Il devait prendre la Bièvre aux fortifications, se diriger vers
les quais en contournant la montagne Sainte-Geneviève, et lon-
ger ensuite la rivière, sous laquelle il serait passé en siphon à la
place de la Concorde, pour rejoindre l'égout d'Asnières, qui en
temps ordinaire en aurait reçu tout le débit.

Dans cette hypothèse, les eaux des quartiers bas d'aval, et
notamment les eaux de Grenelle, ne rejoignaient pas le collecteur de rive droite. Elles devaient seulement être conduites en
Seine, immédiatement au-dessous de Paris par une galerie spé-

ciale qui, se prolongeant sous les quais jusqu'aux fortifications, aurait aussi servi de décharge en temps de pluie pour le collecteur de la Bièvre.

Il était fâcheux qu'une zone aussi étendue échappât à l'action du collecteur général ; c'était une véritable lacune dans l'accomplissement du programme auquel devait satisfaire le drainage de Paris. C'est pourquoi le siphon, projeté d'abord au pont de la Concorde, a été reporté en fait au pont de l'Alma. Nous verrons plus loin comment ce déplacement, qui semblait devoir seulement réduire d'environ moitié la zone qui resterait en dehors du bassin du collecteur d'Asnières, a permis de la supprimer.

Le réseau collecteur ainsi défini comme ensemble, nous allons étudier chacune de ses grandes lignes, indiquer les difficultés souvent considérables qu'a présentées leur exécution et faire connaître par quels moyens elles ont été résolues dans chaque cas.

On aura une idée comparative de l'importance des divers collecteurs que nous venons de passer en revue en jetant les yeux sur la carte des bassins des collecteurs, planche II de l'Atlas.

CHAPITRE VI

On a vu que, dès 1856, j'avais reconnu la possibilité de faire passer le collecteur général sous le promontoire de Monceau, et de jeter ses eaux dans la Seine au-dessous du pont d'Asnières.

Depuis la place Delaborde jusqu'au pont d'Asnières, le terrain était libre et on pouvait y construire l'égout en suivant la rue Malesherbes, la route d'Asnières, puis enfin la rue du Bac-d'Asnières jusqu'à la Seine. Entre la place Delaborde et la rue de la Pépinière le tracé rencontrait deux ou trois maisons de peu d'importance, situées d'ailleurs sur l'emplacement du boulevard Malesherbes. Entre la rue de la Pépinière et la rue Lavoisier, il empruntait la rue de Rumfort; mais à partir de la rue Lavoisier jusqu'à la place de la Madeleine l'égout devait suivre le boulevard Malesherbes, encore en lacune sur une longueur de 525 mètres; de là, on gagnait sans peine la place de la Concorde en traversant la place de la Madeleine et en suivant la rue Royale.

Les premiers projets à dresser étaient donc ceux de la partie comprise entre la rue de la Pépinière et le pont d'Asnières, puisque le terrain était libre.

PENTES.

Le radier au débouché en Seine fut fixé à 25 mètres d'altitude, niveau admis pour la retenue du barrage de Saint-Ouen. La cote de la Seine correspondant au zéro de l'échelle de la Tournelle est $25^m,50$ au pont d'Asnières, la chute de l'égout au débouché est donc de $25^m,00 - 25^m,50 = 1^m,70$. On verra dans la partie de cet ouvrage qui s'applique à l'égout de la Bièvre comment ce débouché a pu être modifié, le barrage projeté d'abord à Saint-Ouen ayant été remonté jusqu'à Suresnes, c'est-à-dire en amont de la chute en Seine des deux collecteurs réunis.

La pente fut fixée uniformément à $0^m,50$ par kilomètre.

Le fond de la cunette étant à 25 mètres d'altitude au débouché en Seine, il en résulte qu'à la rue de la Pépinière, c'est-à-dire à 5885 mètres de là, il est de $1^m,94$ plus élevé, soit à l'altitude de $26^m,94$. On a admis au projet 27 mètres en nombre rond.

PROFIL TRANSVERSAL.

Le profil transversal de l'égout n'était pas facile à déterminer. On tenait beaucoup à y maintenir une voie ferrée avec la largeur de $1^m,20$ admise pour l'égout Rivoli ; on était encore dominé par cette idée fausse que les wagons auraient de grandes distances à parcourir dans les égouts, par exemple, que les wagons de l'égout Rivoli circuleraient sur toute la longueur du collecteur général depuis la place de la Concorde jusqu'à la Seine.

Il fallait dans cette hypothèse conserver la même largeur de voie, c'est-à-dire $1^m,20$. Or, une cunette de $1^m,20$ était évidemment trop petite pour débiter toutes les eaux du collecteur gé-

néral surtout avec les profondeurs restreintes qu'on admettait
alors.

M. l'ingénieur Baudard proposa de construire deux cunettes
égales séparées par une pile en maçonnerie et portant chacune
une voie ferrée; c'était une solution dispendieuse et insuffisante. Les deux cunettes réunies ne donnaient pas un débouché

assez grand, la pile
coûtait cher, et ses
parois, en augmentant
le frottement des ma-
tières transportées, di-
minuaient considéra-
blement le débit.

J'y substituai d'a-
bord le profil rapporté
figure 15. La cunette
avait 2ᵐ,50 de largeur,
et 1ᵐ,55 de profondeur
au milieu. La voie fer-
rée était établie sur une

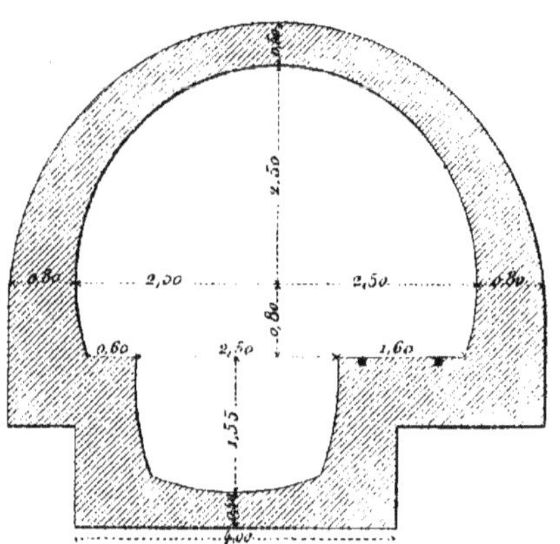
Fig. 15. — Profil primitif du collecteur.

des banquettes, dont la largeur était de 1ᵐ,60 ; l'autre banquette, simple marchepied, était réduite à 0ᵐ,60. C'était préférable au profil à double cunette, le passage de l'eau était
plus grand, mais j'augmentais considérablement la largeur
de l'égout et par conséquent la dépense pour conserver la voie
ferrée.

Le profil fut adopté cependant, faute de mieux, dans le projet
qui fut soumis au Conseil général des ponts et chaussées et il
reçut l'approbation du Conseil municipal et du Préfet de la
Seine.

Mais je restais tourmenté de l'idée que la voie ferrée, placée sur la banquette, n'était pas d'une grande utilité; elle ne pouvait servir au nettoiement de l'égout, comme je le démontrerai plus loin, et il était inadmissible que les matières solides extraites des autres égouts fussent transportées souterrainement sur 4000 mètres au moins, puisqu'il était bien plus économique d'établir une décharge en un point quelconque des quais, par exemple au débouché de l'égout Rivoli.

LA CUNETTE AINSI MODIFIÉE N'ÉTAIT PAS ENCORE SUFFISANTE.

D'ailleurs, la cunette projetée n'était pas encore assez grande. Elle n'avait qu'une section de 5^{m2},10 et la vitesse d'écoulement, avec la pente de 0^m,50 par kilomètre, y serait restée un peu inférieure à 1 mètre par seconde. Le profil ne se prêtait en définitive, sans submersion des banquettes, qu'à un débit de 5 mètres cubes au plus correspondant à l'hypothèse théorique d'un curage parfait, et destiné à se réduire en fait par l'action des dépôts de sable qui devaient venir restreindre plus ou moins l'espace libre et augmenter les frottements.

CALCUL DES VOLUMES D'EAU A ÉCOULER EN TEMPS SEC.

Or, nous allons voir qu'avec les accroissements d'alimentation prévus dès l'époque où j'étudiais le projet, le collecteur général paraissait destiné à recevoir fréquemment plus de 5 mètres cubes par seconde, *même en temps sec.*

La consommation de Paris, en effet, pendant l'été, était sensiblement de 120 000 mètres par jour et devait être portée, par les dérivations d'eau de sources, à 220 000 mètres. En déduisant de ce total la part afférente aux promenades extérieures, on devait compter sur l'emploi journalier de 200 000 mètres en nombre rond, dans la zone que le collecteur général aurait à desservir.

Mais il est évident *a priori* que le débit devait être fort loin de se répartir uniformément sur les 24 heures.

Les bornes-fontaines, qui distribuaient à cette époque 55 000 mètres par jour, les répandaient en 2 heures 1/2, 1 heure 1/2 le matin et 1 heure le soir. Quant aux 167 000 mètres correspondant à l'ensemble des autres usages, leur dépense devait se répartir avec des variations plus ou moins prononcées sur un nombre d'heures plus grand, mais qui, dans tous les cas, ne s'étendait que peu ou point à la nuit.

TEMPS D'ÉCOULEMENT.

Quelle devait être, dans le collecteur, la résultante générale de ces écoulements variés?

Pour en avoir un aperçu, je fis observer par temps sec les variations de niveau produites par le fonctionnement des bornes-fontaines dans trois égouts à faible pente et de longueurs très inégales : — dans l'égout Richelieu, près du Théâtre-Français, — dans l'égout de Rivoli, près de la rue de Castiglione, — et enfin dans l'égout de Ceinture vers l'avenue Marbeuf.

Les hauteurs d'eau étaient mesurées de 10 en 10 minutes ; on obtint ainsi les profils indiqués figure 16 (p. 64).

Ces graphiques font voir que le temps d'écoulement de l'eau versée dans les égouts par les bornes-fontaines s'accroît avec la longueur des galeries, et que dans l'égout de Ceinture il est sensiblement de 5 heures pour un afflux d'eau de 1 heure et demie, et de 4 heures pour un afflux de 1 heure. Si l'eau se mainte-

naît à la hauteur maximum, l'écoulement serait d'à peu près
2 heures et demie pour une ouverture de 1 heure. Pour un

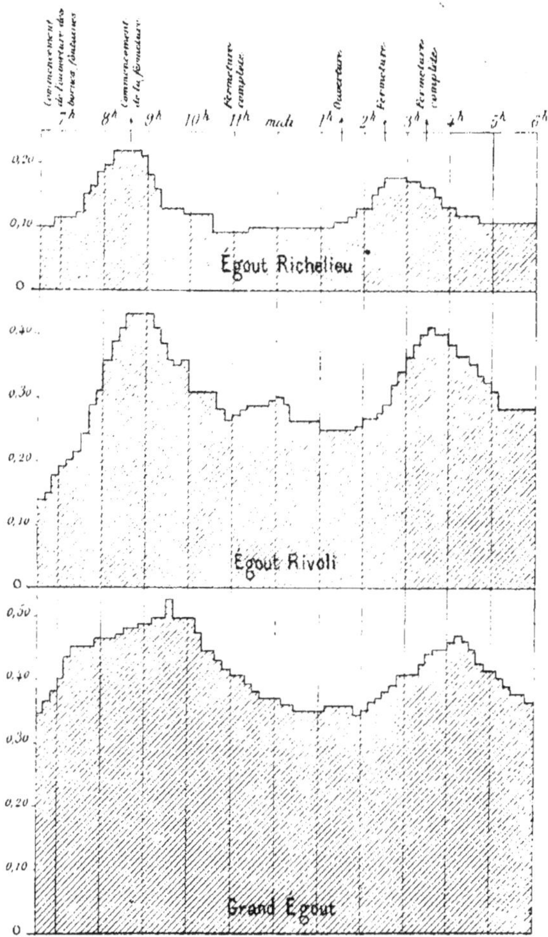

Fig. 16 — Hauteurs d'eau observées dans les égouts par suite de l'ouverture des bornes-fontaines.

égout plus long, tel que l'égout d'Asnières, le temps de l'écoulement devait être plus grand, et je crus en conséquence pouvoir admettre qu'une ouverture d'une heure des bornes-fontai-

nes donnerait lieu à un débit maximum correspondant à la répartition uniforme du volume total sur 3 heures.

Quant aux eaux provenant des autres services, et surtout de la consommation privée, il est évident que, fournies pour des usages beaucoup moins simultanés, elles donnent lieu par leur ensemble à un écoulement qui, sans être uniforme, est bien plus réparti. Je ne devais pas m'écarter gravement de la vérité en considérant l'écoulement maximum comme égal à celui qui résulterait de la répartition uniforme du volume total sur 12 heures.

Il résulterait de là que, si toutes les eaux de distribution étaient arrivées au collecteur général sans perte, elles auraient pu lui amener par seconde, à certains moments :

Par les bornes-fontaines un volume de 33 000 mètres cubes divisé par trois fois le temps d'écoulement, qui est de 2 heures 1/2 ou 9000 secondes,

$$\frac{33\,000^{mc}}{27\,000} = \ldots\ldots\ldots\ldots\quad 1^{mc},20$$

et par les consommations privées, etc.,

$$\frac{167\,000^{mc}}{3\,600 \times 12} = \ldots\ldots\ldots\quad 3^{mc},80$$

$$\text{Ensemble.}\ \ldots\ldots\quad 5^{mc},00$$

En fait, il fallait retrancher de cette quantité le volume d'eau qui se perd par l'évaporation, par l'arrosage, par le lavage des cours, des écuries, etc., volume qu'il était alors très difficile d'estimer, mais que j'étais sûr d'évaluer trop bas en ne le portant qu'à un quart du total.

J'arrivais ainsi à cette conclusion, que le collecteur, *en temps sec*, pouvait avoir à débiter par seconde un volume maximum

de. . . . . 3750 litres

non compris la Bièvre qui en donne à peu près   260

soit en nombre rond. . . . . 4000 litres

avec elle.

Le desideratum devait donc être une cunette capable de débiter, avec la pente de $0^m,50$ par kilomètre, au moins 4 mètres cubes par seconde, et même un peu plus.

J'admettais bien, en effet, que le débit des pluies d'orage serait évacué par des décharges en Seine; il n'y avait pas moyen de faire le collecteur suffisant pour ces brusques afflux. On pouvait même se résigner à ce que les pluies moins considérables fissent momentanément monter l'eau de quelques centimètres sur les banquettes, mais encore fallait-il que ce ne fût pas par trop fréquent. Le collecteur n'aurait été que d'une médiocre utilité si, à la moindre pluie, les eaux avaient dû envahir les banquettes et s'écouler en Seine par les déversoirs.

MINIMUM DE SECTION NÉCESSAIRE POUR LA CUNETTE.

D'un autre côté, même avec une grande section mouillée, je ne pouvais obtenir, dans les limites de pente du projet, qu'une vitesse fort peu supérieure à un mètre; il aurait donc fallu une cunette dont la section droite atteignît ou dépassât 4 mètres carrés; mais dans ces conditions le problème du curage offrait des difficultés sans précédent; aucun des moyens employés jusque-là dans les égouts n'était plus praticable.

C'est alors que j'eus l'idée d'appliquer au nettoiement un système de bateaux-vannes analogues à ceux dont on se servait pour le curage de certain canaux du Nord et de la Charente.

M. l'ingénieur Cambuzat avait publié un très bon mémoire sur l'emploi de cette machine. J'étais convaincu qu'avec certaines modifications on pouvait la rendre applicable aux égouts, et M. Cambuzat me confirma dans cette manière de voir.

Considérant donc la question du curage comme résolue par ce moyen, je n'étais plus limité pour les dimensions de la cunette que par des considérations de dépense, et je n'hésitai pas à modifier le profil de la manière suivante.

PROFIL DÉFINITIF.

Je cherchai à donner au collecteur une forme générale qui me permît d'augmenter le vide intérieur sans qu'il en résultât un notable accroissement du cube des maçonneries. Il fallait pour cela que l'enveloppe présentât, dans son ensemble, une forme capable de résister avec un minimum d'épaisseur aux pressions extérieures; j'obtenais évidemment ce résultat en la rapprochant le plus possible de l'ellipse régulière.

À l'intérieur de cette enveloppe sensiblement elliptique et d'épaisseur presque uniforme, les deux banquettes formaient seules deux saillies de $0^m,90$, laissant entre elles une cunette de $3^m,50$ de largeur et de $1^m,55$ de profondeur au milieu, dont la section totale était de $4^{m2},12$ (fig. 17)[1].

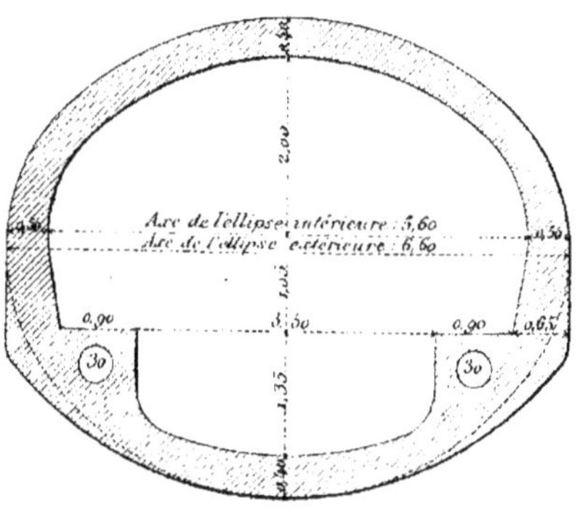

Fig. 17. — Profil définitif du collecteur.

Les faibles épaisseurs indiquées sur le profil ci-contre supprimaient les maçonneries lourdes en ciment. Il y avait économie à les faire ainsi dans toutes les parties construites en souterrain où la cherté du déblai rendait fort important d'en réduire le cube.

[1] On peut remarquer que, sous chacune des deux banquettes, ont été ménagées des conduites de $0^m,30$. Ces conduites, qui ont été exécutées en ciment sur une assez grande longueur du collecteur général, étaient destinées à recevoir, au moyen de tuyaux communiquant avec elles par le branchement d'égout, les matières des fosses d'aisances des maisons riveraines. On se proposait ainsi de supprimer les fosses fixes qui ont, de tout temps, été condamnées au point de vue de l'hygiène des villes : des pompes à vapeur, agissant par aspiration sur l'ensemble de ces conduites, devaient refouler les matières débitées par elles dans des réservoirs éloignés pour qu'elles y fussent traitées et offertes à l'agriculture.

Dans les parties en tranchée, au contraire, le terrassement coûtant beaucoup moins cher, la maçonnerie devait être faite en chaux hydraulique avec des épaisseurs un peu plus grandes.

Avec ces dispositions, le changement de profil, qui accroissait d'un tiers la section utile de l'égout, n'augmentait la dépense que dans des proportions insignifiantes, et la puissance d'écoulement paraissait devoir atteindre, en pratique, le chiffre de 4 mètres cubes par seconde que je m'étais proposé comme objectif.

Il faut remarquer toutefois que le calcul ne pouvait fournir à cet égard qu'une assez grossière approximation. D'une part en effet, les formules indiquaient seulement la vitesse uniforme qui s'établirait dans un canal de longueur indéfinie, et quoique la longueur de l'égout d'Asnières fût considérable, c'est un mouvement accéléré qui devait s'y produire. D'autre part, il fallait compter avec les dépôts de sable qui diminueraient le débit. Il est évident que de ces deux influences inverses, c'est tantôt l'une et tantôt l'autre qui l'emporte selon l'état de curage du radier. Mais en somme, on pouvait admettre qu'à la condition d'entretenir la cunette avec soin, elle serait suffisante par les temps secs.

VOLUME D'EAU A ÉCOULER EN TEMPS DE PLUIE. — NÉCESSITÉ DE DÉCHARGER EN SEINE.

Par les petites pluies, on n'a pas à compter avec un volume beaucoup plus grand, parce que la dépense d'eau dans Paris diminue alors dans une notable proportion. En temps de fortes pluies, au contraire, il n'y avait pas inconvénient très grave à envoyer en Seine, par des déversoirs, une partie des eaux d'égouts qui sont alors très diluées, et, dans tous les cas, le mal eût-il été plus grand qu'il aurait bien fallu s'y résigner. La portée du collecteur ne peut pas être indéfinie, et l'emploi de déversoirs à très grande section était évidemment le seul moyen de ralentir et de limiter la montée de l'eau au-dessus des banquettes lorsque le débit deviendrait trop grand. Restait, pour déterminer à quelle hauteur devaient être arasés ces déversoirs, à établir le mieux possible la relation entre le niveau de leur seuil et la fréquence de leur fonctionnement.

RELATION ENTRE LE NIVEAU DES DÉCHARGES ET LA FRÉQUENCE
DE LEUR FONCTIONNEMENT.

L'égout d'Asnières, tel que je le projetais, avait à drainer 3284 hectares. Il n'était guère possible de calculer à quelle hauteur, en supposant qu'il n'y eût pas de déversoirs, s'y élèveraient les eaux amenées par les pluies violentes mais de peu de durée. D'une part, en effet, ces pluies ne sont presque jamais uniformes sur toute la surface de Paris[1]; d'autre part, je ne pouvais avoir que des données très sommaires à l'égard du temps sur lequel se reporterait leur écoulement dans le collecteur. Mais il était très facile, au contraire, étant données la section de l'égout et la surface de son bassin, de calculer le régime qui correspondrait à une pluie uniforme, d'intensité déterminée, venant ajouter son débit à celui des eaux de distribution, qui, il est vrai, comme je l'ai déjà dit, diminue par les temps pluvieux.

Le tableau ci-après indique le résultat du calcul, dans

---

[1] C'est ce que démontrent mes observations personnelles sur les fortes averses; je citerai notamment l'une des plus violentes, qui a eu lieu le 21 mai 1857.

Cette averse est tombée : à Chaillot, de 4 heures 40 à 5 heures du soir; à Bercy, de 5 heures 15 à 5 heures 30.

L'orage n'a donc pas éclaté sur tous les points de Paris à la fois.

La hauteur de pluie constatée a été : à l'Observatoire, 21^{mm},52; au quai Debilly, 9^{mm},575

L'intensité de la pluie n'était donc pas uniforme sur toute la surface de la ville.

lequel j'ai volontairement négligé cette réduction toujours notable, mais difficile à chiffrer.

HAUTEUR DE PLUIE TOMBANT D'UNE MANIÈRE UNIFORME PENDANT 24 HEURES	ÉGOUT D'ASNIÈRES PLACE DELABORDE	
	débit par seconde	hauteur d'eau sur les banquettes
	litres.	mètres.
0,005	5,610	0,25
0,010	7,140	0,50
0,015	8,670	0,65
0,020	10,200	0,75

A combien de jours par an, en moyenne, correspondent les intensités de pluie auxquelles s'applique ce calcul? Je le savais assez exactement par les observations faites pendant cinq années consécutives au pluviomètre du quai Debilly. Elles m'avaient en effet donné les résultats suivants, assez peu différents d'une année à l'autre pour que leur moyenne pût être considérée comme répondant à la question avec une approximation suffisante.

TABLEAU DES PLUIES CONSTATÉES AU PLUVIOMÈTRE DU QUAI DEBILLY A PARIS.

ANNÉES	NOMBRE DE JOURS QU'IL EST TOMBÉ DES HAUTEURS DE PLUIE											TOTAL
	au-dessous de 1 millim.	de 1 à 2 millim.	de 2 à 3 millim.	de 3 à 4 millim.	de 4 à 5 millim.	de 5 à 6 millim.	de 6 à 7 millim.	de 7 à 8 millim.	de 8 à 9 millim.	de 9 à 10 millim.	au-dessus de 10 millim.	
1853	71	56	19	8	8	9	6	6	2	2	5	172
1854	77	24	22	15	6	5	6	4	4	1	14	176
1855	75	21	15	14	10	5	8	2	5	1	7	163
1856	61	29	15	16	12	6	5	5	2	6	10	165
1857	67	26	17	8	6	5	5	5	1	1	11	148
Totaux	351	156	86	59	42	28	30	18	14	11	47	822
Moyenne par an	70.2	27.2	17.2	11.8	8.4	5.6	6.0	5.6	2.8	2.2	9.4	164.4[1]

[1] A l'Observatoire de Paris, on a obtenu par 50 années d'observations (1816 à 1845) :

Nombre de jours de { pluie. . . . 154.40 / neige. . . . 10.60 } 165.00.

Les tableaux de l'Observatoire du quai Debilly ne donnent malheureusement la durée de la pluie que pour les averses très fortes. Mais j'étais sûr de faire une hypothèse déplorable en admettant que les hauteurs indiquées ci-dessus correspondissent à des durées de pluie de six heures, ou à des écoulements uniformes de huit heures dans les égouts.

Dans cette hypothèse, il faudrait multiplier par 3 les hauteurs du tableau pour avoir le produit d'une pluie de même intensité pendant 24 heures. Ce seraient donc les pluies de 6 à 7 milli-mètres qui correspondraient aux pluies de 20 millimètres du tableau précédent. Si cette supposition est admise, on voit que le nombre de jours pendant lequel les banquettes du collecteur seraient noyées de plus de $0^m,75$ serait, année moyenne, de

$$3^j,6 + 2^j,8 + 2^j,2 + 9^j,4 = 18 \text{ jours.}$$

C'était dans ces limites de 15 à 20 jours par an que je désirais resserrer la fréquence des projections directes en Seine à l'inté-rieur de Paris; on voit que j'étais à peu près sûr d'y arriver en établissant à $0^m,75$ au-dessus des banquettes le seuil des déver-soirs.

Mais ce chiffre ne me donnait qu'une limite supérieure, probablement très exagérée puisque dans le calcul des hauteurs d'eau j'avais négligé, d'une part les pertes produites par l'éva-poration et l'imbibition dans le sol, d'autre part la diminution que subit, par les temps de pluie, le volume d'eau dépensé par les particuliers.

Dans une question si complexe, on ne pouvait compter, pour arriver à un chiffre précis, que sur l'expérience directe et pro-longée. Je projetai donc d'araser d'abord à $0^m,25$ seulement au-dessus des banquettes le déversoir à établir en tête de l'égout d'Asnières, me réservant de l'exhausser ensuite s'il le fallait, de manière à arriver à ne pas envoyer d'eau d'égouts en Seine à l'intérieur de Paris plus d'une vingtaine de fois par an.

Il ne fallait pas se dissimuler, toutefois, que le collecteur, à partir de la place de la Concorde, où son tracé quitte la Seine, recevrait encore assez d'eau pour que, même avec une vaste décharge en ce point, il fût exposé dans la partie aval à se remplir plus ou moins par les grandes averses. Le tableau ci-dessous indique quelles ont été, du 1er janvier 1853 au 31 décembre 1857, les pluies qui auraient donné sur les banquettes une hauteur d'eau très considérable.

TABLEAU DES GRANDES AVERSES CONSTATÉES AU PLUVIOMÈTRE DU QUAI DEBILLY
DU 1er JANVIER 1853 AU 31 DÉCEMBRE 1857.

DATES	DURÉE DE LA PLUIE	HAUTEUR DE LA PLUIE		PRODUIT par seconde et par hectare
		observée	par heure	
		millimètres	millimètres	mètres cubes
Du 21 au 22 août 1853 (nuit)..	3 h.	25,000	8,350	0,0252
Du 2 au 3 juin 1854 (la durée de la pluie n'est pas indiquée)	»	72,250	»	»
30 juin 1854, de 3 h. à 8 h. du soir.. . . .	5 h.	25,750	4,750	0,0132
26 juillet 1854, de 6 h. 1 2 à 7 h. 1 2 du soir..	1 h.	47,500	47,500	0,1520
1855.	néant	»	»	»
Du 30 au 31 mai 1856 (la durée n'est pas indiquée)	»	46,750	»	»
Du 5 au 6 juin 1856 (la durée n'est pas indiquée).	»	55,500	»	»
24 juillet 1856, de 2 h. à 3 h. du matin. .	1 h.	4,150	4,150	0,0115
10 avril 1857, de 6 h. à 7 h. du soir.. . . .	1 h.	3,250	3,250	0,0090
21 mai 1857, de 4 h. 40 à 5 h. du soir.. . .	0 h. 20	15,000	45,000	0,1250
25 mai 1857, de 5 h. à 6 h. du soir.. . . .	3 h.	12,550	4,183	0,0116
20 juin 1857, de 1 h. à 2 h. du matin. . .	1 h.	15,425	15,425	0,0430
31 août 1857, de 6 h. à 7 h. du soir. . .	1 h.	6,050	6,050	0,0168
2 septembre 1857, de 1 h. à 2 h. du soir..	1 h.	12,600	12,600	0,0350

Il fallait donc adopter des mesures spéciales pour donner sécurité aux ouvriers du curage.

Dans les anciens égouts, les cheminées de regards étaient sur l'axe même de la galerie (fig. 18); ici cette disposition n'était plus admissible puisque les regards placés dans l'axe se seraient trouvés au-dessus d'une cunette de 1m,35 de profondeur, et que, par conséquent, ils auraient été inabordables. Le projet de collecteur comprenait donc en conséquence des regards doubles, nécessaires pour que les ouvriers pussent toujours atteindre un refuge sans être obligés de traverser la cunette.

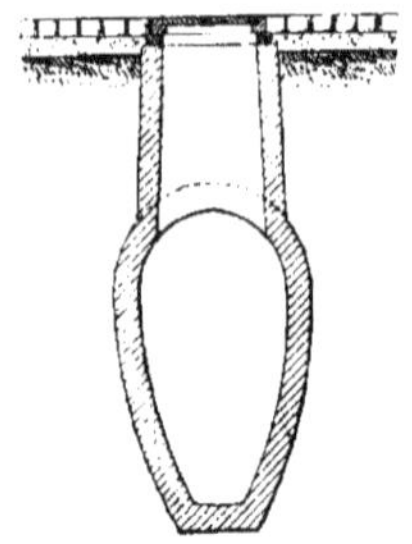

Fig. 18. — Regard sur axe d'égout.

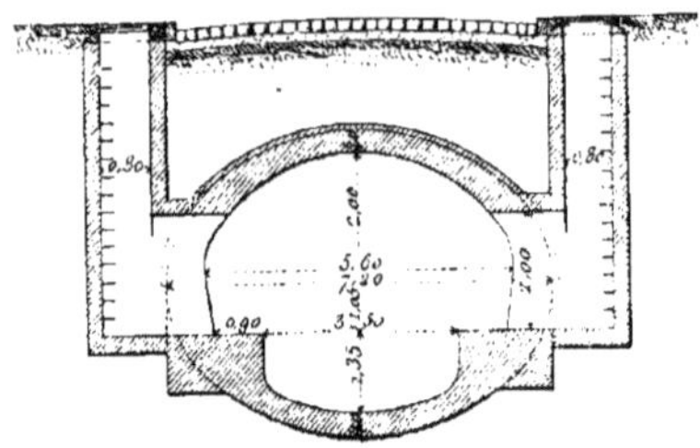

Fig. 19. — Regards doubles sur le collecteur.

Entre les fortifications et la Seine, ces regards doubles existent de 200 en 200 mètres (fig. 19); entre l'égout de Rivoli et la rue de la Pépinière, leur distance n'est que de 50 mètres.

Grâce à eux, les ouvriers, dès qu'une averse est signalée par celui de leurs camarades qui suit toujours à l'extérieur la brigade de nettoiement, peuvent remonter sur la voie publique en quelques minutes[1].

Dans la partie construite en souterrain, les puits maçonnés qui servent de regard ont été forés sur l'axe de la galerie. La figure 20 fait voir comment on accède à ces refuges au moyen d'échelles et d'escaliers latéraux passant sur l'extrados de la voûte.

En cas de crue, les ouvriers

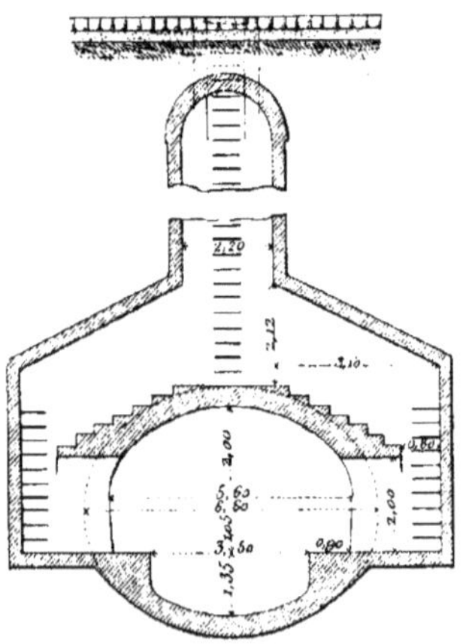

Fig. 20. — Puits maçonné sur l'axe du collecteur.

attachent leur bateau aux deux organeaux les plus voisins du

[1] Depuis que les trappes des regards sont reportées sur les trottoirs, on élève de quelques

point où ils se trouvent (il y en a de chaque côté de 25 en 25 mètres), couchent la vanne sur le bateau dans lequel ils déposent aussi tous leurs outils, puis remontent par le regard le plus proche.

On a pu reconnaître par la pratique combien toutes ces dispositions prévues au projet étaient essentielles. J'ai fait marquer, en effet, en divers points des collecteurs, par des plaques en porcelaine portant la date des averses, la hauteur que les crues ont atteinte. On voit en examinant ces repères, quand on parcourt l'égout, que tout homme qui, au moment d'une de ces crues, ne trouverait pas un refuge à petite distance, serait inévitablement emporté. Nos ouvriers ont constaté un jour par le passage d'un corps flottant à deux regards du collecteur général où ils étaient en observation, que la vitesse de l'eau dépassait 7 mètres par seconde.

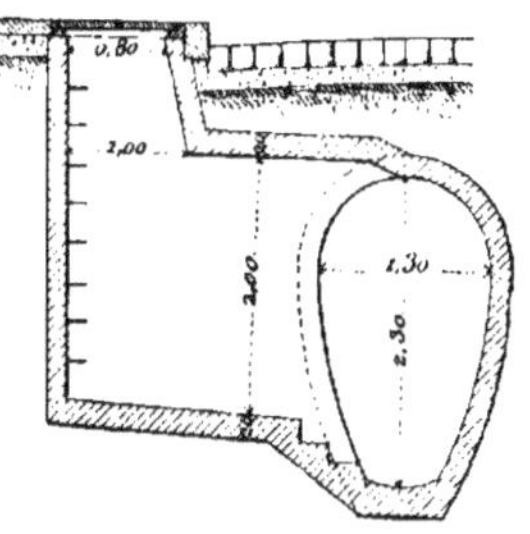

Fig. 21. — Regard sous trottoir.

Mais en même temps, les plus élevés de nos repères montrent qu'il est toujours resté, entre la clef de voûte et le plan d'eau des crues, un espace suffisant pour qu'un bateau restât flottant. Le matériel est donc en sûreté à la condition qu'on l'amarre solidement et avec des chaînes de longueur suffisante.

marches au-dessus du radier le branchement qui relie la chaussée du regard au corps de l'égout. Les ouvriers y sont donc presque toujours hors de l'atteinte de la crue (fig. 21).

Cette disposition n'a pas été appliquée aux regards du collecteur d'Asnières. C'est quelques années après la construction de cet égout qu'on l'a adoptée d'une manière générale. Les radiers des branchements de cet égout sont donc au niveau des banquettes.

CONSTRUCTION DU COLLECTEUR D'ASNIÈRES,

Profil en long de la partie construite en souterrain.

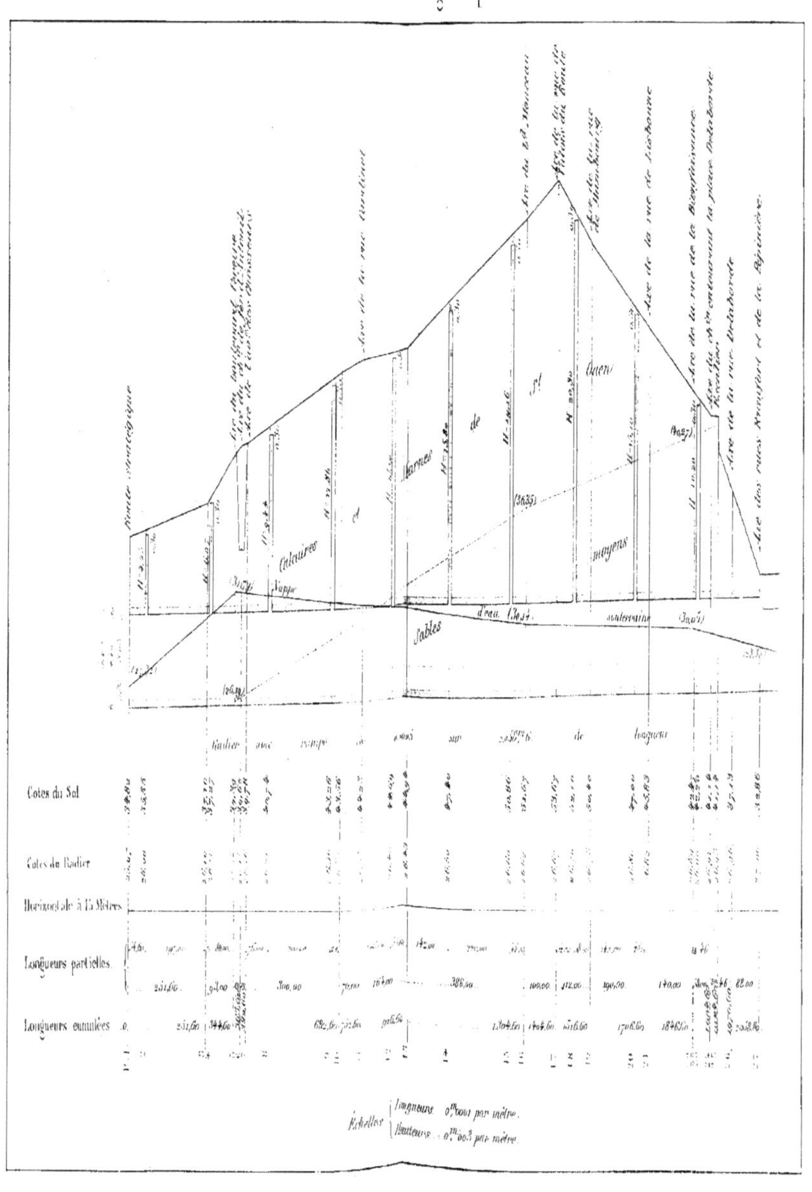
Cotes du Sol
Cotes du Radier
Horizontale à 15 Mètres
Longueurs partielles
Longueurs cumulées
Échelles { Longueurs... 0,001 par mètre.
Hauteurs... 0,003 par mètre.

CHAPITRE VII

EXÉCUTION DU COLLECTEUR D'ASNIÈRES.

Au point de vue de l'exécution, le collecteur se divisait en deux parties placées dans des conditions complètement différentes.

L'une comprise entre la rue de la Pépinière et la route stratégique des fortifications, sur 2059 mètres de longueur, ne pouvait être construite qu'en tunnel, car elle passe sous le promontoire de Monceau, et la profondeur des puits atteint $20^m,50$ au-dessous de la voûte ou $25^m,10$ jusqu'au fond de la fouille. L'autre comprise entre les fortifications et la Seine, sur un développement de 1824 mètres, devait être construite à ciel ouvert, la profondeur des tranchées ne dépassant pas $9^m,50$.

Je me borne à donner ci-contre la coupe géologique du terrain dans la partie du tracé correspondante au tunnel, l'autre partie n'offrant rien de particulier.

On voit que le percement devait s'effectuer dans un terrain de nature sablonneuse, presque entièrement immergé dans la nappe d'eau des puits, ce qui annonçait, *a priori*, de très sérieuses difficultés d'exécution.

Dans toutes les localités où l'on exécute de grands travaux, on trouve des difficultés spéciales. A Paris, la présence de la nappe d'eau des puits dans des sables fluents est certainement le plus grand obstacle qu'on ait rencontré dans l'exécution des travaux souterrains.

La coupe rapportée ci-contre et qui a été relevée sur le trou de sonde foré entre les puits 8 et 9, donne une idée très nette du terrain qu'on a rencontré dans le tunnel : c'était, en général, ce que les ouvriers appellent *terre à four*, c'est-à-dire du sablon très fin mélangé d'une très petite quantité d'argile et quelquefois tout à fait pur. Simplement humide, ce terrain est assez ferme ; extrait dans une nappe d'eau il devient fluent, comme tous les sablons auxquels les ouvriers donnent le nom de *sables boulants* ou *bouillants*. L'exécution d'un souterrain, ou même simplement d'une tranchée ordinaire, dans ces sables, a toujours passé pour une opération extrêmement difficile.

Le sable s'écoulant avec l'eau qu'on épuise à mesure qu'on creuse l'excavation, il se forme des affouillements considérables sur les parois de la tranchée ; à Paris ces affouillements sont très dangereux à cause du voisinage des maisons.

Aussi nos prédécesseurs, qui n'avaient pas les moyens puissants d'épuisement dont on dispose aujourd'hui, s'effrayaient-ils beaucoup lorsqu'ils rencontraient la nappe d'eau des puits. Voici ce qu'on lit dans les notes de M. Emmery sur l'égout de la rue des Champs-Élysées, fondé beaucoup moins profondément dans la nappe d'eau que nos collecteurs : « Tranchées profondes « (7^m,50), difficultés inouïes par suite des sables fluides rencontrés dans les couches inférieures entre la Seine et la rue « du Faubourg-Saint-Honoré. Profondeur maintenue avec opiniâtreté, comme condition première de l'assainissement des « quartiers nord-ouest.... Égoïsme curieux et plaintes qui resteront historiques des riverains à voitures de luxe. »

Un de nos plus anciens employés, qui a surveillé en 1854 les travaux de construction de l'égout sud de la rue du Faubourg-Saint-Denis placé à peu près dans les mêmes conditions, m'a donné les renseignements suivants :

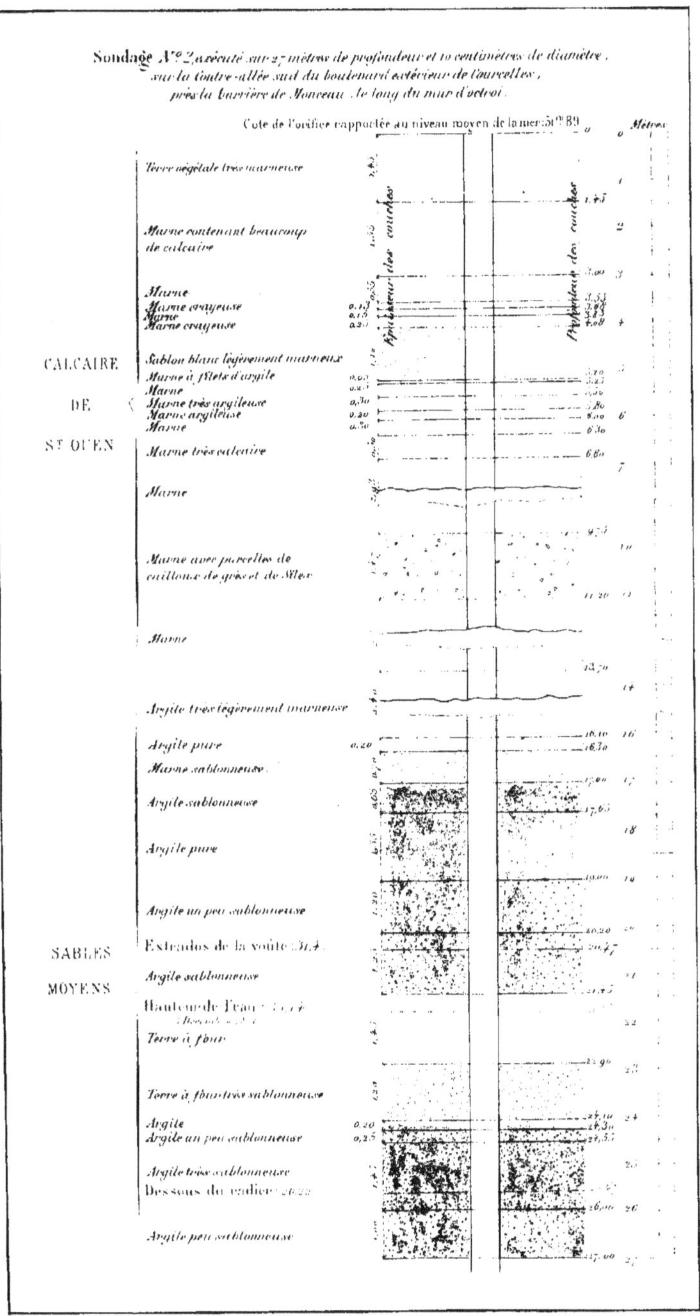

Sondage N° 2, exécuté sur 27 mètres de profondeur et 10 centimètres de diamètre, sur la contre-allée sud du boulevard extérieur de Courcelles, près la barrière de Monceau, le long du mur d'octroi.
Cote de l'orifice rapportée au niveau moyen de la mer: 51m 89
Épaisseur des couches
Profondeur des couches
Mètres
Terre végétale très marneuse
Marne contenant beaucoup de calcaire
Marne
Marne crayeuse
Marne
Marne crayeuse
CALCAIRE DE St OUEN
Sablon blanc légèrement marneux
Marne à filets d'argile
Marne
Marne très argileuse
Marne argileuse
Marne
Marne très calcaire
Marne
Marne avec parcelles de cailloux de grès et de silex
Marne
Argile très légèrement marneuse
Argile pure
Marne sablonneuse
Argile sablonneuse
Argile pure
Argile un peu sablonneuse
Extrados de la voûte 51,4
SABLES MOYENS
Argile sablonneuse
Hauteur de l'eau
Terre à four
Terre à four très sablonneuse
Argile
Argile un peu sablonneuse
Argile très sablonneuse
Dessous du radier
Argile peu sablonneuse

Malgré la largeur de la rue du Faubourg-Saint-Denis, malgré le boisage jointif de la tranchée, tout le sol s'est mis en mouvement à tel point qu'il existait entre les trottoirs et le mur de face des maisons une fissure longitudinale continue dans laquelle on pouvait passer la jambe.

Les travaux s'exécutaient d'une manière lente et dispendieuse par petites parties de 2 à 5 mètres, ce qu'on pouvait faire dans une journée : « et encore », ajoutait-il, les ingénieurs « s'estimaient très heureux; ils disaient que dans des travaux aussi difficiles, on ne doit se préoccuper ni du temps, ni de la dépense, mais uniquement de la réussite. »

Les ingénieurs qui ont construit l'égout Rivoli exprimaient hautement des doutes sur le succès des travaux du collecteur général dans la rue Royale.

Nos collecteurs étant en général établis beaucoup plus bas que les égouts des rues des Champs-Élysées et du Faubourg-Saint-Denis, on se serait exposé à faire tomber les maisons mal fondées, en suivant les méthodes anciennes, et on verra plus loin que les fouilles des égouts Rivoli et de Sébastopol, quoique creusées à une petite profondeur dans la nappe, ont réellement mis les maisons latérales en péril.

La méthode ancienne qui se pratiquait encore partout en France à cette époque, consistait à circonscrire l'épuisement au point même où l'on travaillait et même à le suspendre la nuit, lorsqu'on pouvait mettre la fouille à sec en recommençant à épuiser quelques heures avant la reprise du travail. C'est ainsi que nos prédécesseurs opéraient dans les sables fluides de Paris.

La méthode que j'ai substituée à cet ancien système est basée sur ce fait, que les sablons cessent d'être fluides dès qu'on abaisse la nappe souterraine au-dessous du niveau des travaux. Ils conservent alors une certaine humidité qui les rend beaucoup plus fermes que lorsqu'ils sont complètement secs, parce que, dans ce dernier cas, ils peuvent couler, lorsqu'ils sont purs, comme le sable d'un sablier. Mais il faut que l'abaissement soit permanent et, par conséquent, que l'épuisement soit continu. Il faut aussi que, vers les pompes, le niveau de la nappe d'eau soit notablement abaissé au-dessous du plan horizontal où l'on travaille ; s'il n'en était pas ainsi, on retrouverait l'eau à une faible distance, car les nappes souterraines prennent une pente assez forte lorsqu'on les épuise. On va voir comment j'ai été conduit à la méthode que je viens de décrire et qui depuis, a été appliquée également aux grands égouts construits en tranchée.

Les projets avaient été dressés par M. l'ingénieur Delaperche, sans prévision spéciale pour ce qui concernait les sables fluides ; dans les cahiers des charges du service municipal on n'introduisait d'habitude aucune stipulation relative à ces sables.

Ces projets, après avoir été soumis au Conseil général des ponts et chaussées et au Conseil municipal, furent approuvés par décision ministérielle du 30 avril 1857 et mis en adjudication.

Les travaux étaient divisés en deux lots.

Le premier lot, compris entre les fortifications et la Seine, montant à 1 million de francs, fut adjugé au sieur Roche, le 14 mai 1857, moyennant un rabais de 1 pour 100.

Le second lot, comprenant la partie en tunnel entre la rue de la Pépinière et les fortifications ne trouva pas d'adjudicataire.

Une seule soumission fut déposée ; elle était de la maison Gariel et Garnuchot qui consentait à se charger de l'entreprise moyennant une augmentation de 20 pour 100.

Je fus autorisé par M. le Préfet de la Seine à me mettre en relation avec les principaux entrepreneurs de Paris, pour obtenir une soumission à des conditions meilleures, mais j'échouai complètement. MM. Gariel et Garnuchot maintenaient leur demande d'augmentation. Un autre entrepreneur, M. Garnier, demandait 25 pour 100 d'augmentation et toute la somme à valoir de 257 970 fr. 58 c. portée au détail estimatif.

Ces messieurs me déclarèrent que la présence de la nappe

d'eau et des sables fluides rendait l'entreprise très périlleuse, et qu'ils ne pouvaient en accepter la responsabilité si on ne leur accordait des prix très élevés; M. Roche et les autres entrepreneurs du service municipal ne firent aucune proposition.

M. l'ingénieur Delaperche, auteur du projet, pensait que, pour exécuter les travaux avec sécurité, il fallait faire usage d'un cintre mobile ou bouclier analogue à celui employé au tunnel de la Tamise, mais ce moyen augmentait évidemment la dépense de plus de 20 pour 100.

C'est alors que j'eus l'idée d'abaisser le plan d'eau de la nappe souterraine au-dessous du radier par des épuisements énergiques et continus. La présence de cette nappe prouvait que les sables, quoique très impurs, étaient perméables; il était donc possible de les assécher par un épuisement continu fait avec des pompes convenablement espacées.

Je proposai à M. le Préfet de m'autoriser :

1° à acheter dix locomobiles et dix pompes;
2° à creuser les dix puits d'extraction prévus au projet;
3° à y installer les pompes au-dessous du radier;
4° à attaquer en régie les galeries après avoir abaissé convenablement le plan d'eau de la nappe souterraine.

Cette proposition fut approuvée par arrêté du 7 mai 1857 et un crédit de 170 000 francs fut ouvert à cet effet.

Un puisatier, M. Herbeaud, se chargea au prix du devis du forage des puits; MM. Gariel et Garnuchot consentirent à nous fournir en régie les ouvriers et les outils nécessaires pour attaquer les galeries à chaque point, et à diriger les travaux comme s'ils étaient exécutés à l'entreprise[1].

---

[1] On sait que les ouvriers travaillent mal dès qu'ils savent qu'ils sont employés en régie. au compte de l'Administration.

Dix machines locomobiles de la force de quatre chevaux chacune furent fournies par la maison Calla, pour la somme totale
de. . . . .   56 000^f,00
M. Letestu fournit les dix pompes aspirantes et
foulantes, que ces locomobiles devaient actionner,
pour la somme de.   18 675^f,97

Prix total des appareils d'épuisement. . . . .   74 675^f,97

On mit la main à l'œuvre le 7 mai 1857 et ces travaux d'essai furent conduits avec une telle rapidité et un tel succès, la
méthode inspira une telle confiance aux entrepreneurs que
MM. Gariel, Garnuchot et Herbeaud s'engagèrent, par soumission en date du 24 juillet 1857, à exécuter les travaux au prix
de la série ; il acceptèrent pour le boisement le prix à forfait
de 105 francs et pour les épuisements celui de 55 francs par
mètre courant d'égout.

Les travaux furent commencés dans les premiers jours
d'août, et la dépense fixée ainsi qu'il suit :
Montant du détail estimatif. . . . .   1 388 147^f,94
Augmentation de 1 pour 100 en faveur des
asiles impériaux. . . . .   13 881^f,48
Somme à valoir pour cas imprévus. . . . .   257 970^f,58

Total. . . . .   1 660 000^f,00

EXÉCUTION DES TRAVAUX. — PARTIE EN TRANCHÉE, ENTRE LES FORTIFICATIONS
ET LA SEINE.

La partie comprise entre les fortifications et la Seine, sur
une longueur de 1824 mètres fut exécutée par le sieur Roche
sans incident notable.

L'ouverture de la tranchée sur la route d'Asnières présenta cependant de très sérieuses difficultés ; cette route n'ayant que 15 mètres de largeur entre les maisons, et la largeur de la tranchée étant de 8 mètres environ, il ne restait de chaque côté que $2^m,50$ pour placer les terres extraites de la fouille, déposer les matériaux de construction et assurer la circulation des habitants.

Mais, grâce à l'énergie de l'ingénieur et des agents placés sous ses ordres et surtout aux mesures prises pour assurer la circulation, cette difficulté fut surmontée sans soulever trop de réclamations.

On rencontra la nappe d'eau des puits dans la partie haute de l'égout en se rapprochant des fortifications ; mais on ne descendit pas à une grande profondeur dans cette nappe, qui ne fut pas un obstacle sérieux, et cela se comprend sans peine puisque le débouché en Seine était à $1^m,70$ au-dessus de l'étiage. La fouille fut ouverte presque entièrement dans un ancien lit de la Seine remontant à l'époque quaternaire. Les terres extraites se composaient donc principalement de sable de rivière très pur et de cailloux. L'égout est assis sur un sol excellent.

L'ordre d'exécution fut transmis à l'ingénieur le 12 mai 1857 et le bulletin d'achèvement des travaux porte la date du 6 janvier 1858 ; ainsi on construisit en 238 jours, un égout de $5^m,60$ de largeur, de $4^m,40$ de hauteur et de 1824 mètres de longueur. C'était une moyenne de 8 mètres à peu près par jour. Nous avons marché beaucoup plus vite dans la construction d'autres grands égouts, mais dans des conditions moins difficiles.

Le montant des dépenses s'éleva à la somme de. . . . . 1 016 382^f,97
Les dépenses autorisées étant de. . . . . . 1 000 000^f,00
<hr>
Il y eut un excédent de. . . . . 16 382^f,97
qu'on peut considérer comme insignifiant.

La dépense par mètre courant a donc été de

$$\frac{1\,016\,582^f.97}{1824} = 557 \text{ francs.}$$

Cette dépense est très faible, comparée à celle des autres grands égouts.

DISPOSITION PARTICULIÈRE.

Pour éviter une chute de $1^m,70$ au bord de la Seine, le radier de la cunette de l'égout fut abaissé au niveau de l'étiage sur une longueur de 108 mètres à partir des bords du fleuve.

PARTIE EN SOUTERRAIN ENTRE LA RUE DE LA PÉPINIÈRE ET LES FORTIFICATIONS.

Puits d'extraction. — Les grands puits espacés de 200 mètres qui sont figurés sur le profil en long des pages 76 et 77 sont placés sur l'axe même de la galerie. Ils sont cylindriques à base circulaire et ont 2 mètres de largeur dans œuvre.

Destinés à servir de regards, ils ont un revêtement en maçonnerie de meulière et mortier de ciment de $0^m,30$ d'épaisseur. Le fond de ces puits fut descendu au-dessous du radier de la cunette. Une cuve en tôle perforée de trous en formait les parois sur toute la hauteur correspondant à la nappe d'eau des puits. Les tubes mobiles et les crépines des pompes Letestu descendaient dans ces cuves.

Les machines locomobiles servirent en même temps à actionner les pompes, et à monter les terres extraites des galeries. Pour éviter les renversements de vapeur qu'exige le mouvement alternatif des bennes, on fit le montage des terres au moyen de chaînes sans fin s'enroulant sur des treuils. On accro-

chait les bennes dans les maillons des chaînes. Je n'ai jamais
vu sur aucun chantier appliquer ce mode d'extraction que je
crois le plus simple et le plus économique lorsqu'on trouve
dans les galeries de l'eau assez abondante pour nécessiter un
épuisement continu; car il permet de monter les déblais en
actionnant la pompe indéfiniment, ce qui n'est pas possible
lorsqu'on doit renverser la vapeur à chaque benne montée ou
descendue. Cette disposition a permis à l'entrepreneur de
réaliser une économie considérable sur les frais d'épuisement.
Il a suffi en effet d'augmenter d'une petite quantité la dépense
en charbon pour faire le double travail, tandis qu'en établissant
des machines séparées pour l'épuisement et l'extraction des
terres, il aurait fallu doubler les frais de location des machines
en même temps que les dépenses en charbon et en main-
d'œuvre.

Petits puits. — L'entrepreneur, pour faciliter l'aération des
galeries et activer le travail d'extraction, demanda et obtint
l'autorisation d'ouvrir des puits intermédiaires de 1 mètre
seulement de diamètre. Il y eut donc 19 puits espacés de
100 mètres environ, et par conséquent 40 attaques.

Quoique l'ouverture d'un souterrain, même dans des conditions mauvaises, ne soit plus considérée comme un travail dont
un ingénieur doive se préoccuper beaucoup, cependant les
circonstances dont il a été question ci-dessus sont telles qu'elles
justifient une description un peu détaillée du mode d'exécution
des travaux.

EXÉCUTION DES TRAVAUX EN GALERIE.

Voici comment on parvint à surmonter la difficulté résultant de la présence de sables fluides et de la nappe d'eau
des puits :

On abaissa le niveau général de la nappe d'eau souterraine, de manière à ouvrir à sec la petite galerie d'avancement, que les ouvriers nomment *trou de rat*. Une fois l'abaissement du plan d'eau obtenu, les sables fluides devinrent si fermes que cette galerie fut ouverte d'un puits à l'autre sans aucune difficulté.

Lorsque les alignements entre les puits furent rectifiés par la jonction des trous de rat, on ouvrit les grandes galeries boisées.

Puis on déblaya l'emplacement de la voûte, opération que les ouvriers nomment le *battage en grand*. La voûte fut construite d'un puits à l'autre sans autre incident fâcheux que celui dont il sera question ci-après.

On abaissa enfin le plan d'eau de la nappe au-dessous du radier au moyen d'une rigole boisée, et on construisit la partie basse de l'égout par reprises en sous-œuvre. On préparait la fouille sur 4 à 6 mètres de longueur en partant du milieu de l'intervalle de deux puits et en se rapprochant des puisards par deux attaques opposées. On préparait la fouille d'un côté pendant qu'on maçonnait de l'autre.

La planche ci-contre donne tous les détails d'exécution de ces travaux en galerie.

Grâce au système d'épuisement adopté, les diverses galeries furent donc ouvertes dans ces sables si fluides lorsqu'ils sont noyés par la nappe d'eau souterraine, absolument comme dans un terrain ferme.

J'ajouterai même que ces sablons, restant légèrement humides, étaient beaucoup plus résistants que les sablons naturellement desséchés comme ceux de Fontainebleau.

Deux menaces d'accidents eurent cependant lieu en cours d'exécution des travaux.

La première et la plus grave commença le 8 janvier 1858 ; je ne puis mieux faire, pour en rendre compte, que de reproduire *in extenso* le rapport de M. l'ingénieur Delaperche :

CONSTRUCTION DU COLLECTEUR D'ASNIÈRES, EN SOUTERRAIN,

DANS LES SABLES FLUENTS.

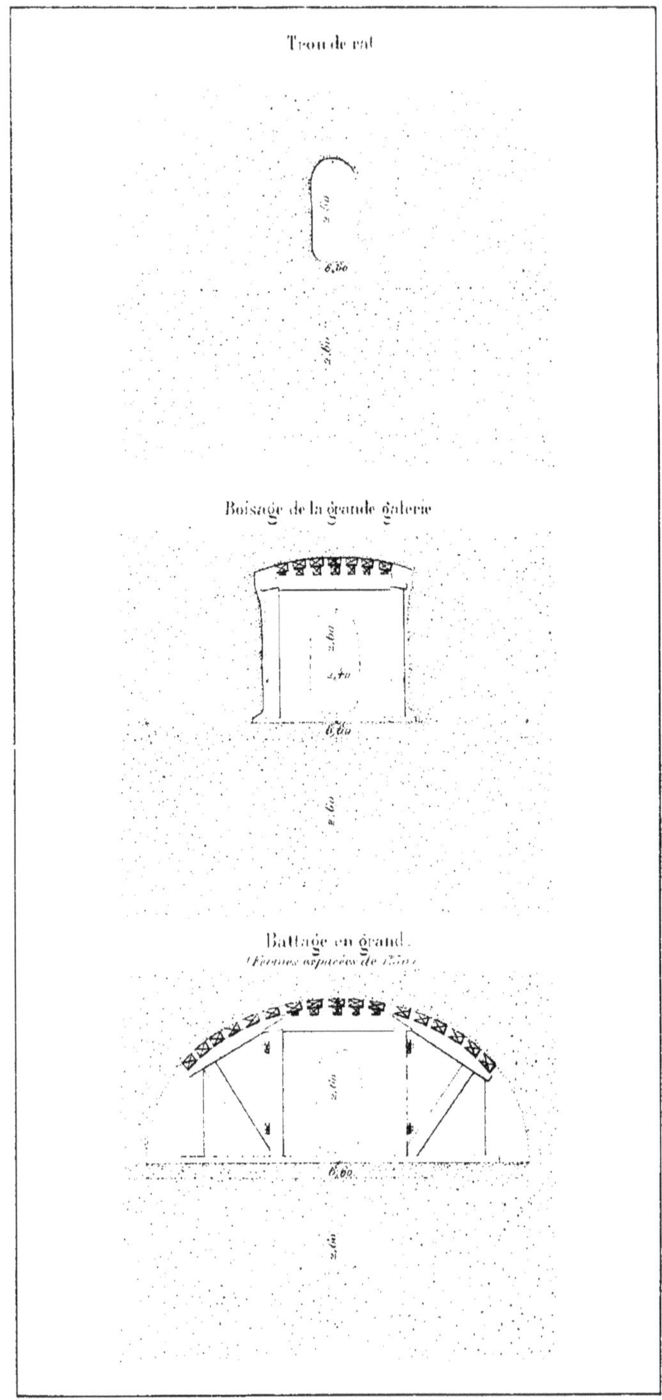
Trou de rat
Boisage de la grande galerie
Battage en grand.
(Formes espacées de 1m,00)

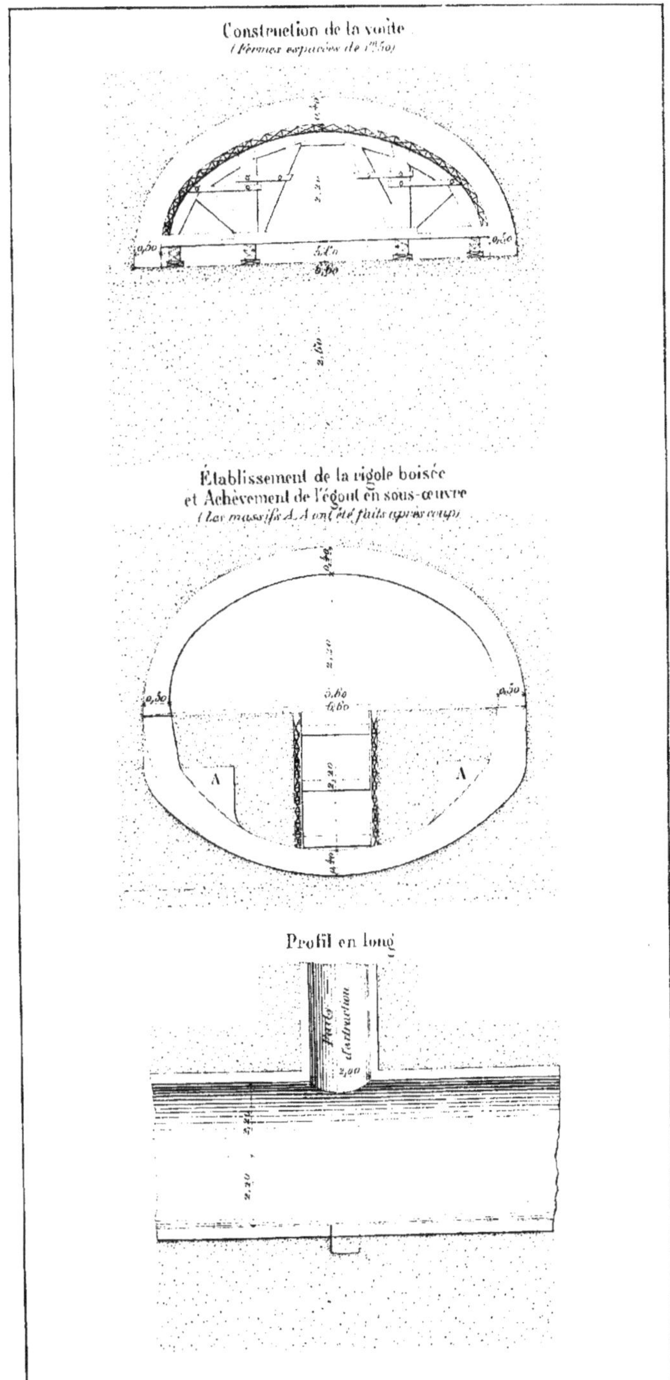
Construction de la voûte
(Fermes espacées de 1m,50)

Établissement de la rigole boisée
et Achèvement de l'égout en sous-œuvre
(Les massifs A.A ont été faits après coup)

A

A

Profil en long

« Le soussigné s'empresse d'informer Monsieur l'ingénieur
« en chef que le 8 janvier 1858, à deux heures de l'après-midi,
« tous les symptômes avant-coureurs d'un fort éboulement se
« sont produits dans la partie du souterrain située au droit du
« petit puits de service n° 8, sur une longueur de 25 mètres
« où le battage en grand vient d'être achevé ; en aval de cette
« longueur se trouve une portion voûtée, en amont se trouve
« une galerie de 2 mètres de largeur.

« Les blindages, qui avaient été posés jointifs et perpendicu-
« laires à l'axe du souterrain, ont commencé à s'infléchir du
« côté de l'est ; on s'est mis en devoir aussitôt d'arc-bouter, contre
« des semelles posées sur le sol, les longrines qui supportent
« les blindages en question. Pendant que l'on s'efforçait ainsi
« d'arrêter le mouvement de poussée latérale, le sol sablon-
« neux, se séparant en tranches horizontales, est venu peser
« fortement sur les cadres qui ont commencé à s'écarter quelque
« peu de la verticale : des craquements très forts ont commencé
« à se produire ; on s'est empressé alors d'étrésillonner les
« cadres les uns contre les autres par de petites longrines.
« Cette opération, plusieurs fois interrompue par les craque-
« ments, a pu néanmoins se terminer ; alors le sol, pressant
« d'aplomb sur les cadres et principalement du côté ouest, a
« fait enfoncer ou casser les semelles et incliner les chapeaux ;
« l'enfoncement pour les trois cadres voisins du puits n° 8 a
« été de 0ᵐ,25 environ et s'est produit en quelques secondes.
« Il a fallu interrompre toute espèce de travail confortatif, et les
« ouvriers se sont retirés les uns sous la voûte, les autres sous
« la petite galerie. Au bout de quelques minutes l'éboulement
« ne se produisant pas, on s'est mis à consolider les cadres
« voisins de la partie voûtée, en plaçant dans le carré du milieu
« deux pièces formant le V. Les charpentiers placés sous la
« petite galerie ont commencé à en faire autant de leur côté,
« profitant des intervalles entre les craquements ; les deux
« ateliers ont fini ainsi par se rejoindre. A quatre heures, les

« craquements ont diminué et l'on a pu espérer que l'on était
« maître du mouvement.

« On a continué alors à se consolider ; à dix heures du soir
» le danger paraissait complètement passé et l'on commençait
« à apporter les cintres pour faire la maçonnerie par anneaux.
« Le 9 janvier au matin aucun nouveau mouvement ne s'est
« prononcé.

« Il y a des pièces de chêne qui sont incrustées les unes dans
« les autres de $0^m,003$. Des précautions sont prises pour pré-
« venir autant que possible, dans les parties restant à voûter,
« le retour d'un mouvement analogue. On a soin principale-
« ment de forcer les dimensions des semelles.

« *Nota.* — Les craquements ont continué à se faire entendre
« dans les journées des 9, 10, 11 ; ils ont cessé au fur et à
« mesure de la continuation des anneaux maçonnés.

« Aujourd'hui, 12 courant, la voûte est fermée dans toute
« la partie où l'éboulement a failli se produire.

« Signé : Delaperche. »

Le 25 du même mois, une autre menace d'éboulement du
même genre se produisit à l'amont du puits nᵒ 7 et également sur une longueur de 25 mètres ; 7 cadres perdirent leurs
contre-fiches et le sable commença à couler en abondance.

Tout était prêt pour maçonner la voûte. On commença
immédiatement après avoir rétabli le boisage aussi bien que possible. La voûte fut fermée dans les premiers jours de février.

Ainsi ce grand souterrain a été construit, on peut le dire,
sans aucun accident, puisqu'on a arrêté le mouvement du fontis
qui a commencé à se produire le 8 janvier 1858. On a donc très
heureusement surmonté, par l'application de la nouvelle méthode d'épuisement, la difficulté résultant de la présence des
sables fluides.

Si ce souterrain avait été ouvert avec les procédés ordinaires,

on se serait trouvé dans les mêmes conditions d'exécution que
M. Emmery, c'est-à-dire dans les sables fluides, et il n'est pas
douteux qu'on eût éprouvé des accidents analogues, des excava-
tions à grandes distances sous les parois des galeries et, par suite,
des cloches, des fontis et autres éboulements fort graves.

Tout le gros œuvre de la maçonnerie fut exécuté en meulière
et mortier composé en volume de cinq parties de sable pour
deux de ciment de Vassy. Les parois ont été entièrement recou-
vertes d'un enduit en mortier formé de volumes égaux de sable
et de ciment; mais ici une difficulté se présentait.

La nappe d'eau, en reprenant son niveau habituel, devait
exercer une sous-pression considérable. Il fallait donc s'attendre
à voir les enduits se soulever. Dans ces conditions, je n'hésitai
pas à laisser de distance en distance, dans le radier, des trous
pour donner issue aux eaux souterraines qui s'écoulent ainsi
dans la cunette même de l'égout. Les trous ont été naturellement
placés aux points où se montraient les suintements les plus
abondants, et leur efficacité fut telle que des tuyaux de drainage posés au niveau des banquettes ne donnèrent presque rien.

Les travaux des puits ont été commencés le 7 mai 1857 :
l'égout était terminé le 30 décembre 1858.

La durée de l'entreprise a donc été de 605 jours.

La longueur de l'égout étant de. . . . . . . $2\,059^{m},00$

on a construit par jour une longueur d'égout de. $5^{m},41$

La dépense s'est élevée à la somme de. . . . $1\,850\,710^{f},98$

Les travaux autorisés étaient estimés :

Arrêté du 7 mai 1857 . . $170\,000^{f},00$ ⎫

Arrêté du 26 septembre. . $1\,660\,000^{f},00$ ⎬ $1\,830\,000^{f},00$

Il y a donc eu un excédent de . . . . $20\,710^{f},98$

qui est peu considérable.

La dépense par mètre courant d'égout a été de

$$\frac{1\,850\,710^{f},98}{2059} = 899 \text{ francs.}$$

TRONÇONS DU COLLECTEUR GÉNÉRAL RUE ROYALE, PLACE DE LA MADELEINE
ET RUE RUMFORT, ÉGOUT DE JONCTION DE CES TRONÇONS.

Vers la même époque, c'est-à-dire de 1858 à 1859, on construisit les deux tronçons du collecteur général, situés dans les
rues Rumfort et Royale et sous la place de la Madeleine. On
crut qu'en attendant l'ouverture du boulevard Malesherbes,
qui permettait de combler cette lacune, il convenait de relier ces
deux tronçons par un égout construit dans les rues de la Madeleine, Notre-Dame de Grâce, d'Anjou et Lavoisier. Cet égout
a une section ovoïde de 2 mètres de largeur aux naissances
et de 3 mètres de hauteur sous clef (fig. 22); il est muni de
rails. On lui donna le nom d'*Égout de jonction*.

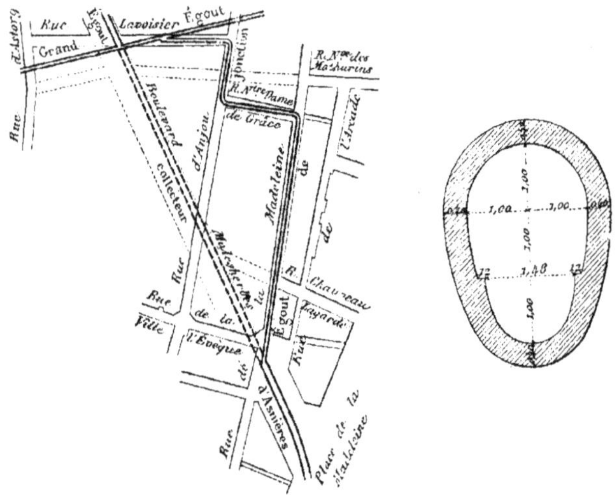

Fig. 22. — Plan et coupe de l'Égout de jonction.

Ces trois tronçons pénètrent profondément dans la nappe
d'eau des puits et dans les alluvions de sable fin et de gravier
correspondant aux anciens lits quaternaires de la Seine. On con-

struisit d'abord les voûtes comme on l'avait fait au tunnel de Monceau.

Ces voûtes se trouvaient entièrement au-dessus de la nappe d'eau des puits et leur construction ne donna lieu à aucune difficulté. On procéda par reprise en sous-œuvre pour l'établissement des piédroits et de la cunette, et quoiqu'on travaillât dans la nappe, on crut économique de ne pas appliquer la méthode d'asséchement qui avait si bien réussi au tunnel de Monceau. La voûte étant construite d'avance et la tranchée étant remblayée au-dessus, on n'eut à déplorer aucun accident ; c'était un excellent étaiement qui empêchait tout déplacement latéral du sol de la rue et, par conséquent, tout mouvement dans les maisons voisines. Mais l'enlèvement des sables fluides par reprise en sous-œuvre donna lieu, comme dans les travaux de M. Emmery, à des difficultés inouïes, et lorsqu'on entreprit la construction du collecteur des Coteaux dans la rue de la Pépinière, on n'hésita pas à revenir à la méthode d'épuisement appliquée au souterrain de Monceau.

L'ancien égout de Ceinture construit dans l'emplacement du ruisseau de Ménilmontant passe rue Lavoisier. On a trouvé rue Rumfort, en construisant le collecteur général, les tourbes de l'ancien marais qui bordait ce ruisseau. C'est à la présence de ces tourbes qu'on doit attribuer le peu de stabilité des maisons de la rue dont les numéros pairs existent encore boulevard Malesherbes, entre les rues Lavoisier et de la Pépinière. Leurs fondations ne descendent probablement pas jusqu'au gravier. Le collecteur, au contraire, est assis au-dessous des tourbes, sur le sable du lit quaternaire de la Seine.

Les deux tronçons de collecteur dont il vient d'être question ont coûté, sans l'Égout de jonction. . . . . . . 600 252 fr. 61, leur longueur est de. . . . . 652 mètres ; la dépense par mètre courant s'est donc élevée à. . . . 950 fr.

Nous avons vu que le tunnel de Monceau, dans des conditions plus mauvaises, n'avait coûté par mètre courant que. . 899 fr.

ce qui permet de mesurer la valeur relative des deux systèmes d'exécution appliqués à ces divers ouvrages.

Quant à l'égout de jonction dont la longueur est de 489 mètres, il a coûté. . . . . 158 244 fr. 01 c., soit par mètre courant. . . . . 285 fr., prix très élevé pour une galerie de 2 mètres d'ouverture.

Cette grande dépense doit être attribuée aussi à ce qu'on a opéré dans les sables fluides par la méthode ancienne.

Cet ensemble de travaux exécutés entre l'égout Rivoli et la rue de la Pépinière, commencé le 2 août 1858, fut achevé le 12 mai 1859.

ACHÈVEMENT DU COLLECTEUR GÉNÉRAL ENTRE LA PLACE DE LA MADELEINE ET LA RUE LAVOISIER.

Le dernier tronçon du collecteur général, resté en lacune entre la place de la Madeleine et la rue Lavoisier, fut construit en deux fois, en même temps que le boulevard Malesherbes.

On a appliqué à cette construction la méthode rationnelle d'épuisement dont il sera question ci-après, et les travaux furent achevés sans accident[1] avec une dépense de 722 fr. par mètre courant.

En résumé, le collecteur général entre l'égout Rivoli sur la place de la Concorde et la Seine a coûté :

	FRANCS.
Partie construite à ciel ouvert entre les fortifications et la Seine.	1 016 382,97
Tunnel de Monceau entre la rue de la Pépinière et les fortifications.	1 850 710,98
Les deux tronçons des rues Rumfort et Royale.	600 252,64
Les deux tronçons du boulevard Malesherbes.	261 627,07
Total.	3 728 973,63

La longueur totale de l'égout étant de. . . . . 4877 mètres.
La dépense moyenne par mètre courant s'est élevée à. . . 765 francs.

[1] Cette méthode eut un malheureux succès; les propriétaires riverains en firent usage

Les travaux du collecteur général ont commencé le 7 mai 1857 et ont été suspendus le 26 avril 1859.

Repris le 15 septembre 1860, lorsqu'on a ouvert le boulevard Malesherbes, ils ont été achevés le 1er octobre 1861.

La première période de construction a duré. . .   719 jours,
La seconde.   584

Total. . . . .   1105 jours.

La longueur moyenne de galerie construite par jour a été de. . . . . $4^m,42$.

Cette moyenne est assez grande. Si l'on retranchait les jours fériés et les dimanches, les jours de pluie, de gelée et d'interruption forcée si fréquents dans une grande ville, elle serait plus que doublée.

pour établir deux étages de caves sous leurs maisons. Ces caves descendent dans la nappe d'eau des puits et sont envahies par l'eau dans les années humides. Il est bien regrettable qu'on ait fait usage d'un excellent système de fondation pour arriver à un pareil résultat ; l'administration aurait certainement dû, dans l'intérêt de la salubrité, proscrire ces doubles caves.

CHAPITRE VIII

LE COLLECTEUR DE LA BIÈVRE ET LE SIPHON DE L'ALMA.

On sait que la Bièvre n'a pas toujours débouché en Seine en amont du pont d'Austerlitz ; le nom de la rue de *Bièvre* semble indiquer qu'au xviiie siècle, époque où cette rue a été ouverte, le ruisseau tombait dans le fleuve vis-à-vis de l'Archevêché. La forme même de la rue Saint-Victor, sa basse altitude, semblent indiquer que le lit suivait ce tracé, entre les rues des Fossés-Saint-Bernard et des Grands-Degrés. Néanmoins il paraît assez probable qu'on le détourna à l'époque où s'acheva l'enceinte de Philippe Auguste et qu'on le jeta en Seine en amont de la porte Saint-Bernard. C'est du moins dans cette position que nous trouvons une de ses branches sur le plan de Gomboust, le plus ancien plan sérieux de Paris, qui remonte à l'année 1652 ; à cette date, la Bièvre se divisait en deux bras : celui d'amont suivait le tracé actuel, l'autre passait sous le Jardin des Plantes¹, longeait les bâtiments de l'abbaye Saint-Victor, se retournait parallèlement à la rue des Fossés-Saint-Bernard, et tombait en Seine un peu en amont de la porte de ce nom (fig. 23).

---

¹ Le Jardin des Plantes, commencé par Guy-Labrosse en 1627, et inauguré en 1640, portait alors le nom de Jardin des Plantes médicinales ; il n'occupait en longueur que la moitié à peine de son emplacement actuel ; il était limité du côté du nord par le bras de la Bièvre, qui débouchait en Seine à la porte Saint-Bernard.

A quelle époque ce bras a-t-il été supprimé? C'est ce qu'il
est difficile de dire. Peut-être ce détournement doit-il être
attribué à Buffon, à qui, on le sait, est dû l'agrandissement du
Jardin des Plantes.

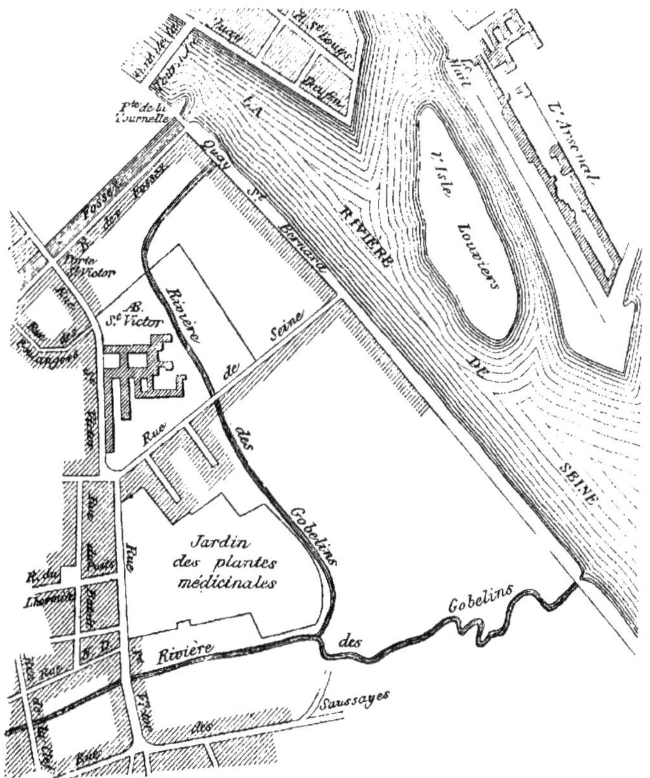

Fig. 23. — Débouché ancien de la Bièvre (extrait du plan de Gomboust. 1652).

La Bièvre n'était point alors ce cloaque fétide qui empoisonne
l'air de la jolie vallée d'Arcueil. C'était une rivière dont l'eau
était assez limpide et assez pure pour qu'on ait pensé à la fin
du XVIII° siècle à la dériver vers Paris pour l'alimentation des
habitants. Cette proposition fut faite en 1782 par M. de Fer de

La Nonnette, et un arrêt du conseil d'État du 5 novembre 1787 autorisa la dérivation.

Le projet reçut même un commencement d'exécution, mais les plaintes des usagers motivèrent un nouvel arrêt du conseil d'État du 14 avril 1789, qui suspendit les travaux.

Depuis cette époque, les eaux de la Bièvre ont été corrompues, non seulement par les tanneries et les mégisseries qui existaient déjà en assez grand nombre à Paris, à la fin du XVIIIe siècle, mais encore par des blanchisseries et d'autres établissements industriels, qui sont exploités aujourd'hui depuis l'origine de la vallée jusqu'aux fortifications.

La rivière était devenue dans ces derniers temps si noire et si fétide qu'elle suffisait, malgré son faible débit, pour troubler et corrompre toute l'eau du fleuve. Aussi, depuis longtemps, les ingénieurs s'étaient-ils préoccupés des moyens de détourner ce ruisseau pour le jeter en Seine à l'aval de Paris.

A l'époque où l'on construisit l'écluse de la Monnaie, vers 1852, on établit, sous les bas-ports de la Seine, un égout collecteur destiné à recevoir les eaux de la Bièvre et des égouts de la rive gauche; les travaux furent exécutés depuis un point pris un peu en amont du pont de l'Archevêché jusqu'à l'aval du pont des Arts, où cet égout débouche en Seine. Il recevait les eaux des égouts des quais Saint-Bernard, de la Tournelle et de Montebello. Mais, construit à une trop basse altitude sous un terrain submersible, à la moindre crue du fleuve, il est réellement impraticable. On ne pouvait en faire le collecteur des eaux de la Bièvre et des autres égouts de la rive gauche, car il était déjà engorgé par le petit nombre d'égouts qui y débouchaient. Cette entreprise fut donc abandonnée.

Projets. — Il avait été décidé, avant l'annexion du nouveau Paris, que les eaux de la Bièvre et des égouts de la rive gauche seraient jetées, à la place de la Concorde, dans le collecteur général d'Asnières en les faisant passer en siphon sous la Seine, dans deux tubes en tôle d'un mètre de diamètre.

Le projet de la partie comprise entre la Bièvre et le pont de l'Alma fut approuvé le 17 août 1859 par le ministre des travaux publics et le 26 août suivant par le Conseil municipal.

	FRANCS.
Le montant de la dépense fut fixé à.	2 204 000,00
En outre, la partie de cette galerie qui longe le square de Cluny fut construite en même temps que le boulevard Saint-Germain et coûta.	42 000,00
Un autre tronçon, entre l'avenue de Latour-Maubourg et la rue de la Boucherie fut aussi construit et payé à part et coûta.	56 755,00
Le projet d'un dernier tronçon faisant partie du boulevard Saint-Germain, entre les rues Saint-Jacques et Monge, fut approuvé le 5 novembre 1866 et la dépense fut fixée à.	180 000,00
La dépense pour construire cette première section du collecteur fut donc dès l'origine évaluée à.	2 462 755,00
Il faut ajouter à cette somme, pour l'établissement des portes de flot des égouts de la rive gauche, d'un petit port d'embarquement et autres menus travaux non exécutés, une somme de.	74 000,00
Ce qui porte la dépense totale à.	2 536 755,00

Une première ouverture de crédit permit en 1860 de construire la partie comprise entre le pont de l'Alma et la rue de Beaune; la pente se dirigeait provisoirement vers le pont de l'Alma. On pensait qu'on la renverserait après la construction du siphon pour ramener les eaux depuis le Champ de Mars jusqu'au pont de la Concorde. Pour cela, on avait tenu la banquette horizontale à l'altitude 29^m,10 entre ce dernier pont et celui de l'Alma. Mais après l'annexion, une étude sommaire fit reconnaître qu'il était absolument impossible de ramener à la place de la Concorde les eaux de Grenelle, de Passy et d'Auteuil, et qu'il était très difficile de conduire au collecteur général d'Asnières, le long du chemin de ceinture, les eaux du point bas des Ternes et du nord de Passy. Je constatai qu'il n'y avait

que deux partis à prendre : il fallait, soit maintenir le siphon au
pont de la Concorde et jeter en Seine les eaux de toute la partie
aval du nouveau Paris vers les fortifications à Grenelle et au
Point du Jour, soit construire un nouveau collecteur général.
C'est à ce dernier parti que je m'arrêtai.

Le choix de l'emplacement fut discuté dans une conférence
qui eut lieu dans le cabinet de M. le Préfet Haussmann en 1864.
Dans un but d'économie, je me contentais de couper le cap de
Boulogne et de jeter les eaux du nouveau collecteur en aval de
Saint-Cloud. M. le Préfet repoussa cette proposition ; suivant lui,
la Seine ne devait recevoir les eaux d'égout qu'à l'aval de Sèvres,
de Saint-Cloud, du Bois de Boulogne et de Neuilly. Il fut donc
décidé, sous la réserve de l'approbation du Conseil municipal,
que le nouveau collecteur passerait en siphon sous la Seine au
pont de l'Alma, puis, en souterrain, sous la place de l'Étoile
pour se diriger vers le fleuve en suivant la rue de Courcelles
dans Paris et hors de Paris. Le débouché en Seine était fixé
dans le prolongement en ligne droite du tracé de cette rue. M. le
Préfet nous déclara même qu'il ne présenterait pas le projet au
Conseil municipal si je ne trouvais le moyen de ramener au
pont de l'Alma la totalité des eaux de Grenelle, d'Auteuil et de
Passy. C'était une condition difficile ; mais la position du
barrage de Suresnes la rendait nécessaire.

On se préoccupait déjà, vers cette époque, de l'idée de
détourner du fleuve les eaux des égouts de Paris ; M. l'ingénieur
Mille proposait d'utiliser ces eaux au profit de l'agriculture en
les relevant au moyen du moteur hydraulique créé par le
barrage de Suresnes. Le Conseil général des ponts et chaussées
reconnaissait qu'il convenait de concéder ce moteur à la ville
de Paris. Cet avis fut ratifié par une décision ministérielle, ce
qui entraînait la modification du tracé du nouveau collecteur
à son arrivée en Seine. Au lieu d'établir son débouché dans le
prolongement de la rue de Courcelles, il convenait de le diriger
vers l'égout d'Asnières parallèlement à la Seine, par la rue

Gide, à Levallois (fig. 24). Le tronçon compris entre la rue de Courcelles et le collecteur général pouvait servir à ramener toutes les eaux de Paris vers l'usine du barrage de Suresnes, dès que cette usine serait construite.

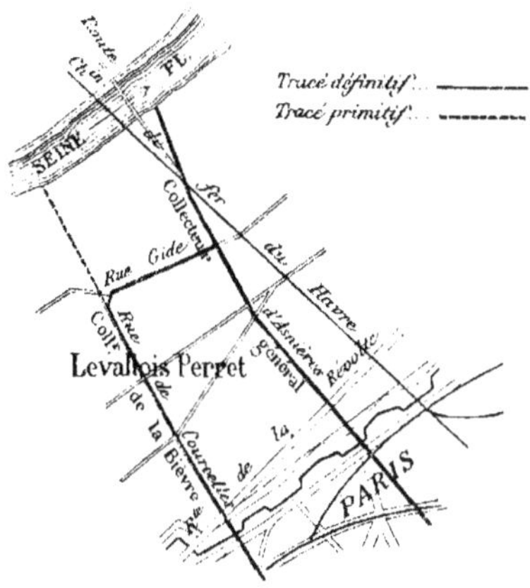

Fig. 24. — Débouché du collecteur de la Bièvre.

Cette modification de tracé n'exigeait aucune augmentation de dépense. Elle répondait, dans une certaine mesure, aux réclamations des riverains du fleuve, qui redoutaient deux débouchés de collecteurs. Le projet de la deuxième section du collecteur de la Bièvre fut dressé en tenant compte de toutes ces considérations; il porte la date du 26 décembre 1865.

Je me suis conformé au programme de M. le Préfet en ramenant au pont de l'Alma les eaux d'Auteuil, de Passy et de Grenelle. Pour ce dernier collecteur, la pente faisant complètement défaut, je proposai un radier horizontal sur une longueur de 3000 mètres et une cunette de 2 mètres de profondeur. Le nettoiement devait se faire avec des wagons-vannes qui exigeraient 1 mètre de pente. Momentanément, pendant le nettoiement, l'eau, vers les fortifications, s'élèverait à 1^m,40 de hauteur dans la cunette, l'eau des petits égouts serait refoulée et s'écoulerait ensuite naturellement quand le collecteur deviendrait libre [1].

	FRANCS.
Le projet d'un premier tronçon entre le pont de l'Alma et la rue d'Angoulème prolongée avait été approuvé le 17 mars 1865, par le Conseil municipal, et deux arrêtés en date des 15 avril et 12 mai 1865 avaient fixé le montant de la dépense à.	253 000,00
Le projet général fut soumis au Conseil municipal, qui l'approuva le 11 mai 1866, et le montant des dépenses fut fixé, par arrêtés des 19 juin et 31 juillet suivants, à.	3 160 000,00
En outre, on dut comprendre dans les travaux exécutés sur la rive gauche de la Seine, en amont du pont de l'Alma, divers ouvrages se reliant au siphon et faisant partie du collecteur de Grenelle approuvé à la même date, l'ensemble de ces travaux montait à.	116 250,00
La construction du collecteur entre le pont de l'Alma et son débouché dans l'égout d'Asnières était donc évaluée à.	3 529 250,00
Si à cette somme nous ajoutons celle indiquée ci-dessus pour la construction de l'égout entre la Bièvre et le pont de l'Alma, soit.	2 462 755,00
Nous trouvons que l'ensemble des dépenses autorisées, d'après les projets primitifs, monte à.	5 991 985,00

DIMENSIONS DE L'ÉGOUT.

Le collecteur, depuis la Bièvre jusqu'à la rue Gide, a 4 mètres de largeur aux naissances de la voûte et $2^m,90$ de hauteur entre les banquettes et la clef. La cunette a $2^m,20$ et les banquettes $0^m,70$ de largeur.

On donna d'abord à la cunette $0^m,80$ de profondeur, y com-

---

[1] En fait, le collecteur à radier horizontal n'a été conduit que jusqu'à la rue de Javel ; depuis le débouché de cette rue jusqu'aux fortifications, il a été remplacé, comme on le verra plus loin, par une conduite en grès de $0^m,60$, fonctionnant en charge comme les petits égouts anglais.

pris la flèche de 0^m,20. Depuis on reconnut l'utilité d'augmenter cette profondeur et, à partir du pont de l'Alma jusqu'au collecteur général d'Asnières, elle a été portée à 1^m,50 au moins.

Dans la rue Gide, entre la rue de Courcelles et le collecteur général, on a adopté le type n° 1 (fig. 27) pour permettre, comme

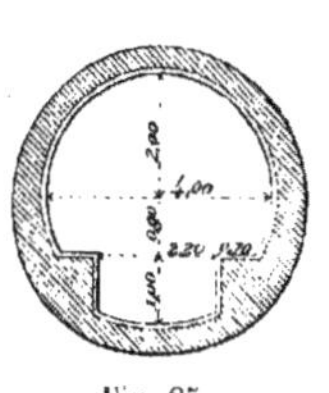
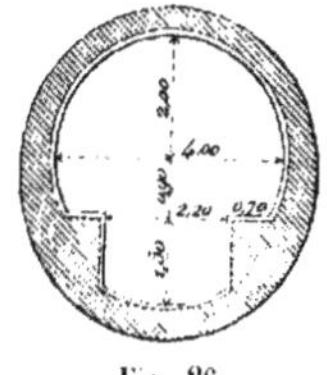
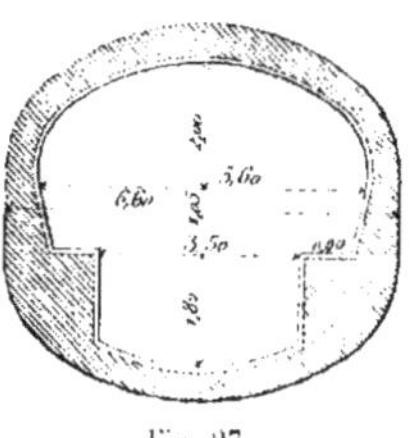

Fig. 25.   Fig. 26.   Fig. 27.

Types du collecteur de la Bièvre.

on l'a dit ci-dessus, de renverser la direction des eaux et de conduire celles des deux collecteurs à l'usine de Suresnes alors projetée.

Voici, en résumé, les profondeurs de la cunette du nouveau collecteur entre la Bièvre et l'égout d'Asnières :

	MÈTRES.
De la Bièvre à la rue Saint-Jacques	1,50
De la rue Saint-Jacques au pont Royal (fig. 25).	1,00
Du pont Royal au pont de la Concorde (partie surbaissée). . . .	0,80
De ce pont jusqu'au pont de l'Alma, cette profondeur augmente progressivement jusqu'à.	1,20
Du quai de la Conférence à la place de Courcelles (fig. 26). . .	1,50
De cette place à la rue Gide, cette profondeur croît régulièrement jusqu'à.	1,80
De là au collecteur général elle croît encore jusqu'à.	2,00

TRACÉ.

L'égout prend la Bièvre dans la rue Geoffroy-Saint-Hilaire[1], suit les rues Geoffroy-Saint-Hilaire, Saint-Victor, des Écoles,

---

[1] Il a été prolongé depuis, vers l'amont, jusqu'au point où la Bièvre franchit les fortifications par une galerie sans cunette, à section presque circulaire de 2 mètres de largeur.

Monge, les boulevards Saint-Germain et Saint-Michel, puis les quais jusqu'au pont de l'Alma, passe sous la Seine en amont de ce pont, puis se dirige vers la place de l'Étoile par l'avenue Joséphine (aujourd'hui avenue Marceau) et, de là, vers le collecteur général par l'avenue de Wagram et les rues de Courcelles et Gide. Ce tracé se décompose ainsi :

LONGUEURS.

MÈTRES.

1° Entre la Bièvre et le souterrain Saint-Victor.	165,40
2° Souterrain Saint-Victor.	458,94
3° Entre le souterrain Saint-Victor et la chambre de la place Saint-Michel.	1 292,97
4° Chambre Saint-Michel.	25,00
5° Entre cette chambre et l'origine de la double galerie construite en tête du siphon de l'Alma (tracé par les quais des Grands-Augustins, Conti, Malaquais, Voltaire et d'Orsay).	3 167,05
6° Double galerie, récipient des boues en tête du siphon. .	199,35
7° Galerie du siphon.	32,17
8° Siphon, double tube de 1 mètre . . . . { Partie en ciment, rive gauche. .	11,74
Partie métallique.	155,79
Partie en ciment, rive droite . .	2,10
9° De la sortie du siphon au souterrain de l'avenue Joséphine.	291,40
10° Souterrain de l'avenue Joséphine, de la place de l'Étoile, de l'avenue de Wagram et de la rue de Courcelles. . .	2 667,61
11° De la sortie du souterrain à la rue Gide à Levallois, en suivant la rue de Courcelles.	1 173,61
12° Rue Gide, type n° 1 jusqu'au collecteur d'Asnières . . .	541,40
13° Chambre à la jonction des deux collecteurs	27,20

Longueur totale utile. 10 209,73

A cette longueur il faut ajouter :

14° Galerie entre l'entrée du siphon et le quai, rive gauche. . . . . $15^m,41$

15° Galerie entre le mur de quai, rive droite, et la sortie du siphon. . . . . $15^m,35$

30,76

Longueur totale. 10 240,49

PENTES.

	MÈTRES.
L'altitude de départ du radier à la Bièvre est.	29 51
L'altitude d'arrivée à la galerie du siphon.	27,87
Différence ou pente totale de l'égout de la rive gauche. . .	1,64
La longueur étant de.	5 506,71
La pente kilométrique est de $\dfrac{1^{m},64}{5,50671} = $	0,309

La pente totale du radier de la galerie du siphon est de
$27^{m},87 - 26^{m},00 = $ 1,87

La charge du siphon entre les radiers à ses deux extrémités est de $26^{m},00 - 25^{m},50 = 0^{m},50$.

En supposant les deux égouts pleins jusqu'aux banquettes, elle s'élève à $29^{m},10 - 27^{m},00 = 2^{m},10$.

	MÈTRES.
Cote du radier à la sortie du siphon.	25,50
Cote d'arrivée au type n° 1.	24,28
Différence totale.	1,22

entre l'extrémité d'aval du siphon et le type n° 1.

Longueur utile..	4 152,62
Pente kilométrique.	0,295

Le radier est horizontal sur toute la longueur de $541^{m},40$ du type n° 1.

Pente totale de l'égout y compris la charge du siphon :

$$29^{m},51 - 24^{m},28 = 5^{m},23.$$

Pente kilométrique moyenne y compris la charge du siphon :

$$\frac{5^{m},23}{10,20975} = 0^{m},512.$$

On voit qu'une grande partie de la pente ($2^{m},37$, plus des

2 cinquièmes) a été réservée pour donner des chasses dans le siphon avec des charges qui, dans le cas le plus défavorable, peuvent monter à $2^m,10$.

Lorsque l'égout est ainsi rempli jusqu'aux banquettes en amont et en aval du siphon et que la charge des tubes est de $2^m,10$, leur longueur totale étant de $169^m,65$, on trouve par les formules ordinaires d'hydraulique :

Vitesse correspondante de l'eau. . . . . $2^m,95$

Débit des deux tubes, ensemble, par seconde. . . . . $4^{mc},65$

En temps ordinaire, avec la charge de $0^m,50$, la portée du siphon peut s'élever à $2^{mc},20$.

L'égout de la Bièvre dans la traversée de Paris ne doit point verser en Seine l'eau qu'il débite tant qu'elle ne s'élève pas à $0^m,50$ au-dessus des banquettes.

Sa section mouillée ω est alors de. . . . . $3^{mq},126$

Son périmètre mouillé χ de. $6^m,000$

Le rayon moyen $R = \dfrac{\omega}{\chi} = \dfrac{3,126}{6}$ . . . . $0^m,521$

En tenant compte de la pente kilométrique de $0^m,50$, on obtient par la formule de Prony, en supposant le mouvement uniforme établi :

Vitesse par seconde. . . . . $0^m,66$

Débit. $2^{mc},06$

Mais ce n'est pas le mouvement uniforme qui s'établit dans les grands égouts ; il faudrait pour cela que leur longueur fût infinie.

Lorsqu'ils débouchent directement en Seine par une chute, c'est le mouvement accéléré qui se produit, la pente à la surface de l'eau est beaucoup plus grande que celle du radier et augmente à mesure qu'on se rapproche du débouché et que la section mouillée diminue. Ainsi lorsque, à la suite d'une grande averse, l'eau s'élève dans le collecteur général à $1^m,50$ au-dessus des banquettes, les ouvriers ont constaté par le passage des corps flottants des vitesses de 7 à 8 mètres par seconde; à l'arrivée en Seine, la cunette est à peine remplie jusqu'au niveau des banquettes, mais la vitesse est telle que parfois le courant traverse tout le fleuve. On a trouvé sur la rive gauche, du côté d'Asnières, des bidons perdus par les ouvriers dans l'égout, au moment de l'averse. Ces crues sont toujours produites à Paris par de grandes pluies qui durent rarement plus de 50 minutes.

J'ai constaté des faits du même genre au débouché de l'ancien égout de Ceinture à Chaillot. La vitesse de l'eau à la suite d'une averse était telle que des pierres de plusieurs décimètres cubes flottaient et restaient visibles pendant plusieurs secondes avant de disparaître dans le flot noir de l'égout.

Pour le collecteur de la Bièvre, la chute de $2^m,10$ ménagée en tête du siphon produit le même effet qu'une chute en Seine; la vitesse s'accélère en se rapprochant du siphon et lorsque l'eau s'élève à $0^m,50$ au-dessus des banquettes, le débit par seconde ou la puissance de l'égout dépasse de beaucoup le chiffre de $2^{m3},06$ donné par le calcul qui précède et atteint celui de $4^{m3},65$, calculé ci-dessus pour le siphon.

Le fait a été constaté le 8 décembre 1868; le siphon fonctionnait à pleine charge et l'égout lui fournissait toute l'eau, quoiqu'il ne fût rempli qu'au niveau des banquettes. Le débit devait donc être de $4^{m3},65$.

Un égout collecteur est un cours d'eau ordinaire coulant dans un sol imperméable et recevant un grand nombre d'affluents sur une petite longueur.

La portée va donc en croissant depuis l'origine de l'égout jusqu'à son débouché; il serait rationnel de diminuer la section dans la partie supérieure et de l'augmenter progressivement au fur et à mesure que le volume d'eau à débiter augmente. On obtiendrait ainsi une économie notable dans la construction;

c'est ce que les Anglais ont fait à Londres ; la section de leurs
égouts collecteurs est moindre au départ que celle des plus
petits égouts de Paris.

Dans cette dernière ville, on n'a pu suivre le même système
pour deux raisons : les conduites d'eau sont posées dans les
égouts, les grosses dans les collecteurs, ce qui exige une grande
section continue. En outre, à Paris, on jette les boues des chaussées macadamisées dans les égouts, ce qu'on ne fait pas à Londres ; or, les boues lourdes ne peuvent voyager dans ces galeries
souterraines qu'à l'aide de procédés mécaniques, et pour cela
il faut des cunettes d'une section uniforme. Les collecteurs de
Paris sont donc construits d'un bout à l'autre sur de grands
types. Nous reviendrons dans un travail d'ensemble sur ces
questions capitales. Bornons-nous à constater un fait incontestable : les collecteurs de Paris ont une puissance qui manque
aux égouts collecteurs de Londres, ils peuvent transporter les
boues de macadam.

Pour construire les grands égouts d'une manière rationnelle
avec une section uniforme, il faudrait diminuer la pente dans
la partie d'amont et l'augmenter en descendant tant que le
collecteur reçoit des affluents ; puis, lorsqu'il ne reçoit plus
d'affluents, diminuer la pente du côté du débouché pour tenir
compte de l'accélération de vitesse qui se manifeste à mesure
qu'on approche du fleuve. Cette répartition des pentes exigerait des tâtonnements impossibles en pratique. Mais on diminuerait certainement la puissance de l'égout si l'on réglait sa
pente d'une manière uniforme d'une extrémité à l'autre. C'est
ce que nous allons faire voir par des calculs très simples.

Prenons pour exemple le collecteur de la Bièvre, et supposons sa pente réglée uniformément en réservant $0^m,60$ seulement pour la charge du siphon ; d'après les données qui précèdent, la longueur de l'égout étant de 10 209 mètres, sa pente
totale de $5^m,23$ et la charge du siphon étant fixée par hypothèse à $0^m,60$, il est évident que la pente kilométrique serait

de $\dfrac{5^m,23 - 0^m,60}{10,209} = 0^m,454$, au lieu de $0^m,50$, pente donnée

pour réserver une chute en tête du siphon.

En supposant l'égout rempli d'eau jusqu'à $0^m,50$ au-dessus des banquettes, on obtiendrait par la formule de Prony :

Vitesse moyenne de l'eau. . . . . $0^m,80$
Débit de l'égout par seconde. . . . . $2^{m3},50$

Avec la charge de $0^m,60$, le siphon débiterait très sensiblement le même volume d'eau. En réalité, la puissance de l'égout serait réduite à $2^{m3},50$, parce que le débouché en Seine étant très éloigné et d'ailleurs le siphon ne pouvant pas débiter plus de $2^{m3},50$, le mouvement uniforme s'établirait au-dessus du siphon, surtout si le volume d'eau était constant d'une extrémité à l'autre de l'égout. En aval du siphon, au contraire, la pente serait trop grande parce que la vitesse de l'eau s'accélérerait en approchant du débouché.

J'ai dit que la chute de $2^m,10$ établie en amont du siphon pour faciliter les chasses, portait la puissance de l'égout à $4^{m3},63$. Ainsi, en établissant une pente uniforme, c'est-à-dire en supprimant cette chute, non seulement on se serait privé de la possibilité de donner des chasses dans le siphon, chose indispensable, mais on aurait diminué de près de moitié la puissance de l'égout.

EXÉCUTION DES TRAVAUX.

Première section, entre la Bièvre et le pont de l'Alma. — Je ne parlerai pas des deux petits tronçons du square de Cluny et de l'avenue de Latour-Maubourg, qui ont été exécutés isolément en même temps que les autres égouts du boulevard Saint-Germain et de l'avenue de Latour-Maubourg.

Les différentes parties de la première section du collecteur de la Bièvre s'exécutèrent dans l'ordre suivant : la première partie, entre le pont de l'Alma et la rue de Bourgogne, fut construite dans la campagne de 1860. En 1861, on exécuta les travaux jusqu'à la rue Saint-Jacques en utilisant la petite partie déjà faite le long du square de Cluny. On entreprit également à cette époque les travaux du souterrain à ouvrir sous la partie haute de la rue Saint-Victor, aujourd'hui rue Linné ; ce souterrain de 458^m,94 de longueur présentait, comme on va le voir, d'assez sérieuses difficultés. Commencé en octobre 1861, il était entièrement terminé le 4 avril 1862.

Les travaux de cette première section furent suspendus depuis le 4 avril 1862 jusqu'en juin 1866, parce que l'égout, entre la place Maubert et la rue des Boulangers, empruntait le tracé des rues Monge et des Écoles qui n'étaient pas encore ouvertes ; on avait reconnu qu'il était difficile de construire une aussi grande galerie dans la partie correspondante trop basse et trop étroite de la rue Saint-Victor[1].

Les deux lacunes qui existaient, d'une part, entre la rue Saint-Jacques et la tête aval du souterrain Saint-Victor, et, d'autre part, entre la tête amont de ce souterrain et la Bièvre, furent donc comblées lorsqu'on ouvrit les rues Monge et des Écoles. Entrepris vers la fin de mai 1866, les travaux furent complètement terminés le 28 mai 1867, et la Bièvre cessa, à partir de ce jour, de tomber en Seine en amont du pont d'Austerlitz; son débouché fut reporté sous le pont de l'Alma dans l'ancien chenal de l'égout de la Vierge qui traverse la culée de ce pont. C'était déjà un grand résultat obtenu.

L'ouverture de la première section du collecteur de la Bièvre fit immédiatement disparaître toutes les impuretés qui souillaient l'eau du fleuve dans la traversée de l'ancien Paris, mais

---

[1] Cette rue était d'ailleurs pourvue d'un égout. L'obligation de maintenir cet égout en service au milieu des étais de la fouille de la grande galerie aurait augmenté considérablement les difficultés de l'entreprise ; je le savais par expérience, car j'avais construit dans ces conditions le collecteur de la rue Neuve-des-Petits-Champs et le collecteur des rues du Château-d'Eau, des Petites-Écuries et Richer.

pour les reporter à l'aval du pont de l'Alma sur la rive de Grenelle.

L'exécution de cette première section n'a présenté de circonstances absolument spéciales que sur un seul point, rue Linné, au souterrain Saint-Victor. Le reste a été construit dans les conditions ordinaires des travaux de ce genre, ce qui ne veut pas dire qu'on n'y eût pas rencontré de sérieuses difficultés. Tout le monde comprend en effet qu'il n'est ni simple, ni facile d'exécuter de grandes galeries dans les rues les plus peuplées d'une capitale comme Paris. Mais enfin nous avions déjà construit beaucoup d'autres ouvrages de ce genre, et l'exécution de cette partie du collecteur ne présentait pas plus de complications. Elle a donc marché régulièrement sans accident et sans imprévu[1].

Le souterrain Saint-Victor, qui, exécuté en pleine campagne, n'aurait nullement préoccupé les ingénieurs, était d'une exécution difficile et dangereuse dans Paris. Nous ne dirons rien de l'extraction d'un banc de roche très dure qui occupait l'emplacement de la cunette; c'était purement et simplement une question de dépense. Mais le ciel du souterrain était formé d'un sable fin et mouvant rendu très dangereux par la présence de deux conduites, l'une de $0^m,50$ d'eau d'Ourcq, l'autre de $0^m,25$ d'eau de Seine. C'était surtout dans la partie amont du souterrain que nous devions craindre les accidents; la rue Geoffroy-Saint-Hilaire, très étroite derrière le Jardin des Plantes, est bordée par les constructions de l'Hospice de la Pitié. La rupture des conduites d'eau pouvait avoir les conséquences les plus funestes. Je puis dire hautement que sans le dévouement de

---

[1] Il n'est pas sans intérêt de donner ici une idée de la rapidité avec laquelle les travaux étaient exécutés.

Commencés dans les premiers jours d'avril 1860, en remontant à partir du pont de l'Alma, cette grande galerie atteignait, le 6 juillet, le pont de Solférino. Le 5 octobre, l'égout était en service entre les ponts Royal et de l'Alma.

Les travaux étaient repris le 15 mars 1861. Le 14 juin, l'égout était voûté jusqu'au Pont-Neuf, malgré de très difficiles terrassements ouverts dans les anciennes fondations des quais, le long de l'Institut. Le 6 août, on achevait la grande chambre de la place Saint-Michel, et l'égout était entièrement terminé jusqu'à la rue Saint-Jacques à la fin de la campagne

mes collaborateurs les travaux ne se seraient pas achevés sans quelques catastrophes.

Commencés dans les premiers jours d'octobre 1861, les travaux marchèrent d'abord avec une grande régularité, malgré la dureté de la roche qui remplissait l'emplacement de la cunette et la fluidité du sable qui occupait celui de la voûte. Le 6 décembre, c'est-à-dire deux mois après l'ouverture des travaux, la petite galerie d'avancement était ouverte d'un bout à l'autre, la voûte était construite sur 100 mètres de longueur. On avait évité tout accident en obligeant les mineurs à pousser, en avant du dernier cadre posé, les petites planches qui soutenaient le ciel, et à garnir les vides avec de la paille. Le 13 décembre, un fontis se forma dans la partie étroite de la rue Geoffroy-Saint-Hilaire sur 10 mètres de longueur et 6 mètres de largeur. Il est probable que cet accident fut déterminé par la rupture de la conduite de $0^m,25$ d'eau de Seine qui était en tôle bitumée, car le boisement était si solide que les cadres ne s'écrasèrent pas. La galerie fut remplie en un instant d'eau et de sable. La conduite de $0^m,30$ d'eau d'Ourcq et celle de $0^m,25$ de l'éclairage se rompirent également et augmentèrent le désordre. Un mineur engagé dans les décombres du fontis fut heureusement sauvé.

Malgré ce grave accident, la voûte était complètement terminée le 1er février. On exploita en sous-œuvre le banc de roche qui remplissait la cunette, et le 4 avril le corps de l'égout était terminé; il ne restait à faire que deux regards.

Deuxième section, entre le pont de l'Alma et le collecteur général, y compris le siphon. — Les travaux de la deuxième section ont été exécutés dans l'ordre suivant, sous la direction de mes trois collaborateurs : MM. les ingénieurs Buffet, Darcel et Bernard.

Le premier tronçon, de $506^m,75$ de longueur, a été ouvert sur

le tracé de l'avenue Joséphine (aujourd'hui avenue Marceau),
entre le quai de la Conférence et la rue d'Angoulême prolongée,
dans les premiers mois de la campagne de 1865, sous la direction de M. l'ingénieur Darcel. Le souterrain de la place de l'Étoile
et le reste de l'égout ont été exécutés du 1er septembre 1866 au
27 juin 1868. M. l'ingénieur Darcel a dirigé les travaux depuis
la tête amont du souterrain jusqu'à l'avenue des Ternes. Cette
partie de l'égout, qui passe sous l'avenue Joséphine, la place de
l'Étoile et l'avenue de Wagram, a été construite entièrement en
souterrain sur une longueur de $1389^m,15$. La section de M. l'ingénieur Bernard commençait à l'avenue des Ternes et se ter-
minait au collecteur général : elle s'étendait sous l'avenue de
Wagram, la rue de Courcelles (Paris), la rue de Courcelles
(Levallois) et la rue Gide.

		MÈTRES.
L'égout a été ouvert en souterrain sur	. . . .	1278,48
En tranchée suivant le type n° 3 sur.	. . . .	1173,61
En tranchée suivant le type n° 1 sur.	. . . .	568,60
	Longueur totale	3020,69

Le 27 juin 1868 nous avons pu parcourir le collecteur en
bateau depuis le quai de la Conférence jusqu'à la Seine au pont
d'Asnières.

La première partie, construite sous les remblais de l'avenue
Joséphine, a donné lieu à des accidents fort rares heureusement.
Les égouts ne chargent pas le sol dans lequel on les construit
et n'en changent pas les conditions d'équilibre ; ils peuvent donc
être établis dans les plus mauvais terrains, dans les argiles les
plus compressibles et les plus fluentes, sans subir d'avaries, à
la seule condition que le sol ne soit pas chargé au-dessus. Pour
la première partie du collecteur de la Bièvre, entre le quai de la
Conférence et la rue d'Angoulême prolongée, cette condition n'a
pas été remplie. Le sol, composé d'argile plastique et par con-

séquent très compressible, a été chargé par les énormes remblais de l'avenue, qui y ont déterminé des mouvements considérables. Tous les égouts du quartier, et notamment le collecteur de la Bièvre, ont suivi ce mouvement. Le 15 juin 1865, il fut constaté que des lézardes de plusieurs centimètres de largeur s'étaient ouvertes à la clef et aux naissances de la voûte sur une longueur de 40 mètres à droite et à gauche du débouché de l'ancien égout de Ceinture. On remit l'égout sur cintres et on attendit que le sol revînt à son état d'équilibre; on put alors fermer les lézardes en y enfonçant des coins en fer et en les remplissant avec du mortier de ciment.

Un tronçon du souterrain de l'Étoile a été ouvert, sous la direction de M. Darcel, dans les parties dures du calcaire grossier. Nous y avons rencontré des sources qui débitaient jusqu'à 50 litres d'eau par seconde. Nous étions presque au niveau de l'étiage de la Seine, et à chaque crue le débit des sources augmentait dans une forte proportion. Les puits avaient 50 mètres de profondeur, de sorte que l'épuisement a été dispendieux et difficile; la dureté de la roche qui, dans un sol sec, n'aurait été qu'un inconvénient de second ordre, est devenue un obstacle très sérieux au milieu de toutes ces sources jaillissantes.

Les 1589 mètres courants de ce souterrain ont été commencés le 1er septembre 1866 et ont été terminés le 27 juin 1868. La durée des travaux a donc été de 22 mois. Les 3020 mètres de la section de M. Bernard commencés à la même époque, étaient achevés le 18 février 1868, en 17 mois et 18 jours. Ils ont présenté aussi de grandes difficultés, mais d'un autre genre.

Le souterrain, dans cette partie, était ouvert dans un sol argilo-sableux (les sables moyens), un peu bouleversé par d'anciens phénomènes diluviens, mais heureusement renfermant peu d'eau. On sait que les souterrains ouverts dans de pareilles conditions donnent lieu ordinairement à de nombreux fontis et aux plus regrettables catastrophes. Les mineurs disent que les terrains sablonneux sont traîtres, et c'est là en effet qu'ils trouvent souvent la mort, la plupart du temps par leur imprudence. Dans la rue de Courcelles, ces accidents étaient d'autant plus redoutables que cette rue est étroite et qu'un fontis pouvait déterminer la chute des maisons voisines. Grâce aux précautions prises, nous n'avons eu à regretter aucun accident de ce genre.

La partie exécutée en tranchée à Levallois-Perret était dans des conditions bien plus mauvaises encore : la rue est très étroite dans ce village ; sa largeur en certains points n'atteint pas 10 mètres. Il fallut y ouvrir une tranchée de $4^m,80$ de largeur, dont la profondeur atteignait jusqu'à 10 mètres et n'a jamais été moindre que 9 mètres, dans le gravier de l'ancien lit quaternaire de la Seine, c'est-à-dire dans un terrain souvent aussi mobile que le sable d'un sablier, à côté de maisons peu solides ; maintenir les communications nécessaires pour sortir les déblais et assurer le service des maisons riveraines. La difficulté du travail était encore augmentée par la présence de la nappe d'eau des puits, qui s'élevait jusqu'au niveau de la banquette. On a surmonté toutes ces difficultés : 1° au moyen d'un système d'étayement très solide, à peu près jointif, et en calfatant les interstices des plats-bords avec de la paille ; 2° en arrêtant le fond de la tranchée au niveau de l'eau, et en construisant d'abord la voûte et la partie des pieds-droits qui s'élevait au-dessus, ensuite en épuisant complètement la nappe et en reprenant en sous-œuvre les banquettes et la cunette.

Le raccord avec le collecteur général a donné lieu à un autre genre de difficultés. Le radier du collecteur de la Bièvre débouchait à l'altitude $24^m,28$, le radier du collecteur général était à l'altitude 25 mètres ; il fallait donc abaisser ce dernier de $0^m,72$, depuis le point de jonction, sur 400 mètres de longueur, et préalablement détourner ce cours d'eau dont le débit ordinaire est de 3 mètres cubes par seconde. On dut pour cela ouvrir à travers champs une rigole provisoire dans laquelle on fit passer les eaux. MM. Péreire se prêtèrent généreusement à l'exécution de cette tranchée, qui fut ouverte sans indemnité dans leurs propriétés.

Les travaux du siphon ont été dirigés par M. l'ingénieur Buffet. Commencés dans la première quinzaine de mars 1868, ils ont été terminés le 11 novembre suivant. L'eau de la Bièvre et des égouts de la rive gauche a été jetée le lendemain dans le tube amont du siphon.

Les travaux de terrassement et de maçonnerie du collecteur de la Bièvre ont été exécutés par M. Laroque, entrepreneur associé à la maison Gariel et Garnuchot; les travaux de tôlerie du siphon par M. Ernest Gouin, qui a été chargé de l'immersion.

Ces travaux ont présenté les plus sérieuses difficultés, qui ont été surmontées heureusement, grâce à l'habileté, à l'énergie et au dévouement de tous nos collaborateurs : ingénieurs, conducteurs et entrepreneurs.

CONSTRUCTION DU SIPHON.

Le siphon se compose de deux tubes en tôle de 1 mètre de diamètre. La tôle a 20 millimètres d'épaisseur (Voir planche III de l'Atlas).

Avant d'entreprendre ce travail, on fit en juin 1866 un essai dans les anciens bassins de Chaillot; on constata par ces expériences que l'intérieur de ces tubes devait être complètement lisse. Le siphon d'essai était fait avec des tuyaux de $0^m,30$ assemblés à emboîtements; on y fit passer du sable, des pierres, du fumier, en un mot toutes les matières qui sont transportées habituellement par les eaux d'égout. J'eus l'idée de vérifier l'état du tube en y faisant passer une boule en bois d'un diamètre un peu moindre que le tube; cette boule traversait

tout le siphon comme les autres corps flottants en roulant sur
la génératrice supérieure du cylindre et chassait devant elle
les matières lourdes qui tendaient à rester dans la partie basse,
car tout obstacle déterminait en dessous de la boule un courant d'eau très violent d'une puissance irrésistible. Mais lorsqu'une pierre ou un morceau de bois se coinçait dans le vide
qui existe à chaque emboîtement, à l'extrémité du bout mâle,
les corps flottants et la boule elle-même s'arrêtaient contre cet
obstacle. Les feuilles de tôle du siphon de l'Alma ne pouvaient
donc être assemblées à joints recouverts comme dans les
chaudières à vapeur; elles ont été juxtaposées à joints serrés,
et l'assemblage a été fait avec des couvre-joints extérieurs; les
trous des rivets sont fraisés en dedans, de telle sorte que la surface intérieure est complètement lisse. La rivure est étanche.
Les tubes ont été assemblés sur une des berges du fleuve et
ont été amenés en place en flottant, reliés par des entretoises
en tôle avec l'écartement indiqué au projet. Ils ont été échoués
sur un lit de béton de $0^m,40$ d'épaisseur, coulé dans toute la
largeur du fleuve entre deux rangs de pieux et palplanches
espacés de $4^m,74$, puis recouverts d'une autre couche de béton
de $0^m,70$ d'épaisseur, dont la surface est arasée à 2 mètres
en contre-bas de l'étiage et à $3^m,45$ au-dessous de la retenue du
barrage de Suresnes. Cette surcharge de béton est nécessaire
pour empêcher les tubes de se relever dans le cas où l'on aurait
besoin de les mettre à sec. En effet, la longueur de chaque tube
est de 156 mètres et le poids de la tôle de 620 kilogrammes
par mètre courant, soit en tout de 96 720 kilogrammes par
tube; le vide intérieur correspond à un poids d'eau de 785 kilogrammes par mètre ou de 122 460 kilogrammes pour chaque
tube; la force qui tend à relever un tube et à le faire flotter
est donc de 122 460 — 96 720 = 25 740 kilogrammes. Il fallait aussi préserver la tôle des atteintes des ancres, des gaffes
des mariniers, du frottement des graviers que le fleuve charrie, etc. On a obtenu une réussite complète, car, après la pose

8

des tuyaux et quelques jours après l'immersion du béton, on vida les deux tubes avec des pompes, ce qui prouva qu'ils étaient étanches, qu'ils étaient parfaitement stables et qu'en cas d'engorgement, il serait facile de les mettre à sec et de les nettoyer.

En cours d'exécution des travaux, on éprouva d'assez sérieuses difficultés, qui furent augmentées par l'obligation d'assembler les tubes sur le chemin de halage à 4 mètres au-dessus de l'étiage. Cette dernière condition d'exécution retarda l'immersion de vingt-quatre jours environ et faillit tout compromettre.

En effet, les tubes étaient complètement assemblés le 30 juillet ; si le travail avait été fait sur le bas-port de la rive gauche, on aurait poussé les tubes à l'eau avec des crics, en les faisant glisser sur des chantiers ; l'opération aurait duré quelques heures à peine et, le 1ᵉʳ août, les travaux d'immersion auraient pu commencer. Dans la situation qui nous était faite, il fallait non seulement pousser les tubes, mais encore les retenir sur le talus à 45° d'un perré de 4 mètres de hauteur verticale. Cette retenue était opérée au moyen de câbles passés autour des tubes et dans les organeaux du quai. Les câbles étaient retenus en partie par des hommes, en partie par des moufles. Cette opération exigea d'assez longs préparatifs ; le premier tube ne fut lancé que le 10 août ; les ouvriers inexpérimentés le laissèrent brusquement tomber de plus d'un mètre de hauteur, et sans la solidité de l'assemblage, le travail aurait certainement été compromis. Le deuxième tube fut lancé le 18 : c'était dans tous les cas un retard de dix-huit jours que nous avons dû subir. Par surcroît de malheur, le barrage de Suresnes se rompit le jour même de l'échouage du deuxième tube ; l'eau du fleuve tomba à un niveau tellement bas que les deux tubes ne purent se mettre à flot ; ce fut le 26 seulement qu'on put les amener en place, tandis qu'en deux jours, en temps ordinaire, on aurait pu poser les entretoises et faire entrer les deux extrémités du siphon dans les échancrures des quais.

Une première tentative d'immersion faite le 26 août ne réussit pas. On l'opérait en chargeant les tubes avec des gueuses en fonte. Au moment où le siphon cessa de flotter, il éprouva une oscillation qui le débarrassa de son fardeau, et il remonta à la surface de l'eau.

On réussit complètement le 1ᵉʳ septembre en assujettissant les extrémités dans des colliers et en opérant lentement.

MISE EN SERVICE DU SIPHON.

On constata dès le 12 novembre qu'un seul tube du siphon suffisait habituellement pour débiter l'eau de la Bièvre et des autres égouts de la rive gauche. Le régime s'est réglé de lui-même avec une différence de niveau variable qui, en temps ordinaire, est de $0^m,60$ entre les plans d'eau à l'entrée et à la sortie du tube.

La différence du niveau des radiers étant de . $0^m,50$
La surcharge a été de . . . . $0^m,10$

Le même jour on a constaté qu'une botte de foin jetée en amont, dans le siphon, débouchait en aval quatre minutes après. Le frottement était si faible que cette botte n'était pas déliée à la sortie.

En résumé, les travaux du collecteur de la Bièvre ont été commencés le 1ᵉʳ avril 1860. L'eau de la rivière a passé pour la première fois dans le siphon de l'Alma le 12 novembre 1868, à neuf heures et demie du matin. L'exécution des travaux a donc duré huit ans sept mois et douze jours, mais il y a eu interruption du 1ᵉʳ avril 1862 au 1ᵉʳ juin 1866, c'est-à-dire pendant quatre ans et deux mois, par suite du retard de l'ouverture de la rue Monge et de la rue des Écoles. En réalité les travaux ont été exécutés en quatre ans et cinq mois.

NETTOIEMENT DU SIPHON.

On avait reconnu qu'on donnait très facilement des chasses dans chaque tube en fermant et ouvrant brusquement les vannes disposées à cet effet à la tête d'amont. La banquette du collecteur étant horizontale sur une longueur de 1500 mètres entre les ponts de l'Alma et de la Concorde, et la capacité de la cunette étant de $2^m,20$ en moyenne sur ce parcours, on peut accumuler en amont du siphon près de 5000 mètres cubes d'eau et produire ainsi des chasses très puissantes, puisque le niveau de la banquette est à $3^m,10$ au-dessus de l'entrée des tubes.

On verra plus loin que les grands collecteurs, comme ceux de ja Bièvre, sont nettoyés au moyen de bateaux-vannes qui font voyager les sables dans la cunette par l'effet de l'eau. Ces bancs de sables que les bateaux chassent devant eux, ont jusqu'à 200 mètres de longueur, et il n'aurait pas été prudent de jeter à la fois dans le siphon une pareille masse de matières lourdes. C'est pour cela qu'on a construit à l'amont la double galerie de 200 mètres de longueur, dont une des branches est destinée à emmagasiner ces bancs de sables, que l'on extrait au moyen d'une drague et que l'on charge en bateaux en tête du siphon au moyen d'un chemin de fer mettant la double galerie en communication avec un petit port de déchargement.

Nous avions la conviction que le siphon se nettoierait seul par le simple effet des chasses, mais, néanmoins, comme il pouvait rester des doutes sur leur efficacité, et qu'il était bon d'ailleurs de faire de fréquentes vérifications, nous avons pensé que le nettoiement pourrait être complété par un procédé qui, en réalité, est le même que celui dont on fait usage pour chasser les sables dans les collecteurs. Une boule en bois est introduite de temps à autre dans les tubes ; son poids étant moindre que celui de l'eau, elle roule en s'appuyant sur l'arête supérieure du cylindre ; lorsqu'elle rencontre un obstacle, la vitesse de l'eau s'accélère en dessous et produit une chasse puissante. On a vu ci-dessus que des essais faits en 1866, à Chaillot, avec cet engin bien simple, avaient complètement réussi.

Nous en avons fait une nouvelle épreuve dans le siphon, le 1er décembre 1868. La boule, construite en bois de sapin, a 0^m,85 de diamètre et pèse 200 kilogrammes ; introduite en amont dans le tube, elle a traversé la Seine en deux minutes trente secondes, sans le secours d'aucune chasse, par le simple effet de la pression des eaux de la Bièvre et des égouts de la rive gauche. On pouvait donc admettre que le problème du nettoiement du siphon était complètement résolu, car il était impossible qu'une sphère de 0^m,85 de diamètre fût chassée par l'eau d'une extrémité à l'autre d'un cylindre de 1 mètre de diamètre, sans pousser devant elle toutes les matières déposées dans ce tube.

Un nouvel essai a été fait en notre présence, le 10 du même mois, trois jours après une forte pluie qui avait fait passer dans les siphons une grande quantité de matières. Quoique dans l'intervalle on eût donné quelques chasses, le siphon n'était pas entièrement propre, car la boule effectua son trajet en onze minutes et parut sur la rive droite, poussant devant elle un énorme monceau de fumier, de boue et de gravier.

Depuis cette époque, la boule passe tous les trois jours dans les tubes et les maintient toujours dans un état parfait de propreté ; trois fois elle a empêché le siphon de s'obstruer ; une fois, entre autres, elle a poussé devant elle plusieurs peaux perdues par les tanneurs de la Bièvre et qui s'étaient arrêtées dans un des tubes.

RÉSULTATS OBTENUS.

Est-il nécessaire de dire que la Bièvre était un des fléaux de Paris? Il n'est pas un Parisien qui n'ait maudit ce cloaque infect et tous les égouts qui naguère encore souillaient l'eau du fleuve. Les établissements de bains froids avaient perdu tout leur agrément et peut-être une partie de leur utilité; car il est au moins douteux qu'un bain d'eau fétide et souillée par les déjections d'une grande ville soit encore salubre; les pompes à feu de Chaillot, d'Auteuil et de Neuilly versaient dans les réservoirs un liquide noirâtre et dégoûtant.

Le petit bras de la Cité, en amont de l'écluse de la Monnaie, présentait l'aspect le plus affligeant; c'était à proprement parler le dépotoir, le bassin de décantation de la Bièvre. Tous les habitants de Paris ont pu constater le fait en passant sur les ponts, et, si leur mémoire est bonne, ils doivent conserver le souvenir de cette mare noire et fétide qui, avant le 28 mai 1867, s'étendait entre le pont de l'Archevêché, l'écluse de la Monnaie, la Cité et les quais Montebello et des Grands-Augustins, et qui contrastait avec l'autre bras du fleuve déjà épuré par les collecteurs de la rive droite.

Aujourd'hui, la Seine conserve sa pureté jusqu'au débouché de l'égout d'Asnières; elle est préservée des eaux d'égout non seulement dans Paris, mais encore sur une longueur de 16 kilomètres à l'aval des fortifications, dans la traversée des territoires de Sèvres, de Saint-Cloud, de Boulogne, de Suresnes, de Puteaux, de Courbevoie, de Neuilly et même d'Asnières.

Toutefois la solution n'est pas complète, la présence de la Bièvre afflige encore les quartiers Saint-Marcel et de la Glacière.

Je parlerai plus loin du prolongement de galerie qui doit la faire totalement disparaître dès son entrée dans Paris [1].

Les deux collecteurs d'Asnières doivent préserver la ville des débordements séculaires. Depuis qu'on fait des observations précises sur les variations du niveau de la Seine, c'est-à-dire depuis 1649, le fleuve a éprouvé huit crues extraordinaires, qui ont submergé les quartiers bas de la ville d'une manière grave ; ces crues sont les suivantes :

1° — Février 1649, hauteur au-dessus du zéro de l'échelle du pont de la Tournelle. . . . .   7^m,66
2° — 25 janvier 1651. . . . .   7^m,83
3° — 27 février 1658. . . . .   8^m,81
4° — 27 février 1690. . . . .   7^m,55
5° — 27 mars 1711. . . . .   7^m,62
6° — 26 décembre 1740. . . . .   7^m,90
7° — 9 février 1764. . . . .   7^m,55
8° — 5 janvier 1802. . . . .   7^m,45

J'ai discuté trois de ces crues dans un mémoire publié en 1864 [2]. Si elles se reproduisaient encore aujourd'hui, elles submergeraient les surfaces suivantes dans les quartiers bas de Paris, malgré l'exhaussement du sol :

Crue montant au niveau de celle de 1658. . . . .   1166 hectares.
Crue montant au niveau de celle de 1740.   720   —
Crue montant au niveau de celle de 1802.   455   —

En rendant les quais insubmersibles et en fermant les anciens débouchés des égouts par des portes de flot, on sauverait la ville de ces désastreux débordements. En effet, l'eau des crues ne pouvant en pareil cas rentrer que par le débouché du collecteur général au pont d'Asnières, on diminuerait en réa-

---

[1] Aujourd'hui, le collecteur prolongé existe à partir du point où la Bièvre entre dans Paris, mais il continue à ne la recevoir qu'à la rue Geoffroy-Saint-Hilaire, parce qu'en amont de ce point il existe un certain nombre d'industries qui utilisent plus ou moins les eaux de la rivière, et qui ne pourront pas en être privées sans compensations, consistant soit en indemnités pécuniaires, soit dans le remplacement de l'alimentation actuelle par une autre. En attendant, le collecteur fonctionne comme égout et, de plus, il est une garantie contre les crues possibles de la Bièvre, auxquelles il servirait de déversoir.

[2] Société météorologique de France, séance du 8 novembre 1864.

lité la submersion de 2^m,40. Or cette hauteur est précisément celle des plus hauts débordements au-dessus du pavé des rues basses ; la ville sera donc préservée dès que les quais seront rendus insubmersibles.

DÉPENSES.

Première section. — En vertu de la délibération du Conseil municipal du 26 août 1859, approuvant le projet dans les limites d'une dépense de 2 204 000 francs, des crédits ont été ouverts successivement pour construire la première section de l'égout entre la Bièvre et le pont de l'Alma.

	FRANCS.
Arrêté du 4 avril 1860. — Construction entre la rue de Beaune et le pont de l'Alma.	1 000 000,00
Arrêté du 19 mars 1861. — Construction entre la rue de Beaune et la rue Saint-Jacques.	800 000,00
Arrêtés des 11 février et 5 mars 1862. — Règlement de compte du souterrain Saint-Victor et de la partie comprise entre les rues de Beaune et Saint-Jacques.	170 129,54
Total.	1 970 129,54

J'ai dit que les travaux furent suspendus pendant quelques années, parce que l'égout, entre la place Maubert et la rue des Boulangers, empruntait le tracé des rues Monge et des Écoles qui n'étaient pas encore ouvertes.

	FRANCS.
Ces derniers tronçons furent construits en même temps que ces deux rues ; un arrêté en date du 12 mars 1866 ouvrit d'abord un crédit pour construire la lacune correspondant au boulevard Saint-Germain, lacune qui n'était pas autorisée par la délibération du 26 août 1859. Le crédit s'élevait à.	180 000,00
Le même arrêté ouvrait en outre deux crédits, l'un de.	125 000,00
l'autre de.	102 000,00
pour combler les lacunes existant en amont et en aval du souterrain Saint-Victor.	
Total.	407 000,00

Enfin un arrêté du 5 novembre 1866 ouvrit un crédit de 180 000 francs pour achever les travaux correspondant aux rues Monge et des Écoles.

	FRANCS.
L'ensemble de ces crédits s'élève à.	2 557 129,54
Mais les sommes payées ne montèrent qu'à.	2 497 589,89
Si à ces dépenses soldées nous ajoutons pour le tronçon du square Cluny.	42 000,00
pour le tronçon de Latour-Maubourg.	56 755,00
et pour les portes de flot et menus travaux non approuvés.	74 000,00
nous trouvons pour la dépense totale.	2 650 524,89
Le projet primitif montait à.	2 536 755,00
Nos premières prévisions furent donc dépassées de. . .	115 589,89

Les arrêtés précités réglèrent cette augmentation de dépense, qui ne montait pas au 1/20 des prévisions du projet.

Deuxième section. — Il a été établi ci-dessus que les sommes prévues pour la construction de la deuxième section de l'égout, entre le pont de l'Alma et le collecteur général, se décomposaient ainsi :

	FRANCS.
Tête du siphon de l'Alma, rive gauche.	116 250,00
Construction du siphon de l'Alma et de l'égout jusqu'au collecteur d'Asnières.	3 413 000,00
Total.	3 529 250,00
Les dépenses se sont élevées pour la tête du siphon à. .	116 250,00
et pour le reste à.	3 945 000,00
Total.	4 061 250,00
Dépenses approuvées.	3 529 250,00
Augmentation. . . .	552 000,00

On voit que l'exécution de la première section du collecteur a donné lieu à une augmentation du vingtième environ de la dépense prévue; cette augmentation est peu importante, et c'est tout naturel, puisque le terrain n'offrait aucune difficulté extraordinaire. Les grands travaux du même genre déjà exécutés ont permis d'apprécier les dépenses avec une grande exactitude, et, sans le souterrain Saint-Victor, nos prévisions n'auraient pas été dépassées. Mais il n'en a pas été de même dans la construction de la deuxième section de l'égout.

La construction du siphon était un travail entièrement nouveau et inconnu qui a donné lieu à de grandes difficultés imprévues. Nous avons démontré que le reste du travail, dans cette section, s'était exécuté dans des conditions très difficiles, ce qui justifie l'augmentation de 552000 francs.

En résumé, les dépenses faites pour construire le collecteur de la Bièvre à partir de la rue Geoffroy-Saint-Hilaire se décomposent ainsi :

		FRANCS.
1re section, entre la Bièvre et le pont de l'Alma.	. . . .	2 650 324,89
2e section, entre le pont de l'Alma et le collecteur général.	. . . .	4 061 250,00
	Total.	6 711 574 89
Les dépenses prévues d'après les projets primitifs montaient à.	. . . .	6 065 985,00
D'où résulte une augmentation totale de.	. . . . . .	645 589,89

égale à peu près au dixième des prévisions.

La longueur totale de l'égout étant de 10 240^m,49 et la dépense de 6 711 574 fr. 89 c., la dépense par mètre courant d'égout peut être évaluée, après l'exécution des portes de flot et autres menus travaux, à 655 fr. 42 c.

Les travaux spéciaux du siphon, y compris les galeries des deux têtes et une galerie double de 200 mètres de longueur, destinée à recevoir les sables de l'égout d'amont, ont coûté 640 000 francs.

CHAPITRE IX

LE COLLECTEUR DES COTEAUX. — LE COLLECTEUR DU NORD
ET LES AUTRES COLLECTEURS SECONDAIRES.

COLLECTEUR DES COTEAUX.

Nous avons vu que le point de départ du collecteur des Coteaux avait été fixé à l'intersection du quai Jemmapes et du boulevard alors projeté du Prince-Eugène (aujourd'hui boulevard Voltaire), et que son tracé était complètement indépendant de celui du Grand Égout de Ceinture qui, partant de la rue des Filles-du-Calvaire (fig. 28), suivait les rues des

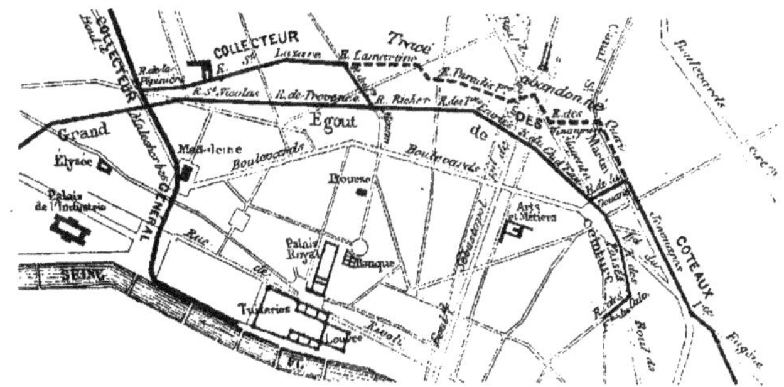

Fig. 28. — Collecteur des Coteaux. Tracés primitif et définitif de la partie aval.

Fossés-du-Temple, du Château-d'Eau, des Petites-Écuries, de Provence, Saint-Nicolas-d'Antin, et rencontrait le collecteur général au carrefour de la rue Lavoisier et du boulevard Malesherbes.

Les deux tracés étaient presque parallèles et peu éloignés l'un de l'autre.

Il était très regrettable de faire ainsi marcher de front deux des principales galeries de Paris, mais le débouché de l'égout de Ceinture était tout à fait insuffisant et son radier trop élevé pour qu'on pût le rattacher à la galerie du quai Jemmapes par un branchement passant sous le canal, et enfin, le projet d'abaissement de ce dernier ouvrage barrait complètement la rue de la Douane, seule voie par laquelle il fût possible de relier l'égout Jemmapes à l'égout de Ceinture.

Quand bien même cette voie aurait été libre, on n'aurait guère pu admettre *a priori* l'idée d'élargir et d'approfondir ce dernier égout. Sans parler des difficultés matérielles d'exécution, dont il sera question plus loin, comment songer à suspendre pendant plusieurs mois le service de l'unique exutoire de près de la moitié des quartiers de la rive droite?

Cependant un fait imprévu força l'Administration à entreprendre cette opération vraiment téméraire.

Le développement des chaussées empierrées avait introduit dans le réseau des égouts de Paris une énorme quantité de boues qui ne sont pas de la même nature que celles des chaussées pavées. Elles sont beaucoup plus lourdes, et il est souvent impossible de les faire descendre jusqu'à la Seine dans les galeries à faible pente, avec le seul secours de l'eau. Il fallait pratiquer ce qu'on appelle l'extraction, c'est-à-dire tirer la boue sur les trottoirs ou les chaussées par les trappes de regard, pour les transporter de là aux décharges publiques.

Dans les galeries où il y a beaucoup d'eau, comme dans l'égout de Ceinture, cette opération déjà si fâcheuse se compliquait d'une autre difficulté. Dans les saisons pluvieuses, il se formait, à la jonction du corps de l'égout avec les branchements de bouches des voies empierrées, un barrage de sable retenant les eaux d'amont.

Souvent alors les ouvriers du curage étaient obligés de quitter leur travail souterrain jusqu'à ce qu'on eût dégorgé l'égout en commençant par l'aval, opération des plus pénibles, véritable travail de Pénélope qui, à peine terminé, était complètement à recommencer.

Pendant tout le temps que durait ce travail, les égouts affluents ne fonctionnaient plus que très imparfaitement, se remplissaient plus ou moins d'eau et de vase.

Dès l'année 1858, il est vrai, j'avais introduit dans les collecteurs nouveaux un mode de nettoiement, dont il sera question plus loin, qui fait disparaître cet inconvénient, mais il ne pouvait être appliqué dans l'égout de Ceinture, dont le radier n'était pas disposé convenablement pour cela.

Cette grande galerie et ses nombreux affluents étaient donc presque constamment engorgés pendant l'hiver [1].

C'est surtout entre les rues du Faubourg-du-Temple et du Faubourg-Montmartre que cet inconvénient existait.

Entre la rue de l'Arcade et la Seine, en effet, l'égout de Ceinture se curait de lui-même par le simple effet de l'accélération de la vitesse de l'eau. Entre les rues de l'Arcade et du Faubourg-Montmartre, les sables, provenant surtout des chaussées empierrées des boulevards, restaient dans les affluents et ne causaient d'engorgement que dans les galeries secondaires. Mais les boulevards de Magenta, de Strasbourg, Saint-Denis, Saint-Martin, du Temple, etc., envoyaient directement dans l'égout de Ceinture une telle quantité de sables, que l'engorgement de cette galerie était presque incessant.

Cette situation désastreuse décida l'Administration à entre-

---

[1] Dans l'hiver de 1859 à 1860, l'égout de Ceinture avait été engorgé presque jusqu'à la clef, entre la rue du Faubourg-Poissonnière et le boulevard, pendant plus de trois mois. J'ai parcouru plusieurs de ses affluents, dans lesquels la trace de l'eau et des vases se remarquait à plus de 2 mètres au-dessus du radier.

prendre, sur ma proposition, la réfection complète de l'égout entre les rues du Faubourg-du-Temple et du Faubourg-Montmartre. C'était *a priori* un travail extrêmement difficile, mais il était la conséquence forcée des voies macadamisées.

Une circonstance très heureuse permettait d'ailleurs de faire cadrer cette opération avec une modification de tracé du collecteur des coteaux de la rive droite.

La Compagnie qui exploitait l'entrepôt du Marais venait de demander que les nouvelles écluses, qu'on devait construire pour abaisser le plan d'eau du canal Saint-Martin, fussent reportées vers l'aval, de telle sorte que leur tête amont fût placée dans l'axe de la rue de la Douane.

Il devenait possible alors de faire passer le collecteur du quai Jemmapes sous le canal, vis-à-vis cette dernière rue, et de le rattacher à l'égout de Ceinture à l'entrée de la rue du Château-d'Eau ; cette modification fut proposée et acceptée.

Le tracé du collecteur des coteaux de la rive droite se trouve donc définitivement fixé comme il suit :

Il longe le quai Jemmapes depuis le boulevard du Prince-Eugène jusqu'à la rue de la Douane, traverse le canal Saint-Martin sous la tête amont des nouvelles écluses, suit les rues de la Douane, du Château-d'Eau, des Petites-Écuries, Richer, du Faubourg-Montmartre, Saint-Lazare, et enfin la rue de la Pépinière jusqu'au boulevard Malesherbes[1].

Le collecteur est donc formé de galeries neuves et de galeries remaniées.

Les galeries neuves se composent des tronçons suivants :

Du boulevard du Prince-Eugène à la rue du Château-d'Eau. . .	1007ᵐ
D'un point pris un peu en amont de la rue du Faubourg-Saint-Denis à la rue d'Hauteville	401ᵐ
Du carrefour de la rue des Martyrs au boulevard Malesherbes. .	1496ᵐ
Ensemble.	2904ᵐ

---

[1] Je ferai voir plus loin quelle énorme économie est résultée de cette heureuse modification du tracé.

Les parties remaniées sont :

L'égout de Ceinture	1° Dans toute l'étendue de la rue du Château-d'Eau, sauf sur une petite longueur en amont de la rue du Faubourg-Saint-Denis. . . .	703^m	
	2° Entre les rues d'Hauteville et du Faubourg-Montmartre.	585^m	
La galerie des Martyrs	Dans la rue du Faubourg-Montmartre, entre les carrefours Richer et des Martyrs	378^m	
	Ensemble.	1664^m . . .	1664^m
	En ajoutant la longueur des galeries neuves.		2904^m
	On trouve que la longueur totale.		4568^m

Cette grande galerie a présenté sur tout son parcours des difficultés d'exécution considérables.

Elle emprunte des rues dont la largeur varie de 7 à 13 mètres. Dans ces voies étroites, il fallait ouvrir des tranchées de plus de 4 mètres de largeur et de profondeur souvent très grande, maintenir la circulation sur les trottoirs, transporter les terres extraites des tranchées, approcher les matériaux de construction, et, au milieu de tous ces embarras, assurer le service de l'eau et du gaz.

Mais ces difficultés déjà si graves n'étaient rien à comparer à celles qui résultaient de la nappe d'eau des puits, dans laquelle les fouilles pénétraient sur toute la longueur du tracé.

M. l'ingénieur des mines Delesse a dressé une carte très intéressante du niveau des puits de Paris.

Voici, d'après cette carte, un tableau qui fait connaître à quelles profondeurs l'égout des coteaux de la rive droite devait descendre dans la nappe souterraine. Cette nappe était à son niveau d'étiage.

COLLECTEUR DES COTEAUX DE LA RIVE DROITE.

	ALTITUDES		HAUTEUR
	du fond de la fouille	de la nappe des puits	de l'eau dans la fouille
Carrefour Malesherbes, Pépinière	26,70	29,00	2,30
— Saint-Lazare, Clichy	27,51	29,70	2,19
— Saint-Lazare, des Martyrs.	28,10	31,00	2,90
— Faubourg-Montmartre, Provence	28,14	30,50	2,56
— Faubourg-Saint-Denis, Château-d'Eau . . .	29,06	31,00	1,94
— Quai Jemmapes, Temple.	29,86	31,50	1,64
— Quai Jemmapes, Prince-Eugène.	30,24	31,10	0,86

La hauteur d'eau devait donc varier, en nombre rond, de 0^m,90 à 3 mètres, et les épuisements devaient se faire à plusieurs mètres en contre-bas des maisons, dans des sables extrêmement affouillables, ou, pour mieux dire, presque aussi fluents que l'eau elle-même.

La méthode suivie pour faire ce travail sans accident a été celle dont j'ai indiqué le principe en rendant compte de la construction du collecteur d'Asnières. Mais comme dans les questions pratiques les détails d'exécution ont une grande importance et que le succès plus ou moins complet d'une méthode dépend souvent, dans une notable mesure, d'un ensemble de très petits moyens, il ne me paraît pas inutile de décrire plus complètement ici l'opération qui, comme on le sait, comprenait trois phases, savoir :

1° Construction à ciel ouvert de la partie de l'égout qui se trouve au-dessus de la nappe d'eau des puits ;

2° Asséchement de cette nappe d'eau par un épuisement énergique, jusqu'en contre-bas du radier ;

3° Exécution souterraine en sous-œuvre des terrassements et des maçonneries de la partie de l'égout pénétrant dans la nappe d'eau.

1° Construction de la partie de l'égout située au-dessus de la nappe d'eau. — Cette première opération se faisait sans difficulté par la méthode ordinaire. On ouvrait la tranchée en l'étrésillonnant, et on construisait les piédroits et la voûte. Les travaux présentaient après l'exécution de cette première partie la disposition indiquée à la figure 29.

2° Asséchement de la nappe d'eau souterraine jusqu'au niveau du dessous du radier. — Ce travail difficile et délicat a été exécuté ainsi qu'il suit : des puisards espacés de 100 mètres environ ont été creusés jusqu'en

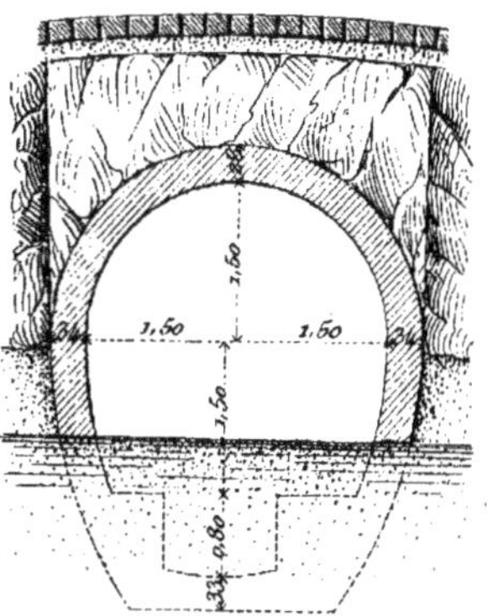

Fig. 29. — Partie du collecteur exécutée à ciel ouvert.

contre-bas du radier sur le tracé de l'égout. On a installé dans chacun d'eux un nombre suffisant de pompes mises en mouvement par une locomobile. Ce puisage énergique n'aurait pas suffi néanmoins pour produire un assèchement convenable :

Fig. 30 — Effet de l'épuisement sur la nappe d'eau souterraine.

supposons l'existence de deux puisards successifs comme l'indique la figure 30. L'épuisement effectué au moyen de deux pompes à vapeur aurait donné à la nappe d'eau la disposition en plans inclinés représentée au croquis ci-dessus ; on aurait donc fait dans l'eau une partie de la reprise en sous-œuvre.

Pour rendre l'asséchement complet, on a dû ouvrir au milieu de l'égout une petite tranchée pénétrant jusqu'en contrebas du radier. Ce travail a été extrêmement long et difficile.

Voici comment on opérait :

On enfonçait d'abord dans le sable deux plats-bords A (fig. 51), espacés de $0^m,80$ et maintenus par un cadre en charpente. On enlevait le sable compris entre eux, et la nappe d'eau s'abaissait alors suivant la ligne brisée E F G.

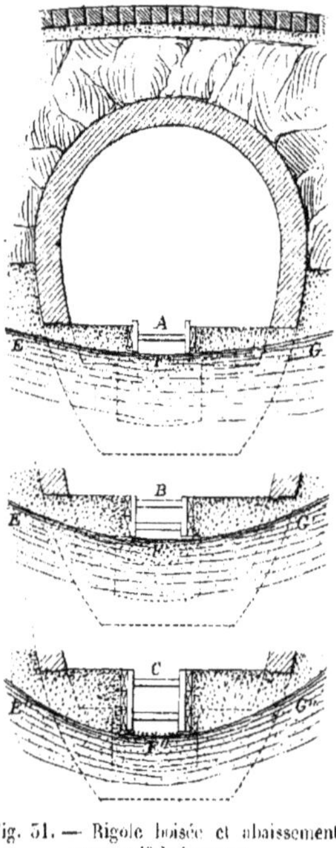

On enfonçait à coups de masse deux autres plats-bords B au-dessus des premiers, qui descendaient dans le sable bouillant; on effectuait le déblai de la rigole jusqu'au-dessous du boisage et la nappe d'eau se trouvait abaissée suivant la ligne E'F'G'.

Une troisième opération ajoutait deux autres plats-bords C au boisage et faisait descendre le niveau de la nappe en E″F″G″. On arrivait ainsi à faire baisser l'eau jusqu'au-dessous du radier.

Fig. 51. — Rigole boisée et abaissement progressif de la nappe.

3° *Reprise en sous-œuvre.* — Les sables, si fluides lorsqu'ils étaient mélangés, devenaient, après l'asséchement, assez fermes pour qu'on pût faire le déblai en sous-œuvre par parties de 4 mètres de longueur, sans autre étaiement que les deux cours de plats-bords A et B (fig. 52) et les étrésillons C, espacés de 2 mètres en 2 mètres, servant à la fois à porter le chemin de service D et à empêcher le rapprochement des piédroits.

On faisait ensuite la reprise en sous-œuvre des maçonneries

et on construisait les banquettes; on arrivait ainsi à donner à l'égout sa section complète comme l'indique la figure ci-dessous.

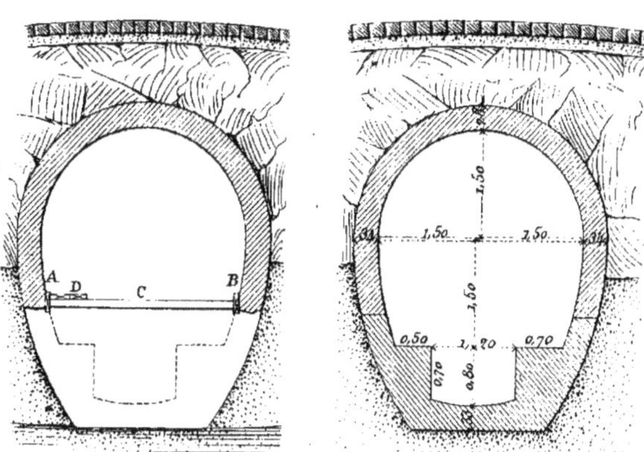

Fig. 32. — Déblai souterrain et maçonnerie faite en sous-œuvre.

Dans les rues du Château-d'Eau, des Petites-Écuries et Richer, les travaux du collecteur des Coteaux ont présenté de difficultés d'ordre différent.

Dans ces voies, le tracé rencontrait le Grand Égout de Ceinture, dont la section était trop petite et le radier trop élevé; il fallait donc reconstruire entièrement cette galerie, et cela en la maintenant en service. Or, l'égout de Ceinture était, après le collecteur général, celui de toute la ville qui recevait le plus d'eau. A la moindre averse, il se remplissait jusqu'à la clef et débordait sur la chaussée par les cheminées de bouche et de regard. On comprend sans peine combien il était difficile de reconstruire un égout dans de telles conditions.

Dans la rue du Château-d'Eau, la difficulté a été tournée. L'égout ancien, qui renferme deux des principales conduites du service d'eau d'Ourcq, a été conservé, et on lui a simplement accolé une galerie nouvelle (fig. 33).

Néanmoins, en cours d'exécution, on a éprouvé de très

grandes difficultés par suite : 1° de la mauvaise nature du sol,
composé de vases sablonneuses du lit de l'ancien ruisseau de
Ménilmontant; 2° de la
présence de la nappe
d'eau des puits; 3° du
voisinage de l'égout de
Ceinture.

Le 16 juillet 1860,
à la suite de la violente
averse qui submergea
une partie des rues
basses de Paris, le pié-

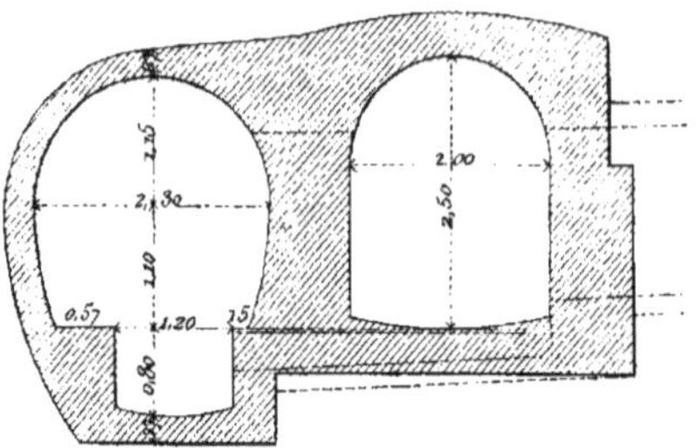

Fig. 53. — Collecteur des Coteaux (accolé à l'ancien égout
de Ceinture). Rue du Château-d'Eau.

droit et la voûte du vieil égout furent renversés, dans la fouille
de la nouvelle galerie, sur une longueur de 10 mètres environ,
et cette dernière fut submergée en un instant. Les maisons
voisines étaient gravement menacées, et si elles n'ont pas été
entraînées par le gouffre qui se creusa en face de la brèche, on
le doit au dévouement de l'ingénieur ordinaire, des agents
placés sous ses ordres et de l'entrepreneur. Les mesures provisoires furent prises en quelques heures, et, quarante-huit
heures après, l'avarie était réparée.

Dans les rues des Petites-Écuries et Richer, entre les rues
d'Hauteville et du Faubourg-Montmartre, on ne pouvait accoler une
nouvelle galerie à l'ancienne ; la voie publique était trop étroite.
Il fallut donc se décider à reconstruire le vieil égout de Ceinture.

Voici les opérations successives qu'il fallut faire.

On refit complètement la voûte et un des piédroits, ainsi
que l'indique la figure 54. Cette opération se fit à ciel ouvert,
et, comme le vieil égout était maintenu en service, elle était
fort dangereuse. L'eau d'une pluie d'orage pouvait envahir la
fouille et causer les plus graves désordres. Pour atténuer les
risques et pour faciliter l'abaissement du radier, comme on va
le voir ci-dessous, on conserva l'ancien piédroit.

L'abaissement du radier était évidemment la partie la plus difficile de l'entreprise, elle ne pouvait être tentée qu'en hiver, saison où les averses torrentielles sont moins fréquentes.

Le vieil égout fut barré en aval de la grande galerie de Sébastopol, de manière à faire passer toutes les eaux d'amont par le déversoir. Mais il restait les égouts des rues du Faubourg-Saint-Denis, d'Hauteville et du Faubourg-Poissonnière, qui déversaient encore leurs eaux dans l'égout de Ceinture. On construisit une cunette provisoire entre le vieux et le nouveau

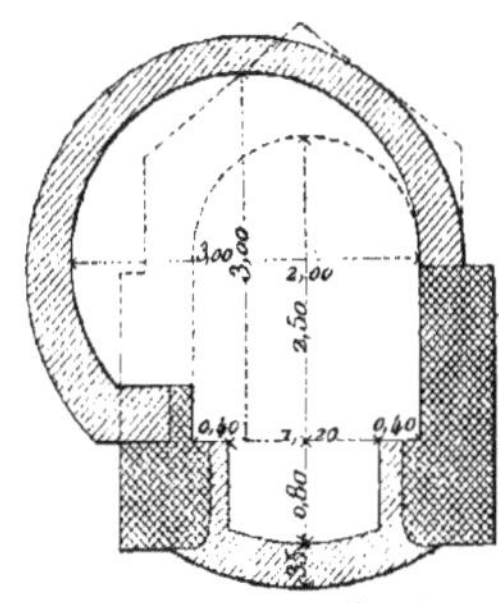

Fig. 34. — Collecteur des Coteaux (ancien égout de Ceinture élargi). Rue des Petites-Écuries. Les hachures quadrillées indiquent les parties conservées des anciennes maçonneries.)

piédroit, et on y fit passer les eaux des affluents dont il vient d'être question.

On effectua alors la démolition de l'ancien radier, composé de deux assises superposées de pierres de taille, et le nouveau radier fut exécuté dans la nappe d'eau des puits par le procédé décrit plus haut. Le sol était si mauvais et si fluide que le desséchement et le retrait qui résultèrent de l'épuisement produisirent des affaissements dans le sol des cours des maisons riveraines à plus de 10 mètres des travaux. Dans la rue des Petites-Écuries, cinq de ces maisons, les numéros 40, 42, 44, 46 et 48, qui étaient très mal fondées, puisqu'elles reposaient sur cette vase humide, durent être étayées, car elles éprouvèrent un mouvement de tassement sensible[1].

Limité comme je viens d'indiquer, c'est-à-dire partant seulement de l'angle du quai Jemmapes et du boulevard Voltaire, le collecteur des Coteaux ne recueillait pas les eaux des XIIe et

---

[1] Ces maisons étaient du reste de peu de valeur et fort mal construites, sillonnées de tous côtés par d'anciennes fissures, et la plupart des propriétaires se sont décidés à les reconstruire après avoir reçu de la Ville une indemnité dont le chiffre n'est pas très élevé.

XX⁰ arrondissements. Celles-ci, augmentées des eaux venant de Saint-Mandé, continuaient à tomber directement en Seine entre le pont d'Austerlitz et les fortifications.

J'ai dit plus haut qu'on avait d'abord l'intention d'en détourner une partie vers le collecteur d'Asnières par un égout qui aurait suivi le Cours de Vincennes, le boulevard Mazas [1] et le quai, et passé en siphon sous l'écluse de l'Arsenal.

Mais l'égout ainsi tracé laissait au-dessous de lui la plus grande partie du XII⁰ arrondissement, et notamment la dépression connue sous le nom de Vallée de Fécamp. Or, dans ce pli de terrain, sur l'emplacement occupé aujourd'hui par la rue de Wattignies, coulait alors un ruisseau infect, le Ru de Montreuil, qui, longeant à ciel ouvert l'ancienne rue de la Lancette, allait par les rues de Charenton et de la Nativité se jeter en Seine au quai de Bercy. Le collecteur perdait beaucoup de son utilité s'il ne recueillait pas ce ruisseau.

Il était d'ailleurs complètement inutile de partir d'un niveau aussi élevé que celui du Cours de Vincennes et de la place du Trône, pour aboutir, à moins de 2 kilomètres de distance, au niveau du quai. Il y avait tout avantage à suivre une ligne plus rapprochée de l'horizontale du terrain et à rendre tributaire du nouveau collecteur des Coteaux toute la partie haute du XII⁰ arrondissement, qui se trouvait ainsi affranchie de la sujétion, toujours un peu gênante, du siphon de l'Arsenal. Le futur égout des quais d'amont n'avait plus alors à drainer par l'intermédiaire de ce siphon que la zone basse, dont les eaux sont médiocrement abondantes, puisque cette zone est occupée en grande partie par la gare des marchandises du chemin de fer de Lyon.

Pour prolonger ainsi le collecteur des Coteaux vers l'amont, le tracé le moins indirect qu'il eût été possible d'adopter à cette époque aurait consisté à suivre les rues Saint-Sébastien

---

[1] Aujourd'hui boulevard Diderot.

et Popincourt, Basfroi, Saint-Bernard, de Citeaux et de Charenton (fig. 35). Ce tracé n'était que modérément sinueux, et

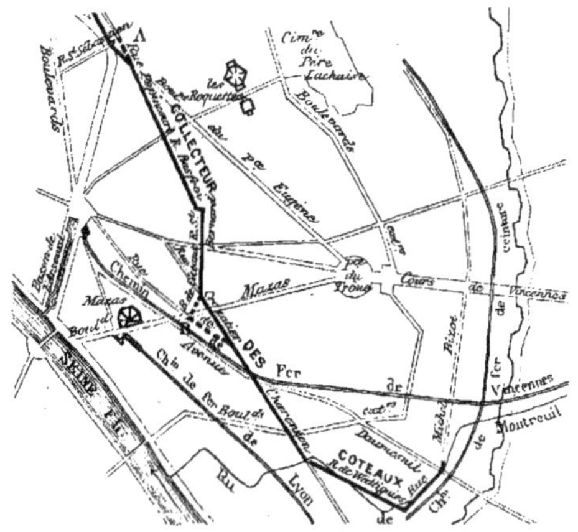

Fig. 35. — Collecteur des Coteaux. Tracés primitif et définitif de la partie amont (les pointillés en A et B sont les tracés abandonnés).

le niveau du sol y était assez convenable presque partout; cependant on rencontrait, en divers points du parcours, certains inconvénients que des percements projetés à brève échéance devaient permettre d'éviter ou de réduire en attendant un peu. C'était d'abord, au départ, le crochet des rues Saint-Sébastien et Popincourt, destiné à devenir inutile par le percement du boulevard du Prince-Eugène; et c'était surtout le circuit qu'il aurait fallu faire aux abords du boulevard Mazas pour suivre la rue de Citeaux au delà de l'hôpital Saint-Antoine, et la rue de Charenton entre le boulevard Mazas et la rue de Rambouillet. Là, le mal était plus grand, car il ne s'agissait pas seulement de la dépense qu'entraîne toute sinuosité comme conséquence de l'allongement du parcours; on aurait traversé le boulevard Mazas trop au sud, c'est-à-dire trop bas, ce qui aurait obligé à briser le profil de l'égout en réduisant sa pente dans la partie aval. Or, la rue Crozatier, alors projetée, véritable rectification des rues de Citeaux et de Charenton, allait bientôt offrir un tracé plus court de 160 mètres, établi à bonne altitude et sur lequel on aurait, pour la construction du collecteur, toutes les facilités que donne une voie large et non encore garnie de maisons; il convenait donc d'attendre ce percement nouveau.

Enfin, on se voyait amené un peu plus tard, en 1865, à ouvrir, dans la Vallée de Fécamp, la rue de Wattignies, dont le tracé, très voisin du thalweg, était déterminé précisément par la condition de permettre le remplacement, par un égout voûté, du ru à ciel ouvert qui infectait le voisinage. Cette voie aboutissait à sa partie supérieure à un autre percement nouveau, aujourd'hui rue Michel-Bizot, qui venait déboucher sur l'avenue Daumesnil, à peu près en face de la rue de la Voûte-du-Cours, par laquelle on atteignait le ru presque à son entrée dans les fortifications.

Ainsi s'expliquent, d'une part, le tracé définitif du collecteur par le boulevard du Prince-Eugène, les rues Basfroi, Saint-Bernard, de Cîteaux, Crozatier, de Charenton, de Wattignies et Michel-Bizot (fig. 55 ci-dessus) et, d'autre part, son exécution par tronçons successifs, à des époques déterminées par celles où s'effectuaient les percements de rues qu'on était obligé d'attendre.

Les travaux ont été faits :

En 1861 et 1862, dans le boulevard du Prince-Eugène, jusqu'à la rue Popincourt, et dans les rues Popincourt et Basfroi, jusqu'à la rue Saint-Bernard;

En 1863 et 1864, dans les rues Saint-Bernard, de Cîteaux, Crozatier et de Charenton;

Enfin, en 1865 et 1866, dans les rues de Wattignies et Michel-Bizot.

Ainsi complété, le collecteur des Coteaux recueille et conduit à l'égout d'Asnières toutes les eaux des quartiers moyens de l'Est.

Sur ce long parcours, on rencontra, dans la rue de Charenton notamment, les difficultés que présente toujours, à Paris, la construction de très larges galeries dans les rues étroites; mais, comme elles ne furent pas plus difficiles que sur une foule d'autres points, je ne m'y arrêterai pas.

En amont, l'égout de Wattignies, construit avant les travaux de viabilité de la rue qui est en remblai, pénétrait peu dans le sol naturel. Le radier s'y appuyait partout, mais les piédroits émergeaient presque tout entiers. Dans ces conditions, nos profils actuels d'égout qui ne sont rendus stables que par la résistance du terrain, exigent des contreforts extérieurs. L'égout de Wattignies en présente sur tout son développement. On eut soin en outre, lors de l'exécution du remblai, d'élever toujours également les terres à droite et à gauche de la galerie, qu'une trop grande inégalité dans les poussées latérales aurait pu rompre ou dévier. Malgré ces précautions, il s'est bien produit, par la suite, une fissure à la clef lors du tassement des terres, mais elle n'a pris nulle part des proportions inquiétantes, et, réparée au bout de quelques mois, elle ne s'est plus rouverte.

COLLECTEUR DU NORD.

Le collecteur des quartiers du Nord avait d'abord son origine à l'intersection du boulevard extérieur et de la rue de Ménilmontant. Il descend les boulevards de Belleville et de la Villette, les rues d'Allemagne et de Crimée, puis enfin le boulevard Ney pour sortir de Paris par la porte de la Chapelle. (Voir la carte des Collecteurs, planche II de l'Atlas.)

A partir de ce point, en même temps qu'il écoule les eaux de Paris, il sert à l'assainissement de la route nationale n° 1 et de la plaine Saint-Denis. En raison de cette triple destination, les dépenses de son exécution à l'extérieur des fortifications

ont été partagées entre l'État, la ville de Paris et celle de Saint-
Denis dans la proportion suivante :

```
État . . . . . . . . . . . . . . . . . . . . .      254 267f,16
Ville de Paris . . . . . . . . . . . . . . . .      902 000f,00
Ville de Saint-Denis. . . . . . . . . . . . .       84 755f,72
                                                   ____________
                        Total. . . . . . . . .   1 241 022f,88
```

À l'intérieur de Paris, partant de Ménilmontant pour aboutir
à la porte de la Chapelle, il devait nécessairement passer sous
le canal de l'Ourcq, que son rôle important de l'alimentation
de Paris ne permettait pas de mettre en chômage.

Il fallait, par conséquent, construire l'égout en laissant le
canal en service.

Le moyen employé consista à ménager un chenal pour le
passage de l'eau et de la navigation dans une large bâche en
tôle, et l'égout fut construit par-dessous, mais avec une extrême
difficulté.

Le fond de la fouille, en effet, était à 6 mètres, en nombre
rond, au-dessous du niveau de la tenue d'eau du canal. On
comprend combien toutes les fuites étaient dangereuses sous
cette forte pression. En commençant, on était sans cesse
envahi par l'eau; pendant un mois, on chercha vainement
à boucher les renards; quatre fortes pompes mises en mouvement par deux locomobiles ne purent mettre la fouille
à sec.

On parvint cependant à la rendre presque étanche en recou-
vrant les bords des deux entrées du caisson par des toiles imperméables chargées de glaise. Ces toiles furent posées avec un
soin minutieux au moyen du scaphandre.

Ce n'était néanmoins qu'un abri fragile, sous la protection
duquel il n'était permis de s'avancer qu'avec des précautions
extrêmes; un renard pouvait amener la submersion subite de
la fouille et noyer tous les ouvriers. On construisait la maçon-

nerie dès qu'on avait un mètre d'avancement de galerie, et on fit ainsi toute la traversée du canal sans accident.

La construction du reste du collecteur, dont la figure 56 indique la coupe, n'a pas offert de circonstances spéciales.

Cet égout est le moins chargé des collecteurs parisiens ; le collecteur des Coteaux, au contraire, depuis son prolongement jusqu'aux fortifications, recevait des quantités d'eau très considérables, et les banquettes y étaient souvent noyées. Il y avait donc intérêt à retenir à flanc de coteau et à renvoyer au col-

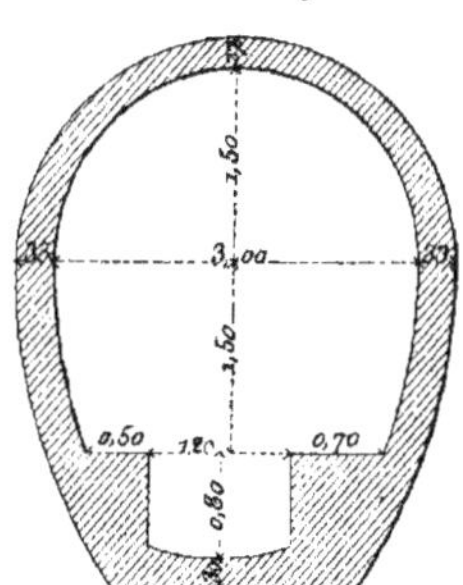

Fig. 56. — Collecteur du Nord (type n° 5). Boulevard de la Villette.

lecteur supérieur la plus grande partie possible des eaux qui descendaient des quartiers hauts du XXe arrondissement. On a atteint ce but en prolongeant, en 1877, le collecteur du Nord vers l'amont, sous les boulevards de Ménilmontant et de Charonne, aussi loin que le permet le niveau du sol. Ce prolongement, qui présente des sections décroissantes à mesure qu'on s'approche de l'extrémité amont, a pu être conduit jusqu'à l'angle de la rue Alexandre-Dumas. Il soulage ainsi le collecteur des Coteaux de toute la quantité d'eau qu'il recevait auparavant des environs du cimetière du Père-Lachaise.

Enfin, du côté de l'Ouest, le collecteur du Nord reçoit un affluent qui lui amène les eaux du XVIIIe arrondissement ; c'est la galerie de la rue de la Chapelle, qui draine l'un des versants de Montmartre par un égout construit sous les boulevards extérieurs jusqu'à la place Clichy et l'autre versant par l'égout de la rue Ordener.

AUTRES COLLECTEURS SECONDAIRES.

Les autres collecteurs secondaires sont, sur la rive droite :

L'égout des quais d'amont, qui prolonge le collecteur d'Asnières jusqu'à la gare de l'Arsenal ;

L'égout de Rivoli ;

L'égout de Sébastopol ;

Le collecteur des Petits-Champs ;

Enfin, l'égout de la rue de la Pompe, qui ramène les eaux de Passy au grand collecteur venant de la rive gauche.

Il reste sur cette rive, pour supprimer toute chute directe en Seine, à prolonger l'égout des quais, d'une part en amont de la gare de l'Arsenal, où il faudra probablement relever les eaux de 2 ou 3 mètres par une machine, d'autre part, en aval du pont de l'Alma, où la galerie présentera une pente suffisante, bien qu'inverse de celle de la Seine [1]. (Voir la carte des Collecteurs, planche II de l'Atlas.)

Sur la rive gauche, les principaux affluents du collecteur de la Bièvre, quand il sera complété, seront au nombre de six.

Le premier, en partant de l'amont, sera le collecteur du XIIIe arrondissement, en construction, qui suit la crête des coteaux de la Seine de manière à recueillir et à ramener jusqu'au boulevard de l'Hôpital les eaux de toute la partie du plateau que l'égout de la Bièvre laisse sur sa droite. Entre le collecteur secondaire et le quai, les eaux continueront encore à s'écouler directement à la Seine, et il sera peut-être difficile de

---

[1] Aujourd'hui, ces deux prolongements sont faits ; et les égouts à très faible pente qui drainent Bercy ont pour débouché un siphon qui franchit le canal Saint-Martin au pont Morland ; mais ce siphon n'ayant de charge suffisante que lorsque les égouts d'amont se remplissent à un niveau qui met obstacle au curage, on vient d'établir la machine de relai dont M. Belgrand prévoyait la nécessité.

les faire rentrer dans le système des collecteurs généraux sans les relever par machines, car l'altitude du sol est très basse en plusieurs points, notamment au passage de la rue Watt sous le chemin de fer d'Orléans. Mais il n'y a pas extrême urgence, au point de vue de la salubrité du fleuve, à renvoyer en aval de Paris les eaux de cette bande de faible largeur, occupée en partie par la gare d'Orléans, et par cela même assez peu peuplée.

Arrivé au boulevard de l'Hôpital, le tracé du collecteur de la Bièvre se rapproche de la Seine, et il atteint le quai à la place Saint-Michel pour ne plus le quitter jusqu'au siphon de l'Alma ; il ne reçoit donc plus d'affluents que sur sa gauche.

Le premier qu'on rencontre de ce côté est l'égout du boulevard Saint-Michel, qui reçoit les eaux du versant ouest de la montagne Sainte-Geneviève.

A l'ouest du boulevard Saint-Michel, le terrain, entre les fortifications et la Seine, présente à peu près dans son ensemble la forme d'un quart de cône, ayant pour sommet la porte d'Orléans, et, pour base, la ligne courbe des quais.

Sa surface n'est plissée que par des thalwegs très peu prononcés, dont l'un, partant de la rue de Sèvres, correspond sensiblement au tracé des rues Vaneau et Bellechasse. L'égout de ces deux rues, quoique déjà assez ancien, rentre ainsi, en fait, dans le système actuel des collecteurs de second ordre.

Le second plissement, plus long, sans être beaucoup plus accentué, correspond à peu près à la Chaussée du Maine et à l'avenue Bosquet. Ces deux grandes voies sont donc occupées par un égout qui joue, comme collecteur, un rôle important, parce que, indépendamment des eaux qu'il reçoit à droite et à gauche sur son parcours, il absorbe, à l'origine de l'avenue d'Orléans, celles qui, par les grandes pluies, viennent en abondance de l'extérieur de Paris, le terrain s'élevant de ce côté à partir des fortifications jusqu'à la route stratégique.

Enfin, le collecteur des quais d'aval actuellement en exécution (1877) va ramener en tête du siphon de l'Alma les eaux de Vaugirard et de Grenelle. (Voir la carte des Collecteurs, planche II de l'Atlas.)

D'une manière générale, et sauf exceptions locales, la construction des collecteurs a présenté sur la rive gauche moins de difficultés que sur la rive droite, parce que la nappe y est bien moins abondante, et presque partout à d'assez grandes profondeurs au-dessous du sol. On sait en effet que cette nappe n'est pas alimentée par les infiltrations de la Seine, mais par les pluies; or il résulte du relief du terrain que son bassin d'alimentation est bien plus restreint sur la rive gauche que sur la rive droite. Ayant un moindre débit, la nappe s'écoule vers la Seine avec une pente moindre, et par conséquent, le sol, dès qu'on s'éloigne des quais, s'élève suffisamment au-dessus d'elle pour qu'on ne la rencontre pas dans les constructions d'égouts.

Ainsi la grande galerie (fig. 57) par laquelle on a prolongé (1876-1877) le collecteur de la Bièvre, depuis la rue Geoffroy-Saint-Hilaire jusqu'aux fortifications, bien qu'elle soit en tunnel sur presque toute son étendue, et qu'elle passe à **25** mètres de profondeur sous la place d'Italie, se trouve partout au-dessus de la nappe et a été exécutée sans épuisements. Il est vrai que cet ouvrage a offert des difficultés d'un autre genre, parce qu'il a rencontré, sur

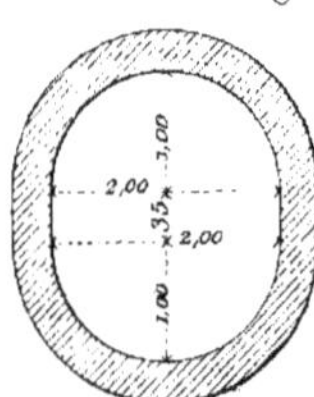

Fig. 57. — Galerie prolongeant le collecteur de la Bièvre, de la rue Geoffroy-Saint-Hilaire aux fortifications.

d'assez grandes longueurs, d'anciennes galeries de carrières absolument bouleversées.

Seul des égouts de la rive gauche, le collecteur des quais d'aval présentera des circonstances tout à fait spéciales; il doit, en effet, de la rue Leblanc au pont de l'Alma, c'est-à-dire sur près de 3500 mètres, ramener les eaux de l'aval à l'amont, et, dans ces conditions, une pente continue, même réduite à 0ᵐ,50 par kilomètre, lui ferait percer le sol au milieu de son parcours.

J'ai pris le parti de ne donner de pente au radier que jusqu'au boulevard de Grenelle. A partir de ce point jusqu'à la rue de Javel, c'est-à-dire sur un parcours d'environ 1100 mètres, les banquettes et le radier seront horizontaux, mais avec cunette assez profonde (fig. 38) pour que l'écoulement puisse se faire par pente de surface, qui se réglera d'elle-même suivant la quantité d'eau à débiter.

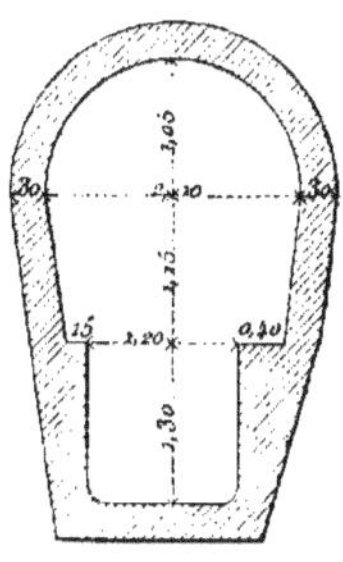

Fig. 38. — Collecteur du quai de Grenelle.

Enfin, au delà de la rue de Javel, jusqu'à la rue Leblanc, l'égout sera remplacé par un simple tuyau en poterie de 0ᵐ,60 de diamètre (fig. 39) qui, par les grandes pluies, fonctionnera comme con-

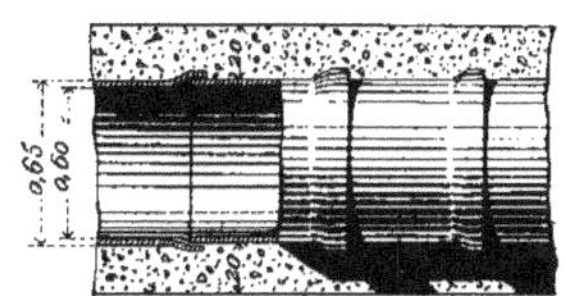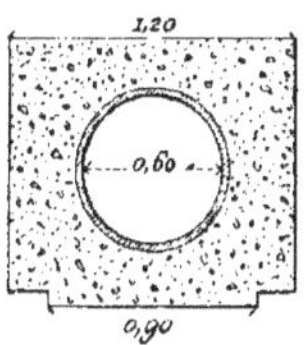

Fig. 39 — Conduite forcée de Javel.

duite forcée, ayant pour charge la hauteur de l'eau dans les cheminées de bouche.

Sur les 7500 hectares que renferme l'enceinte de Paris, l'ensemble du réseau collecteur, dans l'état d'avancement que je viens d'indiquer, va drainer, quand il sera terminé, une surface de 6500 hectares en nombre rond, dont il renverra toutes les eaux soit à Asnières, soit à Saint-Denis. Les zones, formant ensemble 950 hectares, dont les eaux s'écouleront encore à la

Seine, sont d'ailleurs relativement peu peuplées. Par conséquent, la solution du problème qui consiste à affranchir le fleuve
de toute chute directe dans Paris, est encore plus près d'être
complète que ne semble l'indiquer le rapport entre les surfaces
drainées par les collecteurs et celles qui ne le sont pas.

CHAPITRE X

LES ÉGOUTS ORDINAIRES ET LE DRAINAGE DES MAISONS.

ÉGOUTS ORDINAIRES.

En principe, chaque rue doit être pourvue d'un égout central si elle a moins de 20 mètres de largeur, et de deux égouts latéraux si elle a 20 mètres ou davantage. On comprend pourquoi la double galerie est nécessaire dans les voies de grande largeur; sans cette disposition, les branchements particuliers qui doivent relier souterrainement chaque immeuble à l'égout public auraient une longueur exagérée et imposeraient aux propriétaires une charge trop considérable.

En nombre rond, Paris a 870 kilomètres de rues, dont la canalisation complète exigerait 1040 kilomètres d'égouts.

Mais il y a des rues qu'il ne sera jamais utile ou jamais possible de canaliser. Telles sont, par exemple, la rue de Marengo, qui est drainée par les rues de Rivoli et Saint-Honoré, et ne reçoit ni eaux publiques ni eaux privées, et certaines ruelles, comme la rue du Paon blanc, trop étroites pour qu'on y construise un égout.

En tenant compte de ces exceptions locales, on peut admettre que la canalisation réellement utile n'exigerait qu'un développement total d'environ 980 kilomètres de galerie. La longueur de celles qui existaient en 1856 était d'à peu près 155 kilomètres ; les collecteurs énumérés dans les chapitres précédents forment ensemble 60 kilomètres ; les égouts ordinaires restant à construire, en supposant même qu'on pût utiliser toutes les galeries anciennes, représenteraient donc environ 760 kilomètres. Il est vrai qu'une partie très considérable de ce total s'applique à l'ancienne banlieue dont, en 1856, l'annexion n'était pas encore faite, mais était cependant déjà prévue. Le choix des types à adopter présentait donc, par l'étendue de leur application probable, une très grande importance.

Si l'on n'avait eu à tenir compte, dans l'étude de ces égouts secondaires, que de leur rôle comme évacuateurs, on aurait pu donner à la plupart d'entre eux des dimensions assez restreintes. Le système collecteur que je viens de décrire présente, en effet, une série de grandes lignes parallèles à la Seine ou formant avec elle des angles très aigus ; leurs affluents devaient donc, en général, être voisins de la ligne de plus grande pente du sol, et coupés d'ailleurs en tronçons de faible longueur. Quant aux lignes transversales reliant ces égouts entre eux, elles étaient destinées à n'avoir, sauf exceptions, qu'un rôle très local, et à ne recevoir par conséquent que des quantités d'eau peu considérables.

Mais la résolution, prise en principe, de placer désormais en égout les conduites de distribution de tout diamètre, pour qu'elles fussent toujours visitables et réparables sans fouilles sur la voie publique, changeait toutes les conditions du problème.

C'étaient bien, en général, les collecteurs qui devaient recevoir les plus grosses conduites ; néanmoins, il n'était pas possible, à beaucoup près, d'y faire rentrer toutes les lignes maîtresses. Il fallait donc prévoir qu'un assez grand nombre d'égouts, très secondaires comme évacuateurs, auraient besoin de dimensions assez considérables comme galeries destinées à recevoir des conduites.

En outre, dans les petits égouts eux-mêmes, les conduites, pour ne pas trop gêner l'accès des branchements transversaux, ne pouvaient guère être placées à moins de 1ᵐ,50 au-dessus du radier, ce qui exigeait une hauteur assez considérable de piédroits. Chaque égout, d'ailleurs, reçoit deux conduites. Pour superposer celles-ci, le niveau de la plus basse étant déterminé, il aurait fallu augmenter encore beaucoup la hauteur ; on était donc conduit à les placer des deux côtés, l'une à droite et l'autre à gauche. Mais alors c'est en largeur qu'il fallait augmenter les dimensions de l'égout. D'une part, en effet, les conduites devaient être placées à suffisante distance des maçonneries pour que le matage des joints pût se faire sans difficulté ; d'autre part, elles devaient laisser entre elles un intervalle suffisamment large pour la circulation des ouvriers du curage. Il résulte de là que le type le plus petit devait être lui-même assez grand.

En partant de ces considérations, j'ai divisé les nouveaux égouts en 12 types, dont les plus habituellement employés ont les dimensions suivantes :

	LARGEUR aux naissances	HAUTEUR sous clef
Type nᵒ 1. Collecteur général.	5ᵐ,60	4ᵐ,40
— nᵒ 2. Grand égout de Sébastopol.	5ᵐ,20	5ᵐ,35
— nᵒ 3. Collecteurs des quais	4ᵐ,00	5ᵐ,90
— nᵒ 5.	3ᵐ,00	3ᵐ,80
— nᵒ 6.	2ᵐ,50	5ᵐ,15
— nᵒ 8.	2ᵐ,50	2ᵐ,80
— nᵒ 9.	2ᵐ,00	2ᵐ,75
— nᵒ 10.	1ᵐ,75	2ᵐ,40
— nᵒ 12.	1ᵐ,30	2ᵐ,30

Les types 10 et 12, qui sont d'application courante, sont dépourvus de banquettes et présentent, avec des dimensions plus grandes que les égouts anglais, la forme ovoïde importée de

Londres par M. Mille. Les types 8 et 9, dont le premier quoique pourvu de rails, n'a pas de banquettes, et dont le second n'en a qu'une de $0^m,40$ de largeur, présentent une forme d'extrados très peu différente de celle des deux types inférieurs. Dans ces diverses galeries, les ouvriers du curage marchent dans la cunette; la banquette du type 9 n'est pas destinée à la circulation, mais à recevoir les supports d'une conduite de grand diamètre.

Dans les types plus grands, qui ont une cunette de largeur et de profondeur variables, comprise entre deux banquettes de circulation, la largeur à la base ne peut pas se réduire dans les mêmes proportions, et la forme extérieure est nécessairement modifiée; cependant elle ne présente de radier plat que quand les banquettes sont relativement larges.

Les types 1 et 3, sur lesquels je n'ai plus à revenir, puisqu'ils s'appliquent à des collecteurs dont il a été fait plus haut une étude spéciale, sont les seuls dont la section ait été déterminée exclusivement par leur rôle comme évacuateurs. Avec les dimensions qu'entraînait pour la voûte la largeur de leur cunette et des banquettes de circulation, les conduites qu'on pouvait avoir à y poser trouvaient naturellement leur place, et il n'y avait pas à s'en préoccuper.

Dans les types 2, 5, 6, 8, au contraire, où la cunette est uniformément de $1^m,20$, parce que les cornières placées sur ses arêtes forment une voie qui doit recevoir partout les mêmes wagons, les différences de largeur, portant exclusivement sur les banquettes, ne sont motivées que par le diamètre des conduites auxquelles ces égouts doivent servir de galerie.

Les conduites peuvent bien, en effet, jusqu'au diamètre de $0^m,60$, être posées sans inconvénient sur des consoles scellées dans les piédroits, mais les conduites plus grosses reposent sur des supports (colonnettes en fonte ou piliers en maçonnerie) qui ne peuvent être établis que sur banquettes. Les types à banquettes caractérisent donc, en dehors des collecteurs principaux, les égouts destinés en principe à recevoir les conduites maîtresses de plus de $0^m,60$.

Le type 2 peut loger deux conduites d'un diamètre allant jusqu'à $1^m,10$. Le type 5 est fait pour recevoir une conduite de $0^m,80$ du côté de la banquette principale, avec une conduite de diamètre moindre, mais pouvant à la rigueur atteindre $0^m,60$ du côté de la banquette de circulation. Le type 6, à banquettes plus inégales, est fait pour une conduite de $1^m,10$ opposée à une conduite de diamètre courant. Enfin, on peut placer dans le type 10 une conduite de $0^m,60$ et dans le type 12 une de $0^m,40$, pourvu que l'autre piédroit ne reçoive que des tuyaux de diamètre beaucoup moindre. Il faut reconnaître toutefois que la conduite de $0^m,40$, dans le type 12, gêne un peu les égoutiers, qu'elle oblige à se pencher vers le piédroit opposé, mais cet inconvénient est peu sensible avec le diamètre de $0^m,35$ et nul avec celui de $0^m,50$. (Voir la carte des sections-types des égouts, planche IV de l'Atlas.)

En principe, tous ces égouts sont construits en meulière hourdée avec mortier de ciment de Vassy formé de deux volumes de ciment pour cinq de sable. La voûte est recouverte d'une chape de $0^m,02$ d'épaisseur. Les enduits intérieurs sont en ciment de Vassy pour la voûte et les piédroits, en ciment de Portland dans les parties (banquettes ou radier) qui ont à supporter la circulation des ouvriers ou le frottement des appareils de curage.

D'après la série de prix actuellement en vigueur (bail du 1er janvier 1874 au 31 décembre 1879), les prix par mètre courant pour les types 5, 6, 8, 9, 10 et 12 établis à profondeur moyenne et construits en maçonnerie de meulière et mortier de ciment, sont respectivement :

Type 5.	Type 6.	Type 8.	Type 9.	Type 10.	Type 12.
275f,98	224f,18	158f,62	134f,61	105f,66	90f,35

On exécute quelquefois les maçonneries en meulière et mortier de chaux hydraulique Dans ce cas, les prix par mètre courant de galerie sont les suivants :

Type 5.	Type 6.	Type 8.	Type 9.	Type 10.	Type 12.
502f,90	245f,96	182f,52	155f,85	118f,87	106f,16

Mais le rabais de l'entreprise générale chargée de l'entretien et des travaux neufs ne dépassant pas 20 000 francs, est de 10f,10 pour 100. Les travaux de plus de 20 000 francs donnent lieu à des adjudications spéciales dans lesquelles les rabais sont presque toujours plus forts que celui de l'entreprise d'entretien, grevée de frais généraux considérables.

Il y a quinze ou vingt ans, les prix du ciment de Vassy étaient plus élevés qu'aujourd'hui, parce que les industriels qui le fabriquaient, et les entrepreneurs habitués à son emploi, n'étaient pas aussi nombreux. A cette époque, j'ai fait construire un grand nombre d'égouts par la Société des bétons Coignet qui consentait une réduction de 20 pour 100 sur le prix de la maçonnerie de meulière et ciment, et dont l'intervention nous a procuré une économie même sur les égouts qu'elle ne faisait pas. Elle empêchait, en effet, les entrepreneurs cimentiers de se considérer comme maîtres de la situation.

Dans tous les terrains secs, notamment dans les sables de Grenelle, où ce système a été appliqué sur une assez grande échelle, les résultats ont été en général très satisfaisants. Il n'en a pas été de même dans les terrains mouillés, surtout dans ceux dont les eaux étaient chargées de sulfate de chaux. Le béton des égouts construits dans ces conditions s'est ramolli sur des étendues quelquefois assez grandes, et l'on a dû reconstruire en meulière un certain nombre de tronçons. Par suite de ces échecs partiels, depuis que la concurrence a fait baisser le prix de la maçonnerie de ciment, nous n'avons plus eu recours au béton Coignet, dont l'emploi, susceptible de rendre de réels services dans les régions dépourvues de pierre, n'a pas de motifs, en temps normal, de se répandre beaucoup à Paris[1].

Après les événements de 1870-1871 cependant, les crédits étant devenus extrêmement faibles, il fallait, sous peine d'arrêter tout à fait le développement des égouts, introduire dans leur construction toutes les économies possibles. Je me suis décidé alors, un peu à contre-cœur, à adopter pour les galeries qui ne paraissaient pas appelées à recevoir de conduites importantes, deux types (13 et 14) plus petits que le type 12. (Voir la carte des sections-types des égouts, planche IV de l'Atlas.)

L'un n'en diffère que par une réduction de $0^m,50$ sur la hauteur, qu'on avait souvent accusée d'être exagérée.

L'autre présente en outre une diminution de largeur de $0^m,25$.

Par rapport au type 12, l'emploi de ces galeries réduites donne par mètre courant une économie moyenne de 5 francs pour la première et de 10 francs pour la seconde.

Mais le type 14 résiste moins bien à la poussée des terres que le type 12, parce que ses formes latérales sont plus aplaties. De plus, on ne peut y placer dans de bonnes conditions que des conduites de $0^m,10$; celles de $0^m,15$ y seraient gênantes, et celles de $0^m,20$ inadmissibles.

Quant au type 13, bien qu'il ait même largeur que le type 12, les conduites de $0^m,35$ et $0^m,40$ que celui-ci peut admettre y

---

[1] Actuellement (1885) les égouts sont construits uniquement en maçonnerie de meulière et mortier de ciment. Par suite de l'élévation constante du taux de la main-d'œuvre, les prix du mètre courant d'égout ont subi, depuis 1878, une élévation assez considérable, ainsi que le démontrent les prix ci-dessous (adjudication de six années, du 1er janvier 1880 au 31 décembre 1885) :

Type 5.	Type 6.	Type 8.	Type 9.	Type 10.	Type 12.
209f,67	241f,93	172f,97	149f,02	112f,52	97f,11

Le rabais consenti est à peu près le même qu'en 1878, mais on a dû porter de 20 000 francs à 40 000 francs le chiffre des travaux neufs à exécuter par l'adjudicataire d'entretien, afin de lui tenir compte de l'augmentation progressive des dépenses qui grevaient ses frais généraux, concurremment avec l'augmentation du prix de la main-d'œuvre.

seraient beaucoup plus incommodes, parce qu'elles ne seraient
pas à hauteur suffisante au-dessus du radier.

Cependant, si l'on pouvait toujours prévoir exactement les
besoins futurs de la distribution d'eau, ces inconvénients n'auraient pour effet que de restreindre plus ou moins le champ
d'application de ces types économiques ; là où ils seraient possibles, ils resteraient bons.

Mais, en présence de l'augmentation constante de la consommation d'eau à Paris, il est difficile, sauf exception, d'affirmer
que tel diamètre de conduite, aujourd'hui largement suffisant,
n'aura pas quelque jour besoin d'être dépassé. Le véritable défaut des types réduits, rendus nécessaires par l'exiguïté des
crédits depuis 1871, est de ne pas laisser assez de place à ces
accroissements éventuels [1].

Les conditions sont bien meilleures toutefois, même dans le
type 14, que dans la plupart des anciens égouts conservés par
économie. Ceux-ci sont en général à piédroits verticaux, avec
une largeur de $0^m,80$ à 1 mètre, et une hauteur sous clef de
$1^m,75$ à 2 mètres ; il en existe même quelques-uns de $0^m,70$
sur $1^m,60$. (Voir les types des égouts anciens, planche IV de
l'Atlas.)

Dans ces anciennes galeries, du moins dans toutes celles qui
n'ont pas 1 mètre de large, les conduites de $0^m,10$ sont déjà
fort gênantes, et lorsqu'on a besoin d'une canalisation plus
forte, si l'on ne veut pas poser la conduite en terre, il faut nécessairement élargir l'égout.

Le croquis ci-dessous (fig. 40) indique comment on fait ces
élargissements pour en réduire le plus possible la dépense.

---

[1] L'appréciation de M. Belgrand à cet égard s'est vérifiée plus vite encore qu'il ne le
supposait. Ce n'est pas seulement l'accroissement de la consommation d'eau qui a modifié
les prévisions pour le diamètre à donner aux conduites, c'est aussi et surtout le nombre
toujours croissant des grandes bouches d'incendie qui doivent fournir à un moment donné
un énorme débit. En outre, les tubes pneumatiques, les fils télégraphiques et téléphoniques,
les tuyaux destinés à transporter la force motrice à distance, prennent de plus en plus de
place dans les égouts. Par tous ces motifs il a fallu, pour toutes les galeries faites à partir
de 1880, revenir au type 12 comme minimum.

L'un des piédroits est démoli seulement jusqu'au niveau du dessous de la conduite à poser; l'autre est conservé inté-gralement, souvent même avec un petit arc de la voûte qu'il supporte. On remplace la partie démolie par une voûte dont l'excé-dent de largeur, par rapport à celle de l'ancien égout, permet de loger la conduite sur l'arasement du piédroit écrêté. Mais comme cette conduite, si elle reposait sur un support continu, ne pourrait pas être matée, on ménage au-dessous de l'empla-cement de chaque joint une niche de di-

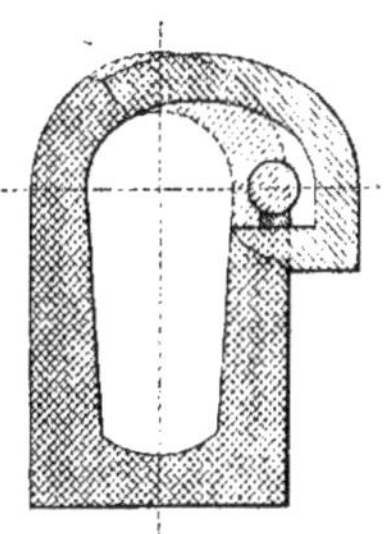

Fig. 40. — Élargissement
d'un égout ancien.

mension suffisante pour permettre au plombier de faire son travail, ou mieux, on fait reposer la conduite sur de petits piliers formés d'une ou deux assises de briques.

On a pu ainsi conserver une assez grande partie de la ma-çonnerie d'anciens égouts, tout en les rendant capables de re-cevoir de très grosses conduites. Sur l'avenue d'Orléans, par exemple, une conduite maîtresse de $0^m,80$ est logée dans une ancienne galerie qui, dans son état primitif, n'avait elle-même que $0^m,80$ de largeur. La dépense d'élargissement n'a été que d'environ 70 francs par mètre, tandis qu'une galerie nouvelle, qui pour recevoir la conduite de $0^m,80$ aurait dû être du type 9, aurait coûté plus du double[1].

PENTE DES ÉGOUTS.

La pente des égouts dépend évidemment de celle du sol et de la différence qu'on peut établir entre la profondeur au dé-part et la profondeur à l'extrémité aval.

---

[1] En 1880, on a dépensé près de 500 000 francs à élargir ainsi d'anciens égouts pour y loger de grosses conduites.

Au départ, on s'impose, à moins de circonstances spéciales, la condition de ne pas placer l'extrados de la voûte à moins de un mètre au-dessous du sol. C'est important, surtout dans les voies à lourde circulation, pour qu'il y ait, entre le pavage et les maçonneries, un matelas suffisant pour amortir les chocs, qui seraient à la longue une cause de désagrégation.

La profondeur à l'extrémité aval a nécessairement pour limite celle de l'égout qui doit servir d'exutoire, mais elle ne peut pas lui être égale, car on doit toujours ménager, au débouché d'une galerie dans une autre, une chute dont la hauteur dépend du régime de la galerie principale, et parfois du niveau de la nappe souterraine.

D'une part, en effet, il ne faut pas que les variations *ordinaires* du niveau de l'eau, dans un égout qui en reçoit d'autres, fassent remonter les vases dans ses affluents; d'où la nécessité d'établir, au débouché de chacun de ceux-ci, un ou plusieurs gradins, de hauteur d'autant plus grande que la cunette à laquelle ils descendent charrie davantage et présente un régime plus variable.

D'autre part, s'il a bien fallu se résigner à faire plonger dans la nappe d'eau des puits les collecteurs principaux, on a le plus grand intérêt à ne jamais placer les égouts secondaires dans les mêmes conditions. Ce ne serait pas seulement une très grande dépense, mais, dans bien des cas, une disposition tout à fait vicieuse et de nature à entraîner les plus fâcheuses conséquences.

Toutes les fois, en effet, qu'un égout, dont la direction générale n'est pas à peu près perpendiculaire à la Seine, descend au-dessous du niveau des puits, il gêne la marche des eaux souterraines vers le fleuve. S'il est de grande longueur, il forme un véritable barrage qui arrête les eaux de la nappe, fait remonter leur niveau et aggrave les inondations de caves, dont souffrent, par ce motif, tous les quartiers situés à droite et dans le voisinage de l'égout de Ceinture. Pour les collecteurs généraux dont la profondeur est absolument commandée, on atténue par des drains spéciaux les inconvénients qui résultent de leur pénétration dans la nappe; mais ce n'est qu'un expédient, et encore deviendrait-il très dispendieux si on voulait l'appliquer aux petits égouts. Il faut donc, en général, tenir ces égouts au-dessus de la nappe souterraine, ce qui, en pratique, se traduit à peu près par la formule suivante :

Ne descendre les fondations qu'à une profondeur maxima de $3^m,50$ à $4^m,50$ au-dessous du sol entre les rues de la Pépinière, Saint-Lazare, Paradis, d'une part, et les boulevards, de l'autre;

De $4^m,50$ à 6 mètres, entre les boulevards et la rue Rambuteau;

Et de 6 mètres à $6^m,50$, entre la rue Rambuteau et la Seine.

En général, on sera au-dessus de la nappe d'eau des puits en tenant le dessous des fondations des égouts à l'altitude $28^m,00$ au moins vers l'aval de Paris et à l'altitude $31^m,00$ au moins vers l'amont.

Ces indications ne s'appliquent, d'ailleurs, qu'aux quartiers situés sur la rive droite; sur la rive gauche, comme je l'ai déjà dit, la nappe se trouve presque partout à profondeur suffisante pour qu'il n'y ait pas à s'en occuper.

SECTION DES ÉGOUTS.

Les conditions que je viens d'indiquer, combinées avec le profil des rues, permettent de déterminer exactement, pour chaque égout, la pente qu'il est possible de lui donner; de celle-ci dépend évidemment le choix du type qu'il convient d'adopter. Les limites entre lesquelles elle est comprise permettent, d'abord, de décider, à première vue, si l'égout doit appartenir aux types à cunette et banquette, destinés à être curés par les moyens mécaniques que nous indiquerons plus loin, ou aux types sans banquettes, dont le curage se fait à bras d'homme.

Les premiers, surtout quand ils reçoivent une grande quantité d'eau, font un bon service avec des pentes de $0^m,50$ par kilomètre, et l'on peut même, sur des longueurs restreintes, descendre au-dessous de cette limite.

Les autres sont dans d'assez mauvaises conditions au-dessous de 3 à 4 mètres de pente par kilomètre; on est quelquefois obligé de leur donner moins; dans la plaine de Grenelle notamment, beaucoup de galeries du type 12 n'ont que $1^m,50$ de pente kilométrique, mais leur curage est laborieux et cher.

Le partage ainsi fait entre les deux grandes catégories d'égouts dont chacune comprend plusieurs types, il resterait, théoriquement, à calculer, d'après l'étendue du bassin à drainer, le débouché nécessaire pour chaque galerie, et à déterminer, d'après cette considération, le type auquel on doit s'arrêter. J'indique, dans une note spéciale, d'après quelle formule, à mon avis, il convient de faire ce calcul, nécessaire pour les collecteurs (voir à l'Appendice la note sur le débouché des égouts). Mais en fait, il est très rare que ce soient les considérations de débit qui déterminent la section des égouts secondaires. Presque tous, avec les dimensions du type 12, seraient plus que suffisants comme évacuateurs, et c'est seulement le diamètre des conduites à loger qui rend assez fréquente la nécessité d'un type supérieur. Ainsi, avenue de l'Opéra, les deux égouts latéraux en construction ont dans l'assainissement des rôles équivalents; l'un d'eux cependant est du type 14 et l'autre du type 6. C'est que le premier ne recevra que les petites conduites de service en route, et que dans l'autre doit passer une des principales conduites maîtresses de distribution de l'eau de la Vanne.

EXÉCUTION DES ÉGOUTS.

En général, l'exécution des égouts secondaires, par cela même qu'ils sont établis au-dessus de la nappe d'eau, ne présente guère d'autres difficultés que celles qui peuvent résulter, dans les rues étroites, du voisinage immédiat de maisons qui ne sont pas toujours bien fondées. Cependant, dans les quartiers dont le sol est excavé par d'anciennes carrières souterraines, il arrive parfois que les égouts, dans la traversée de fontis plus ou moins étendus, doivent reposer sur des fondations très dispendieuses. Ce cas se présente surtout, au Sud, dans les XIIIe et XIVe arrondissements et dans la partie supérieure du Ve, où les

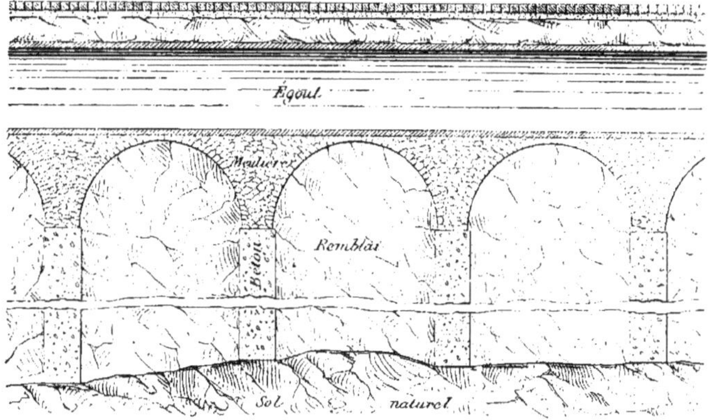

Fig. 41. — Construction d'égout sur remblai de carrière, avec substructions en arcades.

anciennes exploitations de calcaire sont très étendues, et au Nord, dans les nombreuses voies de Belleville et de Montmartre, sous lesquelles on a fait autrefois des extractions de plâtre. Dans ces deux régions, le sous-sol de quelques voies importantes est bien resté vierge, et d'autres rues déjà anciennes ont été consolidées, mais lorsqu'on fait un percement nouveau, son tracé traverse presque toujours des terrains dans lesquels on rencontre les fontis. Pour les franchir avec sécurité, on n'a d'autre moyen que de creuser jusqu'au terrain solide des puits cylindriques espacés, en général, d'environ 6 mètres, qu'on remplit ensuite en béton jusqu'à 5^m,50 au-dessous du niveau de l'égout pour former une série de piles. De l'une à l'autre de ces piles, dont le diamètre varie selon les dimensions de l'égout qu'on veut soutenir, on jette des voûtes en plein cintre, dont on arase ensuite l'extrados, de manière à donner au radier de l'égout un support continu (fig. 41).

Ces substructions, sorte de viaduc enfoui, dont les piles ont quelquefois 15 ou 18 mètres de hauteur, coûtent en général beaucoup plus cher par mètre courant que l'égout lui-même. Ce n'est donc jamais sans absolue nécessité qu'on se résigne à les faire. Mais on conçoit que si un tronçon d'égout s'affaissait brusquement dans un fontis, l'inondation due à la rupture des conduites pourrait avoir, dans les terrains excavés, les plus graves conséquences pour les immeubles du voisinage; on est donc bien obligé de conjurer ce risque. C'est ainsi que lors du percement du boulevard Arago (1869) qui, de la place d'Enfer au faubourg Saint-Jacques, est en pleine région de carrières, on a dû, sur ce petit parcours d'environ 300 mètres, dépenser près de 150 000 francs pour substructions sous les deux égouts latéraux, dont l'un n'est cependant qu'un type 12 et l'autre un type 10.

REGARDS ET BRANCHEMENTS DE BOUCHES.

Chaque égout est accessible par des regards généralement espacés de 50 mètres. Dans les égouts à banquettes, ces regards sont placés alternativement à droite et à gauche de la galerie, afin que les ouvriers du curage n'aient jamais besoin de franchir la cunette pour trouver une issue. Dans les égouts ordinaires, l'alternance existe habituellement, mais n'est pas indispensable.

Chaque regard se compose d'un branchement transversal, de 2 mètres de hauteur sous clef avec 1 mètre de largeur aux naissances, qui, de l'axe de la chaussée, emplacement ordinaire de l'égout, s'étend jusque sous le trottoir, et s'y termine par une cheminée munie d'échelons en fer, et fermée par un tampon mobile en fonte (fig. 42).

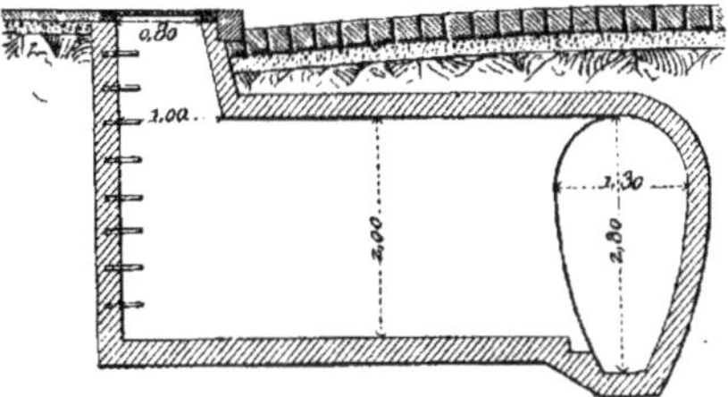

Fig. 42. — Branchement de regard.

Beaucoup de regards des anciens égouts sont encore sous chaussée, ce qui est une gêne pour la circulation, mais ch aqu année on en reporte sous trottoir un certain nombre, et les chaussées à grande circulation ne tarderont pas à en être à peu près débarrassées.

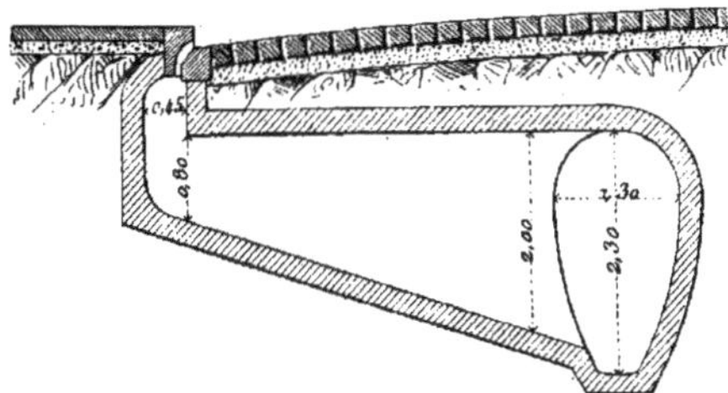

Fig. 43. — Branchement de bouche.

Quant aux branchements de bouches, ils sont disposés, avec une hauteur de 0^m,80 seulement au départ, et de 2 mètres au débouché dans l'égout (fig. 43), ce qui assure au radier une pente considérable, lors même que l'égout est à faible profondeur. Cette disposition est indispensable pour que les détritus de tout genre qui, à Paris, sont entraînés par le balayage des ruisseaux, et quelquefois jetés à sec dans la bouche par les cantonniers, ne s'arrêtent pas dans le branchement, ou tout ou moins puissent être facilement entraînés par un coup de rabot, à chaque passage des égoutiers dans la galerie où ils débouchent.

Aujourd'hui, la longueur totale des égouts en service atteint 620 kilomètres, c'est-à-dire qu'environ les deux tiers du réseau réellement utile sont exécutés[1].

Comme d'ailleurs on a nécessairement choisi, pour les canaliser d'abord, les rues qui, toutes choses égales du reste, présentaient le plus de cassis à faire disparaître, ces ruisseaux transversaux, qui faisaient de Paris il n'y a pas fort longtemps une des villes les plus sales et les plus désagréables à parcourir en voiture, n'existent plus maintenant qu'en petit nombre. Parmi les égouts qui attendent encore leur tour, beaucoup n'auront pour rôle que de recevoir les branchements particuliers qui devront, en principe, drainer souterrainement chaque maison, de manière à supprimer tout écoulement superficiel d'eaux ménagères.

[1] A la fin de 1885, d'après une note de M. Humblot, ingénieur en chef de l'assainissement, sur « *les Égouts de Paris* », la longueur des égouts est de 827 654 mètres, y compris la Bièvre, mais non compris le collecteur du Nord extra-muros.

La planche V de l'Atlas donne la statistique générale des égouts à cette date ; il a paru intéressant de présenter sous un coup d'œil d'ensemble les périodes successives par lesquelles a passé l'exécution du réseau actuel des égouts, savoir :

1re période. — Égouts construits avant 1856, date à laquelle M. Belgrand a conçu son système d'assainissement général de Paris.

2e période. — Égouts construits de 1857 à 1878, par M. Belgrand, et d'après son système.

3e période. — Égouts construits de 1879 à 1885.

On compte au 31 décembre 1885 :

8972 bouches d'égouts dont les branchements ont un développement de 47 455 mètres.
et 12 500 regards   —   —   36 464 —

DRAINAGE DES MAISONS.

Dans le système d'assainissement adopté en 1851, et poursuivi avec énergie pendant vingt ans, on ne s'occupait que du drainage de la rue; il s'agissait de faire disparaître une des plaies les plus hideuses de Paris, ces ruisseaux fangeux qui occupaient l'axe même des voies publiques, et qui sans autre moyen de lavage que la pluie, recevaient toutes les immondices et toutes les déjections de la cité. Le problème à résoudre était assez difficile pour absorber toute l'attention des hommes de l'art et toutes les ressources du budget.

On n'avait donc rien fait pour évacuer souterrainement les eaux des maisons. Les eaux ménagères continuaient à couler dans les ruisseaux des rues, qui étaient ainsi de véritables égouts à ciel ouvert, souvent infects l'été, malgré les lavages quotidiens, parce que les eaux sortent putréfiées des gargouilles des maisons.

Les eaux des toitures et des cours n'avaient pas d'autre écoulement que ces gargouilles, ce qui n'a pas d'inconvénient par les pluies ordinaires; mais dans les grandes averses, ces eaux affluaient avec tant d'abondance à certaines bouches d'égout, qu'elles ne pouvaient être absorbées assez rapidement, et qu'elles produisaient de véritables inondations.

On a cherché à remédier à ce double inconvénient.

L'article 6 du décret du 26 mars 1852 dont nous avons donné plus haut le texte (page 42), prescrivait que, dans toute rue pourvue d'égout, les constructions nouvelles, de même que les maisons anciennes en cas de grosses réparations, et en tous cas avant dix ans, devaient être disposées de manière à y conduire les eaux pluviales et ménagères.

Ce décret, d'après sa date, ne s'appliquait qu'à l'ancien

Paris, mais il a été étendu depuis à la zone annexée, avec le même délai de dix ans courant à partir de l'époque de l'annexion, c'est-à-dire à partir de 1860.

Il ne faisait d'ailleurs, comme on voit, que poser un principe, et ne s'expliquait pas sur le genre de communication à établir entre les maisons et les égouts.

L'arrêté préfectoral du 19 décembre 1854 a décidé que ces communications auraient lieu par des galeries souterraines de 2 mètres au moins de hauteur sous clef et de 1^m,50 de largeur aux naissances, construites et entretenues par les propriétaires[1].

Ces galeries pouvaient être établies au droit des murs mitoyens et desservir deux maisons; elles devaient être ventilées par une cheminée d'appel montant jusqu'au-dessus des combles.

En fait, cette cheminée de ventilation, qui était fort chère (elle coûtait en moyenne deux fois plus que le branchement lui-même), a été reconnue peu nécessaire dans la plupart des cas, et l'Administration a renoncé à l'exiger.

Dans la plus grande partie de l'ancien Paris, l'arrêté du 19 décembre 1854, avec cet adoucissement, a été appliqué sans résistance de la part des propriétaires. Mais il avait fallu procéder avec ménagement dans la zone annexée, où les immeubles ayant en général beaucoup moins de valeur que dans les quartiers du centre, la dépense à peu près constante du branchement représentait une charge proportionnellement plus lourde. En 1870, année où le drainage des maisons aurait dû être terminé dans les rues pourvues d'égout, on était encore peu avancé dans les arrondissements pauvres.

D'autre part, on avait reconnu que la faculté d'établir les branchements mitoyens, acceptée en principe comme une solu-

---

[1] Une décision préfectorale du 11 février 1858 porta de 2 mètres à 2^m,50 la hauteur sous clef. On voulait alors que l'enlèvement des tinettes filtrantes pût se faire par l'égout ; de là les dimensions considérables attribuées aux branchements. Plus tard, en raison des embarras causés sur la voie publique par ces enlèvements, il fut décidé que l'extraction aurait lieu par des regards ménagés à l'intérieur des immeubles.

tion économique, atteignait mal son but, et présentait plus
d'inconvénients que d'avantages. Dans les rues en pente, les
dépenses de canalisation intérieure à faire pour ramener les
eaux, dans un immeuble sur deux, vers un branchement établi
à la limite supérieure de la propriété, étaient souvent assez
élevées. D'une manière générale, le branchement mitoyen
venant buter sur la fondation d'une double jambe étrière, les
communications avec les deux immeubles étaient indirectes et
peu commodes. On perdait ainsi sur les dispositions intérieures
tout ou partie de l'économie faite sur le branchement lui-même.
Enfin, la communauté de ce branchement était une source
de fréquentes difficultés entre les deux propriétaires voisins.

Il y avait donc lieu de modifier dans le détail les prescriptions de 1854. C'est ce qu'a fait l'arrêté préfectoral du 25 février
1870; l'article 1er de cet arrêté a rendu le branchement moins
dispendieux, en n'exigeant plus comme dimensions minima
que 1m,80 de hauteur sous clef et 0m,90 de largeur aux naissances, pendant que l'article 2 stipulait, d'autre part, que
chaque galerie ne pourrait, à l'avenir, desservir qu'une seule
propriété (voir planche IV de l'Atlas, les différents types de
branchements particuliers d'égout).

On touchait malheureusement à l'époque où de terribles événements allaient arrêter complètement toute espèce de travaux,
et lorsqu'il devint possible de les reprendre dans une certaine
mesure, bien des tempéraments durent être apportés, dans les
quartiers pauvres, aux exigences réglementaires; bien des sur-
sis durent être accordés.

En dépit de toutes ces causes de retard, les branchements
actuellement construits sont au nombre de plus de 20000, et
drainent un nombre de propriétés notablement plus grand,
puisque la plupart des galeries antérieures à 1870 desservent
deux immeubles[1].

---

[1] Au 51 décembre 1885, il y a 59 709 branchements particuliers; leur longueur totale

En principe, les branchements, comme je l'ai déjà dit en exposant le programme général de l'assainissement de Paris, n'ont pas seulement pour rôle d'évacuer les eaux ménagères, mais aussi de recevoir le tuyau qui introduit dans chaque immeuble les eaux de distribution. Ces tuyaux sont ainsi toujours visitables comme la conduite publique elle-même, et, comme elle, ils peuvent être réparés sans qu'on ait à faire de fouilles. Cette disposition est très importante dans l'intérêt, non seulement de la circulation, mais de la sécurité des immeubles, car les prises particulières, formées de plomb avec soudures et alimentant des robinets dont la fermeture brusque donne souvent des coups de bélier, sont sujettes à des fuites plus fréquentes que les conduites en fonte de la distribution générale. Or, les fuites, quand elles se répandent dans les remblais ou les terrains excavés si nombreux à Paris, peuvent entraîner des conséquences fort graves. On n'aurait donc qu'une sécurité très incomplète si l'on n'arrivait à obtenir que les prises d'eau des abonnés fussent généralement en galerie, comme les conduites publiques elles-mêmes.

Depuis la mort de M. Belgrand, l'application de ce principe a dû comporter quelques exceptions, parce qu'on n'a pas cru pouvoir maintenir, d'une manière absolue, l'obligation du branchement particulier pour les propriétés de faible rapport.

Un arrêté préfectoral du 2 juillet 1879 a fixé les dimensions réduites des branchements et la substitution des tuyaux en fonte ou en grès dans certains cas déterminés.

L'article 1er de cet arrêté prescrit les dimensions suivantes

est de 257 078 mètres dont 190 500 mètres sous la voie publique et 66 578 mètres à l'intérieur des propriétés privées. (Extrait de la Note de M. l'ingénieur en chef Humblot.)

pour les branchements particuliers d'une longueur inférieure
à 6 mètres :

Hauteur sous clef. . . . . 1^m,00
Largeur aux naissances. . . . . 0^m,60
Largeur au radier. 0^m,40

L'article 2 relatif à l'emploi des tuyaux de fonte est ainsi
conçu :

« L'écoulement direct dans l'égout public des eaux pluviales
« et ménagères des propriétés d'un revenu imposable inférieur
« à trois mille francs, situées en dehors des voies publiques de
« grande circulation, pourra être autorisé au moyen de tuyaux
« résistants en fonte ou en grès d'un diamètre minimum de
« 0^m,30 et placés en ligne droite, suivant une pente de 0^m,075
« au moins par mètre. »

Le même arrêté prescrivait l'ouverture d'une enquête dans
les 20 arrondissements pour la classification des rues de Paris
en voies de *grande* et de *petite* circulation, suivant un tableau
dressé par les ingénieurs du Service municipal.

L'enquête terminée, le Conseil municipal fut appelé à en délibérer, et un arrêté préfectoral du 14 mai 1880 classa les
voies de chacun des arrondissements de Paris en deux catégories correspondant à la grande et à la petite circulation, pour
la projection à l'égout public des eaux pluviales et ménagères
des propriétés particulières.

Toutefois, on a maintenu dans la première catégorie, bien
que soumises à une faible circulation, les voies dont le sol est
excavé ou peu résistant; le branchement particulier y reste
donc obligatoire.

Dans les rues où le sol est bon, les risques de fuites sont
beaucoup moindres, et comme les petits immeubles autorisés à
écouler leurs eaux par tuyaux sont soumis à l'obligation de

mettre leurs branchements de prise dans un fourreau en fonte, on peut espérer que les nouvelles facilités n'auront pas d'inconvénients.

Cependant, on a déjà pu reconnaître que l'art. 1er de l'arrêté du 8 juillet 1879, en réduisant à des dimensions très restreintes la hauteur et la largeur des branchements particuliers d'une longueur inférieure à 6 mètres, rendait le curage de ces galeries extrêmement difficile, sinon impossible; aussi, le 14 janvier 1880, c'est-à-dire quelques mois après, un arrêté préfectoral modifiait ses dispositions et restreignait son application aux branchements d'une longueur inférieure à 2 mètres, en fixant les dimensions suivantes pour la construction des galeries particulières sur une longueur *supérieure à deux mètres et inférieure à six mètres*.

Hauteur sous clef. . . . . 1^m,40
Largeur aux naissances. 0^m,60
Largeur au radier. . . . . 0^m,40

Mais, cette hauteur elle-même ne permettait ni de curer ces galeries, ni de les réparer en cas d'engorgement ou de dégradation, ni de poser ou de réparer les conduites d'eau ou autres ouvrages qu'elles doivent contenir.

Ces inconvénients étaient trop nombreux et trop fréquemment renouvelés pour être longtemps supportables. Aussi un nouvel arrêté du 28 octobre 1881, tout en maintenant, pour les immeubles d'un revenu imposable inférieur à 5000 francs et situés dans les voies de *petite* circulation, le bénéfice de la pose de tuyaux en grès ou en fonte, a fixé pour les branchements particuliers d'égouts, *quelle que soit leur longueur*, une section minima de 1^m,80 de hauteur et de 0^m,90 de largeur.

On devait, on le voit, revenir, à très peu près, aux dimensions primitivement déterminées, de manière que les branchements puissent servir non seulement à l'évacuation facile des eaux pluviales et ménagères, mais aussi au logement des conduites destinées à l'alimentation de la maison en eau potable.

On trouvera plus loin, aux Annexes, le texte des arrêtés successifs qui ont rapport à la construction et à la destination des branchements particuliers d'égout.

CHAPITRE XI

DU NETTOIEMENT DES ÉGOUTS.

IMPORTANCE DE L'OPÉRATION.

On comprend sans peine combien il importe que les égouts soient tenus dans un état convenable de propreté; les matières organiques de toute sorte qui s'accumulent dans les galeries entrent promptement en putréfaction; si on les y laissait séjourner, les égouts deviendraient en peu de temps impraticables, et répandraient à l'extérieur des odeurs insupportables.

Mais ce qu'on ne sait pas aussi généralement, c'est que l'opération du nettoiement des égouts est une des plus difficiles et des plus délicates du Service municipal d'une grande ville, et qu'elle est arrivée, à Paris, à un degré de perfection qui n'existe nulle part ailleurs.

Il n'est pas sans intérêt de résumer l'historique de cette partie du Service des égouts.

ÉTAT ANCIEN DEPUIS LES VALOIS JUSQU'A LA FIN DU XVIIIe SIÈCLE.

Dans l'origine, les égouts de Paris étaient fort mal entretenus; on les considérait comme des établissements incommodes, in-

dispensables pour conduire au fond inférieur les eaux du fond
supérieur et non comme un moyen d'assainissement ; à l'époque
surtout où ils étaient presque tous découverts, ils répandaient
l'infection à de très grandes distances.

Aussi avons-nous vu plus haut les rois de France, et en particulier Henri II[1], insister vivement près de l'Administration municipale pour qu'on éloignât de leur palais ces fâcheux voisins.

Mais rien ne fut changé à l'état des lieux, malgré de nouvelles
lettres-patentes du Roi, du 25 mars 1555 ; on se contenta de
donner l'ordre au « Maître des œuvres » de faire nettoyer tous
les ans les égouts dont on se plaignait[2].

Encore ces ordres furent-ils fort mal exécutés, puisqu'en
1610, « Marie de Médicis, régente, craignant que la stagnation
« des immondices dont les égouts étaient encombrés n'occa-
« sionnât quelque maladie contagieuse, chargea un trésorier
« de France de passer l'adjudication de ce nettoiement[3]. »

On voit dans un mémoire de Hugues Cosnier, publié en 1618,
que les eaux des égouts de Paris « étaient stagnantes et que
« l'ancien fossé de l'enceinte de Charles VI, entre le Louvre et
« les Tuileries, là où est aujourd'hui la place du Carrousel,
« servait de réceptacle aux eaux du quartier Saint-Honoré, ce
« qui répandait l'infection dans le voisinage[4]. »

Dans l'origine, les égouts passaient indistinctement sous la
voie publique ou dans des propriétés particulières.

Les égouts voûtés n'étaient nettoyés que lorsqu'il y avait impérieuse nécessité ; le Prévôt des Marchands faisait l'adjudication
des travaux, et les particuliers, dont les maisons ou les propriétés se trouvaient au-dessus des voûtes, remboursaient les
dépenses à la Ville.

La Ville consacra le droit de dix sols qu'elle percevait par

---

[1] *Registres de la Ville*, vol. XIV, fol. 202, délibération du 24 novembre 1550.
[2] *Registres de la Ville*, vol. XV, fol. 574.
[3] Girard, *Mémoire sur le cours de l'Ourcq*, t. II, p. 97.
[4] Girard.   —   —   p. 98.

muid de vin, à l'entretien des égouts pour en décharger les particuliers, mais le roi Louis XIII s'empara de cet impôt et négligea tellement le curage des égouts qu'ils s'encombrèrent complètement. Il fut même impossible pendant longtemps de remédier à ce désordre, parce que les officiers de la Ville auxquels les particuliers adressaient leurs plaintes étaient paralysés par les mesures prises par le Roi[1].

Ce ne fut guère que sous Louis XIV que le nettoyage des égouts commença à se faire d'une manière un peu suivie; vers 1671, le Conseil de police fut établi; on lui enjoignit de s'occuper principalement de la netteté et de la salubrité de la Ville : « et « comme le bon état des égouts devait essentiellement y con- « tribuer, il fut arrêté que le Prévôt des Marchands et les Éche- « vins en feraient la visite tous les ans, accompagnés du Maître « des œuvres. Les procès-verbaux de ces visites sont inscrits « dans les registres de la Ville.[2] »

Il fallait que ces mesures ne fussent pas bien exactement mises en pratique, car vers la fin du XVIIe siècle, le fond du Grand Égout était tellement embarrassé, que les égouts des rues Saint-Louis et Vieille-du-Temple n'y trouvaient plus d'écoulement et inondaient à la moindre pluie les maisons de ces quartiers, de telle sorte que les habitants demandaient qu'on détruisît les égouts en offrant de contribuer aux dépenses.

J'ai exposé plus haut (page 25) que Turgot, vers le milieu du XVIIIe siècle, remédia au mal en muraillant le Grand Égout et en disposant en tête un réservoir de 22 000 muids d'eau (6028 mètres cubes) pour en opérer le lavage. C'est donc à cet illustre Prévôt des Marchands qu'est due la mise en pratique du lavage des égouts au moyen des eaux de la Ville.

L'idée était de Colbert qui, en 1667, proposait de créer pour cet usage, près de chaque fontaine, un réservoir de 15 muids d'eau; on avait souvent proposé d'opérer le nettoyage en dé-

---

[1] Parent-Duchâtelet.
[2] Girard. *Mémoire sur le cours de l'Ourcq*, p. 99.

tournant un bras de la Seine, système impraticable puisque le radier des égouts est beaucoup plus élevé que le niveau du fleuve.

« La crainte de voir les maladies contagieuses occasionnées
« par les émanations des égouts, l'obligation où fut François Ier
« de bâtir à sa mère un nouveau palais, pour la préserver de
« l'infection de l'égout Sainte-Catherine, les remontrances réi-
« térées faites par Henri II aux autorités de la Ville,... sont
« bien plus capables que toutes les dissertations de nous
« donner une idée de l'atmosphère de Paris à ces époques
« éloignées, et de nous faire apprécier le bienfait d'établisse-
« ments qui rendent aujourd'hui le dernier du peuple mieux
« partagé sous le rapport de l'air, que ne l'étaient alors nos
« rois dans l'intérieur de leurs palais[1]. »

Le nettoyage régulier des égouts est en effet une invention toute moderne.

En 1791, ce service fut confié au Département; 16 ouvriers y étaient employés.

La Préfecture de police ayant été établie en 1800, la surveillance des égouts lui fut confiée, et lui est demeurée jusqu'au 10 octobre 1859[2].

L'entretien continua à s'opérer par adjudication; en 1804, le nombre des ouvriers fut porté à 24.

A l'adjudication passée en 1817, ce nombre ne fut pas augmenté, et il était encore le même en 1824 lorsque Parent-Duchâtelet écrivit son mémoire sur les égouts. Ces ouvriers étaient dirigés par deux chefs.

J'ai dit que la longueur des égouts couverts était alors de 35 628 mètres environ; il y avait donc un ouvrier pour 1485 mètres de galerie.

Parent-Duchâtelet nous a laissé une description de l'état des

[1] Parent-Duchâtelet.
[2] Un décret du 10 octobre 1859 a fait passer le service de la Salubrité dans les attributions de M. le Préfet de la Seine.

égouts en 1824, d'autant plus précieuse que c'est peu de temps après que se généralisa l'application des eaux publiques au lavage des égouts.

On y distinguait alors six espèces d'odeurs :

1° *L'odeur fade*, plutôt désagréable que repoussante, produisant, lorsqu'on la respirait pendant quelque temps, une sorte de faiblesse et d'énervation, et des soulèvements de cœur à ceux qui la sentaient pour la première fois.

Cette odeur était particulière aux égouts bien aérés, bien entretenus et de faible longueur.

Il n'est personne dans Paris, ajoute Parent-Duchâtelet, qui n'ait eu l'occasion de sentir cette odeur en passant dans les rues auprès de l'embouchure des égouts.

2° *L'odeur ammoniacale*, qui se remarquait surtout dans les égouts de grande longueur et très mal entretenus. C'est à l'ammoniaque qu'on doit attribuer les ophthalmies légères dont les égoutiers sont atteints quelquefois.

3° *L'odeur d'hydrogène sulfuré*, qui se développait dans les égouts négligés depuis longtemps, et dans lesquels l'air circulait mal.

C'est l'hydrogène sulfuré qui produit la plupart des cas d'asphyxie dont sont frappés les ouvriers dans les égouts.

4° *L'odeur putride*, comparable à celle des pièces anatomiques en macération, ne se remarquant que sur un très petit nombre de points.

5° *L'odeur forte et repoussante* de l'eau de savon ou de vaisselle en putréfaction, se développant particulièrement à l'embouchure extérieure des égouts lorsqu'on agitait la boue, ou simplement en temps d'orage, ou lorsqu'on remuait les masses considérables d'immondices qui s'accumulaient dans les égouts mal entretenus.

6° *Les odeurs spéciales* à certains égouts, telle que celle d'urine de vache qui se remarquait dans l'égout Amelot bordé d'établissements de nourrisseurs, celle de la Bièvre dont les bords sont couverts de tanneries, celles des égouts des Invalides, de l'École Militaire, de la Salpêtrière, qui servent de fosses d'aisances à ces grands établissements. Celle de l'égout de la Salpêtrière, sous les infirmeries, les cours et les dortoirs, était véritablement horrible.

« Cette odeur n'est cependant encore rien, dit Parent-
« Duchâtelet, en comparaison de celle que répand dans le Grand
« Égout la décharge de la voirie de Montfaucon. . . . .

. . . .

« Je ne connais pas par moi-même l'impression que peut faire
« la chute de cette décharge dans l'égout, mais elle doit être
« horrible, si j'en juge par celle que j'ai éprouvée en me trou-
« vant à la voirie au moment même où le liquide se précipitait
« dans le tuyau et surtout par les vapeurs qui sortaient alors
« par les ouvertures qui se trouvent plus bas dans les fau-
« bourgs Saint-Martin et Saint-Denis.

« Quelques ouvriers m'ont dit que rien ne pouvait être com-
« paré à l'infection qui existait alors dans l'égout. »

Jusqu'en 1850, tous les Parisiens ont pu apprécier ces odeurs caractéristiques en passant près de ces énormes ouvertures où s'engouffraient les eaux pluviales et ménagères pour arriver aux égouts.

Il se formait alors à la surface de la vase répandue au fond des égouts une sorte de couenne épaisse désignée par les ouvriers sous le nom de *peau de crapaud*.

Lorsqu'on crevait cette peau, il s'en échappait en abondance des gaz délétères et infects, qui souvent asphyxiaient les ouvriers employés au nettoyage.

La distribution des eaux du canal de l'Ourcq opéra, dans cette branche du service de la salubrité parisienne, la plus heureuse révolution.

Girard, constructeur de ce canal, avait dit, dans ses Mémoires, qu'une bouche d'eau devait être établie à chaque point haut du ruisseau des rues, de manière à opérer le lavage des deux versants et à jeter ainsi une grande masse d'eau dans les égouts.

MM. Duleau et Emmery ont généralisé ce système en créant, dans le ruisseau de chaque îlot de maisons, au moins un point bas où devait être établie une bouche d'égout, et un point haut où est disposée une bouche d'eau sous trottoir ou une borne-fontaine.

Aujourd'hui, bornes-fontaines ou bouches sous trottoir lavent deux fois par jour les ruisseaux des rues et jettent dans les égouts un volume d'eau considérable qui a beaucoup atténué toutes ces odeurs si bien décrites par Parent-Duchâtelet.

Je donnerai une idée du changement qui s'est opéré sous ce rapport en disant qu'au mois de juillet 1858 on a fait l'essai du moyen mécanique appliqué aujourd'hui au nettoyage de l'égout collecteur et qui sera décrit plus loin.

Une dizaine de personnes assistaient à l'opération, portées sur les wagons qui opéraient le curage, et ont parcouru toute la longueur de l'égout Rivoli entre le boulevard de Sébastopol et la place de la Concorde, non seulement sans éprouver aucune incommodité, mais, de l'aveu général, sans qu'il fût possible d'apprécier aucune odeur sérieusement désagréable.

Il ne faut pas croire, néanmoins, qu'aucun égout ne soit inodore ; les mieux entretenus conservent une odeur caractérisée, qui paraît même très forte au moment où l'on descend dans la galerie, mais à laquelle on s'habitue et qui cesse d'être appréciable quelques minutes après. C'est ce que je remarque toujours toutes les fois que je visite un égout avec une personne étrangère au service. La première impression est évidemment désagréable, mais après un séjour d'un quart d'heure au plus on exprime son étonnement de ne plus rien sentir.

Si les égouts étaient découverts, ils répandraient donc à l'extérieur une odeur qui paraîtrait intolérable par le contraste des alternances d'air pur et vicié qu'on respirerait successivement, et, chose bien singulière, mais qui s'explique cependant par la propriété que l'homme possède de s'habituer promptement à l'atmosphère dans laquelle il vit, ils paraissent inodores lorsqu'ils sont voûtés, c'est-à-dire lorsque les odeurs sont incomparablement plus concentrées qu'à l'air libre[1].

Les odeurs décrites plus haut sont aujourd'hui très affaiblies par le lavage et le curage.

L'odeur fade se retrouve cependant dans la plupart des égouts, mais *l'odeur ammoniacale* ne se remarque plus que dans les égouts bas de voûte et par conséquent mal aérés, quand ils reçoivent les eaux d'urinoirs.

L'odeur d'hydrogène sulfuré, la plus dangereuse de toutes, puisque c'est ce gaz qui produit l'asphyxie connue sous le nom de *plomb*, a presque disparu.

L'odeur putride est particulière aux égouts qui desservent des établissements spéciaux tels que les abattoirs, les hospices, les marchés. Elle est encore assez fréquente dans les égouts des abattoirs à porcs de Grenelle, de Villejuif, etc.

Les égouts Rambuteau et Berger, construits à une époque plus récente, qui reçoivent les eaux des Halles centrales, sont presque sans odeur parce qu'ils sont lavés par un courant d'eau continu et sont nettoyés par les méthodes nouvelles.

Les seuls égouts qui aient conservé leur ancien état d'infection, sont les égouts particuliers de la Salpêtrière, des Invalides, de l'École Militaire, qui ne sont pas soumis à l'entretien muni-

---

[1] La même remarque peut se faire dans tous les lieux clos où se trouvent réunis un grand nombre d'individus, dans les bureaux, les écoles, les hôpitaux, les prisons, les casernes et même les théâtres ; l'odorat de tous ceux qui viennent de l'extérieur est peu agréablement impressionné en entrant, et le premier mouvement est toujours de se rejeter en arrière pour respirer l'air pur, tandis que ceux qui séjournent à l'intérieur depuis quelque temps paraissent tout à fait insensibles à ces odeurs si caractérisées.

Parent-Duchâtelet commet donc une grave erreur lorsqu'il dit que les liquides des fosses sont absolument sans odeur au moment de leur production et qu'on pourrait, sans inconvénient, les jeter à l'extérieur dans les ruisseaux des cours et dans les rues. Tous ceux qui entrent dans une fosse desservie par nos appareils filtrants éprouvent la sensation désagréable que je viens de chercher à décrire, mais s'y habituent si promptement qu'au bout de quelques minutes elle cesse d'exister pour eux. Toutefois, si cette odeur se répandait à l'extérieur, elle serait intolérable pour tout le voisinage, précisément parce que toute l'atmosphère n'en serait pas imprégnée.

cipal et reçoivent toutes les matières fécales de ces grands établissements. Il faut espérer qu'on fera disparaître avant peu ces horribles foyers d'infection[1].

D'autres égouts de peu de longueur ne sont pas entretenus par l'Administration municipale, et par conséquent sont en mauvais état; ce sont les égouts des Tuileries, du Palais Royal, du Louvre ancien et nouveau, des chemins de fer de l'Est et du Nord, de la Monnaie, du Luxembourg, du Palais de Justice, de la Conciergerie, des prisons Mazas et de la Roquette; ces derniers sont nettoyés, mais très irrégulièrement, sur la demande des chefs des établissements.

On a autorisé, il y a quelques années, l'établissement de petits égouts particuliers ou caniveaux à forte pente autour des maisons de la rue de Rivoli et aux abords. Certains de ces égouts sont entretenus par la Ville aux frais des propriétaires; ils sont aussi bien tenus que possible, « mais ils sont difficiles », disent les agents chargés du nettoyage.

D'autre part, beaucoup d'égouts reçoivent des eaux acides qui sont de nature à détériorer les enduits des radiers, entre autres les égouts des rues de Lancry, du Temple, de Charenton, Traversière, de Bercy, de Charonne, de Reuilly, de la Roquette, Daval, du Chemin-Vert, Saint-Gilles, Turenne, Vieille-du-Temple, etc., toutes voies dans lesquelles s'exerce principalement la petite industrie parisienne de la bijouterie.

Des poursuites sont opérées, dans ce cas, contre les industriels coupables de ces déversements, dont l'effet se fait sentir non seulement dans le branchement particulier, mais aussi dans l'égout public; on fait alors l'application de l'art. 17 de l'ordonnance de police du 1er septembre 1853, ainsi conçu :

---

[1] La situation de ces établissements s'est, en effet, un peu améliorée aujourd'hui au point de vue de l'hygiène. À la Salpêtrière on a installé des tinettes-filtres au lieu et place des fosses immondes qui infectaient l'établissement tout entier ; aux Invalides et à l'École militaire, on a fait aux radiers des égouts particuliers qui les desservent des réparations qui rendent plus facile l'écoulement des matières fécales.

Art. 17 . . . .

« Il est également interdit de laisser écouler dans les égouts
« des eaux acides qui ne seraient pas préalablement neutrali-
« sées, de manière à prévenir la détérioration des égouts. »

Les condamnations prononcées entraînent presque toujours,
non seulement le payement d'une amende, mais encore la réparation, aux frais des contrevenants, du radier du branchement
particulier ainsi que de celui de l'égout public sur toute la longueur détériorée.

En même temps que s'exercent les poursuites judiciaires,
le Service des égouts prescrit la neutralisation des eaux
acides déversées : grâce à ces mesures combinées, on peut dire
qu'aujourd'hui les déversements sont aussi restreints que possible.

Enfin, dans certains quartiers industriels, quelques égouts
reçoivent des eaux chaudes à un degré assez fort dont les
moindres inconvénients sont d'élever la température même des
eaux de sources dans les conduites, et surtout de répandre par
les bouches, sur la voie publique, des vapeurs imprégnées de
miasmes insalubres.

Je me dispose à proposer des mesures pour faire cesser ces
inconvénients[1].

On a fait quelques essais pour nettoyer les égouts par de
simples chasses, en leur donnant une très petite section et une
forte pente. M. l'inspecteur général Dupuit a fait établir au
pied des maisons rues Aumaire et Saint-Martin un petit cani-
veau de ce genre à forte pente avec vannes pour produire des
chasses, et borne-fontaine au heurt. Les vannes devaient être

[1] Ce projet de M. Belgrand a été réalisé un peu plus tard. On trouvera plus loin, aux
Annexes, le texte d'un arrêté préfectoral du 28 janvier 1881, qui interdit l'écoulement, dans
les égouts, des eaux chaudes d'une température supérieure à 30 degrés et prescrit des
poursuites en cas de contravention.

manœuvrées de l'extérieur par les cantonniers; mais ce système trop compliqué n'a pas réussi.

L'ancien collecteur de la rive gauche, établi sous le chemin de halage entre les ponts de la Tournelle et des Saints-Pères, se trouve dans de très mauvaises conditions d'entretien : comme il manque de pente, et qu'il est presque au niveau de la retenue du Pont-Neuf, l'eau du fleuve y pénètre à la moindre crue et rend le nettoyage impossible. Cet égout est infect, et il s'y produit un phénomène analogue aux feux follets des marais; l'hydrogène carboné qui se développe dans les vases de l'égout y forme des poches que les égoutiers crèvent avec leurs pieds, le gaz qui s'en échappe s'enflamme aux lampes et forme quelquefois de longues traînées qui ne sont jamais bien dangereuses mais qui effrayent assez les ouvriers pour qu'ils ne pénètrent pas volontiers dans les galeries où ils en sont menacés. Ces dégagements d'hydrogène carboné, qu'ils désignent sous le nom de *feux*, sont ce qu'ils redoutent le plus après le *plomb* (dégagement d'acide sulfhydrique).

Ce collecteur cessera d'être utilisé dès que la grande galerie des quais de la rive gauche sera achevée jusqu'à la Bièvre[1].

---

[1] Ce travail a été exécuté en 1881. Mais c'est à la suite d'un accident des plus graves, survenu en 1885, que la suppression définitive de l'égout latéral a été décidée.

Le 21 juin de cette année, vers neuf heures du soir, un orage éclata sur Paris et fut accompagné d'une pluie torrentielle (la plus forte constatée à Paris depuis le commencement du siècle) qui produisit une crue subite de la Bièvre.

Le collecteur de la rive gauche fut lui-même insuffisant et les eaux débordèrent à l'amont en occasionnant des dégâts assez importants; mais, en même temps, le réseau des égouts situés entre ce collecteur et la Seine fut envahi par les eaux qui arrivèrent dans l'égout latéral par les galeries de décharge y débouchant. Cet égout, dont la section était réduite de moitié, en fait, par l'amoncellement des sables qui s'y étaient déposés à la suite des crues de la Seine et qui était en mauvais état par suite de l'impossibilité de le visiter, céda sous la pression et creva sur 60 mètres de longueur à partir de la tête amont du pont de l'Archevêché.

Le piédroit de rive s'était décollé et était tombé dans la Seine, entraînant dans sa chute plusieurs personnes qui s'étaient abritées sous le pont; deux d'entre elles y trouvèrent la mort.

ANCIEN MODE DE NETTOIEMENT DES ÉGOUTS.

Voici la description de l'ancien procédé employé probablement dès l'origine des égouts.

Les ouvriers poussent la boue devant eux au moyen d'un rabot en la délayant dans la plus grande quantité d'eau possible ; la vase et toutes les parties meubles sont entraînées et il ne reste sur le radier que les parties les plus grossières, telles que le sable, les fragments de briques, les pierres et les cailloux. La grande quantité d'eau qu'on jette dans les égouts aujourd'hui a beaucoup facilité cette opération préliminaire. On place des vannes mobiles de distance en distance, de manière à opérer des retenues d'eau qu'on lâche tout à coup et qui produisent plus d'effet que le courant continu, mais faible, qui existerait sans cela dans l'égout.

Lorsqu'on a ainsi dégagé de la boue toutes les parties meubles, on ramasse le sable en tas et on procède à l'*extraction*. Cette opération se fait par la cheminée des regards au moyen de seaux en bois ou en gutta-percha ; les matières sont versées dans des tombereaux et ensuite transportées aux décharges publiques, soit par terre, soit par eau.

La quantité de sable qu'on retire annuellement des égouts est aujourd'hui d'environ 22 500 mètres cubes. Le prix d'extraction et de transport aux décharges publiques du mètre cube s'élève maintenant à peu près à 16 francs. Cette partie du service coûte donc environ 360 000 francs. Cette somme est considérable ; on comprend d'ailleurs combien il est fâcheux d'extraire et de déposer sur la voie publique des matières dont l'aspect et l'odeur sont loin d'être agréables.

L'extraction ne se pratique pas dans certaines parties

d'égouts qui ont une forte pente, tels que ceux des coteaux de la rive droite et de la Montagne Sainte-Geneviève.

Autrefois le Grand Égout de Ceinture n'était jamais curé entre la rue de l'Arcade et la Seine.

Cette galerie, avant les nouveaux travaux de la Ville, était d'un entretien très difficile entre son origine et la rue de l'Arcade ; on y faisait beaucoup d'extraction de sable. Entre la rue de l'Arcade et le quai de Billy, sur 2400 mètres de longueur, l'égout passe sous les maisons et les extractions y étaient presque impossibles. On laissait les immondices s'y accumuler et on comptait, pour opérer le nettoyage, sur les fortes chasses que produiraient les pluies à chaque averse ; on a vu qu'alors l'eau ressortait par toutes les bouches. L'égout était donc plein d'eau jusqu'à la clef, fonctionnant comme une conduite forcée et l'eau y prenait une telle vitesse que toutes les matières étaient entraînées. J'ai constaté qu'au débouché en Seine, à la suite de l'orage du 21 mai 1857, une pierre de plusieurs décimètres cubes flottait sur l'eau pendant plusieurs mètres comme un corps léger.

Depuis que les travaux de l'Administration ont fait disparaître les inondations produites par l'égout de Ceinture entre la rue du Temple et la rue du faubourg Saint-Honoré, cette propriété de la partie inférieure de l'égout de Ceinture n'existe plus et cette galerie s'engorge avec une grande facilité.

On comprend facilement que l'Administration n'ait pas cherché à maintenir un mode de nettoiement très efficace sans doute, mais qui était basé sur la submersion des quartiers bas de la ville. Les inconvénients étaient bien supérieurs aux avantages qu'on en pouvait retirer.

L'annexion de la zone suburbaine est venue ajouter au réseau de Paris 54 kilomètres d'égouts dans de mauvaises conditions d'entretien.

Le manque d'eau était la cause principale de l'insalubrité de ces égouts. La zone suburbaine ne consommait en effet que

13 000 mètres cubes d'eau, tandis que l'ancien Paris, sur une surface à peu près égale, en consommait 140 000 mètres.

Le nettoiement des égouts est aujourd'hui une opération presque sans danger dans l'ancien Paris. Cependant, il arrive quelques accidents de temps à autre, surtout dans les égouts de la zone annexée.

Le 11 juin 1840, le sieur Regouby, inspecteur des égouts, et la plupart des ouvriers de la brigade, furent frappés d'asphyxie dans l'égout du boulevard extérieur près de la barrière Blanche. Cet agent mourut des suites de cet accident, les ouvriers furent sauvés.

Quelques cas peu graves d'asphyxie ont eu lieu depuis cette époque ; aucun des ouvriers atteints n'a succombé.

L'asphyxie produite par l'acide sulfhydrique est un véritable empoisonnement. Les ouvriers sont donc plus longtemps malades que lorsque l'accident est dû à un autre gaz non respirable.

Le 11 août 1858, cinq ouvriers furent surpris dans l'égout de la rue Richelieu par la crue produite dans cette galerie à la suite d'une forte averse. La submersion fut si prompte qu'ils eurent à peine le temps de se réfugier dans un égout d'un niveau plus élevé, celui de la rue Molière ; ils avaient de l'eau jusqu'au cou lorsqu'ils atteignaient ce refuge. Ils se tenaient par la main en fuyant devant la crue : quatre d'entre eux purent se sauver, mais le cinquième totalement submergé lâcha la main de son camarade et fut entraîné dans la Seine où son cadavre fut retrouvé.

On a cherché à supprimer les deux dangers d'asphyxie et de submersion, le premier en augmentant le volume de l'eau, et le second en coupant les égouts insuffisants par des collecteurs.

En résumé, au moment où la Ville a modifié le système de

ses égouts, les galeries étaient nettoyées deux fois par semaine et maintenues dans un état assez convenable de propreté.

Mais deux considérations nouvelles sont venues modifier profondément le système de curage des égouts.

NOUVELLES MÉTHODES DE NETTOIEMENT DES ÉGOUTS.

L'établissement des chaussées macadamisées produisit un bouleversement complet dans le système de nettoiement des égouts.

On a vu ci-dessus qu'il était possible de se débarrasser des vases légères et des corps flottants au moyen d'une manœuvre facile ; jamais ces matières ne sont extraites sur la voie publique, elles sont entraînées jusqu'en Seine par le courant de l'eau de l'égout.

Les sables et autres matières lourdes restent sur le radier d'où il faut les extraire par les cheminées de regards. Les chaussées pavées produisent très peu de sable, cela se comprend sans peine. Les égouts construits sous ces chaussées y sont donc d'un entretien facile et peu coûteux et ils peuvent être tenus en bon état au moyen des anciennes méthodes.

Depuis plusieurs années, on dresse un tableau hebdomadaire de l'état des égouts, et ce tableau prouve que les galeries sont généralement assez propres dans les rues pavées, même quand les rues sont à faible pente.

Mais le développement des chaussées macadamisées a modifié complètement les conditions du nettoiement.

Ces nouvelles voies produisent une énorme quantité de boue composée presque en totalité de sable de toute grosseur. Ces boues, réunies dans les ruisseaux par le service de balayage, sont entraînées en grande partie dans les égouts par les eaux pluviales ou par celles des bornes-fontaines.

Il se forme alors dans l'égout au débouché de chaque bouche ce que les ouvriers appellent un *batard*, c'est-à-dire un monceau de boues lourdes, que l'eau entraîne difficilement.

Si, par des procédés que nous allons décrire, on ne fait pas disparaître les batards au fur et à mesure de leur production, ou si la projection des boues est trop considérable, chaque batard devient un barrage qui fait accumuler l'eau en amont, l'égout alors se remplit d'eau et devient impraticable. Pour le dégager, il faut commencer par l'aval en enlevant les uns après les autres tous les batards et en vidant ainsi tous les biefs successifs. Mais cette opération est lente et pénible et l'égout peut se trouver engorgé pendant des mois entiers.

Avant l'application du système de nettoiement que nous allons décrire, c'était surtout dans les collecteurs que ces inconvénients se faisaient sentir. Toutes les grandes galeries étant à faible pente, les sables y restaient dans une immobilité complète à l'aval de chaque chute et de chaque confluent d'égout secondaire et y formaient des batards énormes qui rendaient l'égout d'autant plus impraticable que le volume d'eau débité était presque toujours très considérable ; le remous produit par ces barrages s'étendait en peu d'heures dans tous les égouts qui venaient y déboucher.

Dans l'hiver si humide de 1859 à 1860, les grands égouts de Ceinture et de Sébastopol, où les nouveaux procédés de nettoiement n'avaient pas encore été appliqués, ont été engorgés pendant quatre à cinq mois.

Les sables accumulés sur les radiers faisaient refluer l'eau dans toutes les galeries latérales qui s'engorgèrent promptement pendant plusieurs mois ; ainsi l'égout Notre-Dame-de-Nazareth, par suite du remous de la galerie Sébastopol, fut rempli de 2 mètres d'eau. On comprend sans peine les inconvénients d'un pareil état de choses, surtout à Paris où les égouts renferment les conduites d'eau et les tinettes-filtres qui tendent de plus en plus à remplacer les fosses d'aisances.

Lorsque la pente d'un égout dépasse 10 mètres par kilomètre, le nettoiement s'opère sans aucune difficulté par la seule force de l'eau ; il suffit que l'ouvrier exerce une facile surveillance pour empêcher la formation des batards. Ainsi tous les égouts qui descendent des coteaux de la rive droite et la plupart de ceux de la rive gauche sont toujours dans un état de propreté normal, presque sans dépense.

Lorsque la pente est comprise entre 5 et 10 mètres par kilomètre, le nettoiement se fait encore sans difficulté ; mais l'ouvrier est obligé de faciliter le travail de l'eau en poussant les matières avec son rabot. Par exemple, dans l'égout de la rue des Martyrs, on trouve une partie dont la pente n'excède pas 8 mètres par kilomètre ; il faut alors que l'ouvrier agite un peu les matières pour en déterminer le départ ; sans cela, il s'y formerait de distance en distance des accumulations de matières putrescibles.

Lorsque la pente descend au-dessous de 5 mètres par kilomètre et que l'égout reçoit des boues de macadam, le travail devient de plus en plus difficile, et l'extraction du sable sur la voie publique se pratique par les regards ainsi qu'il a été dit ci-dessus.

C'est dans ces dernières conditions de pente que les nouveaux moyens de nettoiement deviennent très utiles.

Pour supprimer l'extraction des sables, qui est une opération toujours coûteuse, il faut faire en sorte que les égouts à faible pente qui reçoivent des boues de macadam et dans lesquels ces procédés ne peuvent être appliqués, n'aient pas plus de 500 mètres de longueur, ou, en d'autres termes, qu'ils soient coupés de 500 mètres en 500 mètres par des galeries du nouveau système.

On a vu plus haut que lorsqu'on construisit l'égout Rivoli, sous la direction de M. Dupuit, on y établit en même temps un petit chemin de fer pour en faciliter le nettoiement ; après avoir

donné la description de cette galerie dans son ouvrage sur les
Eaux, publié en 1854, M. Dupuit ajoute :

« Les angles de cette banquette, protégés par une forte cor-
« nière en fer, forment les rails sur lesquels circuleront les
« wagons qui emporteront les produits du curage, et pourront,
« comme les bateaux qui servent à celui des canaux, recevoir
« à l'arrière-train une vanne mobile.

. . . .

« Les parties solides seront mises en wagon et portées jusqu'à
« la Seine, où se trouveront des issues convenablement ména-
« gées pour ce service. »

M. Dupuit fit construire un wagon-vanne dont le dessin est
reproduit ci-dessous (fig. 44). On voit, d'après ce qui pré-

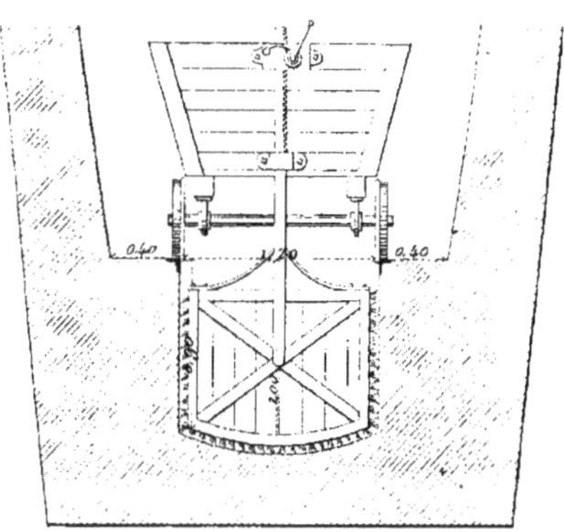

Fig. 44. — Premier wagon-vanne employé au curage du collecteur Rivoli.

cède, que cet appareil était à la fois un moyen de propul-
sion mécanique et un tombereau. La vanne était destinée à
ramasser, dans la cunette de l'égout, les vases et autres déjections qui devaient ensuite être chargées dans le tombereau
et transportées hors de l'égout par le chemin de fer.

Ce wagon d'essai fut livré au Service de la salubrité qui
alors n'était pas placé sous la direction des ingénieurs et dé-
pendait de la Préfecture de police. Cette Administration ne fit

aucun usage de cet appareil que j'ai trouvé tombant de vétusté en 1856.

Néanmoins, il est bien probable que si le service du nettoiement avait été en 1855 entre les mains des Ingénieurs de la Ville, on aurait bien vite fait disparaître dans la pratique les défauts du premier wagon construit et qu'on serait arrivé plus promptement au système de curage mécanique qui a si bien réussi plus tard.

Après la réorganisation du service, en 1856, on fit construire dans les ateliers de la Ville des wagons d'un modèle plus petit mais sans vannes, le Service de la salubrité ayant déclaré que cet appareil lui paraissait inutile.

Néanmoins, je ne renonçais pas à l'idée du nettoiement mécanique que je considérais comme le seul réellement pratique dans les grands égouts.

Lorsque la construction du collecteur d'Asnières fut résolue, je fis disposer la cunette de manière qu'on pût y faire passer des bateaux-vannes. Ce système de curage, dont l'application aux canaux du Nord avait donné toute satisfaction, devait, suivant moi, fournir de bons résultats dans les égouts de Paris ; je n'hésitai pas à faire construire un bateau-vanne et prendre dans l'égout toutes les dispositions nécessaires pour faciliter la remonte et la manœuvre de ces appareils ; mais tout le monde m'annonçait un échec.

Cependant, le Service des égouts revenait peu à peu à l'idée du nettoiement mécanique.

Un des piqueurs du service, M. Louis, fixa à l'un des wagons légers récemment fournis une vanne grossière en bois et obtint des résultats qui parurent si satisfaisants que M. le Préfet de police demanda de nouveaux wagons-vannes aux ingénieurs de la Ville.

Le modèle fut étudié et l'appareil construit sous leur direction dans les ateliers des machines du Service municipal.

Le premier wagon-vanne fut livré au Service de la salubrité en juillet 1858.

Le succès fut complet ; j'ai dit ci-dessus (page **174**), que j'allai, quelques jours après, accompagné de plusieurs personnes, parcourir l'égout de Rivoli sur un train que mettait en marche un seul wagon-vanne poussé par l'eau de l'égout.

Le décret du 10 octobre 1859 fit passer le nettoiement des égouts du service du Préfet de police à celui du Préfet de la Seine. Les ingénieurs de la Ville furent alors chargés de cette importante opération.

Depuis cette époque, le nouveau procédé du curage se généralisa et fut appliqué non seulement à l'égout Rivoli, mais encore à tous les collecteurs qui reçoivent une quantité d'eau suffisante.

L'action de ces vannes mobiles, montées soit sur des trucs roulants, soit sur bateaux, consiste à entretenir dans les collecteurs des courants factices susceptibles d'entraîner les matières lourdes. Une fois rabattues dans la cunette de l'égout, dont elles empruntent presque la largeur, il se forme à l'arrière une retenue d'eau qui, lorsqu'elle est suffisante pour déterminer une différence de niveau de 15 à 20 centimètres, passe avec force dans deux petites ouvertures ménagées dans le panneau et dans le vide qui existe entre celui-ci et la paroi de la cunette.

Il s'établit alors une double action de l'eau. D'une part, le remous produit par la vanne exerce une pression qui fait marcher l'appareil ; d'autre part, les ouvertures de la vanne chassent en avant les vases et les sables. Bientôt, ces matières forment en aval un véritable banc qui atteint jusqu'à 100 mètres de longueur et s'opposerait à la marche de l'appareil si la vitesse de l'eau ne maintenait pas le sable en mouvement et ne le transportait de l'amont à l'aval du banc, qui voyage à la manière des dunes sous l'influence du vent.

Par l'effet de cette chasse continue, tout le système descend avec lenteur en déplaçant quelquefois, ainsi que l'expérience l'a démontré, outre les sables et les vases, des pierres assez volumineuses qui, seules, ne seraient pas ébranlées, mais qui, mêlées aux sables, participent au mouvement de la masse.

Les bancs parcourent ainsi, en moyenne, un kilomètre en vingt-quatre heures et atteignent un cube variant de 50 à 200 mètres suivant l'importance et le débit des collecteurs.

Ce mode de nettoiement est beaucoup plus économique que celui qui a été décrit précédemment; il exige, pour fonctionner, une grande quantité d'eau, mais il réduit les frais d'entretien.

Je donnerai ci-dessous la description des appareils de curage des collecteurs, dont les deux types principaux sont le *wagon-vanne* et le *bateau-vanne*. Je vais indiquer sommairement quelles sont les conditions exigées pour l'emploi de ces appareils.

Lorsqu'un égout doit recevoir un volume d'eau considérable et dépassant 50 litres par seconde, on peut y établir des wagons-vannes. Il faut alors donner $0^m,80$ de profondeur, au moins, à la cunette (types n°s 2, 5 et 6 modifiés) et ne se tenir à ce minimum que si l'on est limité par la hauteur du sol. C'est ce qu'on a dû faire au collecteur des Coteaux (rive droite). Mais plus la cunette est profonde, mieux le nettoiement s'opère. Ainsi, de tous les égouts à wagons-vannes, c'est certainement celui de Sébastopol qui fonctionne dans les meilleures conditions parce que sa cunette a de $1^m,50$ à $1^m,80$ de profondeur.

Lorsque le volume d'eau que l'égout doit débiter n'atteint pas 50 litres par seconde, on ne donne à la cunette, en dessous des rails, que $0^m,40$ de profondeur (types n°s 8 et 9).

Le service se fait alors par des *wagons à bascule* ou *wagons-tombereaux* dans lesquels les matières sont chargées et transportées jusqu'à la Seine ou jusqu'à un collecteur nettoyé par wagon-vanne ou bateau-vanne. La largeur des voies des égouts à rails varie de $1^m,20$ à $0^m,80$ suivant l'importance du type.

Lorsque le volume d'eau à recevoir est très considérable et dépasse 200 litres par seconde, lorsqu'en même temps la pente ne dépasse pas 0^m,50 par kilomètre, on donne à la cunette, soit 2^m,20 de largeur et 1 mètre de profondeur (type n° 5, collecteur des quais), soit 3^m,50 de largeur et 1^m,55 de profondeur (type n° 1, collecteur général); le nettoiement s'opère alors avec le bateau-vanne.

DESCRIPTION DES APPAREILS SERVANT AU CURAGE MÉCANIQUE DES ÉGOUTS.

Wagon-vanne à treuil (planche VI de l'Atlas).

Le wagon-vanne à treuil se compose d'un plancher en fer entouré d'une balustrade et repose sur un châssis supporté par des essieux. Il roule sur des rails fixés aux angles de la cunette de l'égout et contient deux coffres destinés à la remise du matériel.

Pour arrêter ce wagon dans sa marche, on se sert d'un frein dont la manivelle est placée à l'arrière; en fin de travail, ou en temps d'orage, on l'amarre à des organeaux scellés dans les piédroits de l'égout au moyen de chaînes fixées sur ses côtés.

La vanne mobile servant au curage se lève au moyen d'un treuil; elle est maintenue à son extrémité inférieure et sur les deux faces par une chaîne qui s'enroule autour de rouleaux disposés à cet effet et que le treuil fait mouvoir.

Ce système permet, par le jeu d'un cliquet, de donner à la vanne l'inclinaison voulue.

Wagon-vanne à vis (planche VI de l'Atlas).

Le wagon-vanne à vis diffère du précédent en ce que le panneau, au lieu d'être mobile, est maintenu dans les glissières et affecte toujours la même inclinaison. C'est là un désavantage. En effet, le mouvement de la vanne se fait très lentement, de sorte que si elle vient à rencontrer, dans sa descente, une pierre de forte dimension, ou bien le wagon déraille, ou bien la vis qui est en bronze, se rompt pour n'avoir pas été relevée assez tôt.

Wagonnet à vis.

Dans les collecteurs à cunette de $0^m,80$ de largeur, on emploie les wagonnets à vis qui diffèrent des précédents non seulement par leurs dimensions moindres, mais encore en ce que la vis étant mobile permet de donner à la vanne telle inclinaison que l'on veut. De plus, ils sont pourvus d'ailettes sur les côtés, afin d'augmenter la retenue de l'eau en amont et, par conséquent, la puissance motrice.

Wagon à bascule, grand et petit modèles (planche VII de l'Atlas).

Le wagon à bascule, qui ne s'emploie que dans les collecteurs à rails, se compose d'une caisse en forme de pyramide tronquée dont la plus grande base est à la partie supérieure. Sa contenance varie entre $0^{m3},770$ (grand modèle) et $0^{m3},550$ (petit modèle).

La caisse, ordinairement en tôle, repose au moyen de tourillons et de longerons sur un châssis en bois ou en fer, lequel est placé lui-même sur les essieux de deux paires de roues. Les deux panneaux d'avant et d'arrière du wagon sont mobiles, on les déplace au moyen de poignées.

On empêche la caisse d'osciller en engageant une pièce de bois appelée clef dans deux colliers ménagés à l'avant et à l'arrière sur le châssis.

Pour vider le wagon, on enlève l'un des panneaux mobiles ainsi que la clef qui le retient : le wagon n'étant plus maintenu s'abaisse et le sable tombe à terre.

Quelques wagons à bascule sont pourvus de freins, particulièrement ceux qui voyagent dans des égouts à pente rapide.

Wagonnet à bascule (planche VIII de l'Atlas).

On emploie dans les petits égouts à rails, à voie de $0^m,80$, des wagonnets en tôle, d'une contenance maxima de $0^{m^3},500$. Ils affectent la forme prismatique à la partie supérieure et la forme demi-cylindrique à la partie inférieure.

La caisse, qui repose sur deux paires de roues, bascule librement autour de son point d'appui. Pendant les transports, on maintient la caisse fixe au moyen de taquets placés à la partie supérieure.

Plaques tournantes (planche XI de l'Atlas).

Au croisement des égouts, se trouvent des plaques tournantes dont le mouvement de rotation s'opère sur des galets. Elles sont de deux types correspondant aux modèles des wagons.

Bateau-vanne (planche IX de l'Atlas).

Le bateau-vanne affecte la forme des bateaux ordinaires à cette exception près que l'une des extrémités est rectangulaire. Il est construit tout entier en tôle. Une vanne en bois, ayant à quelques centimètres près la section de la cunette, est ajustée à l'avant (voir planche X de l'Atlas les différents modèles de vanne) ; on la baisse ou on la lève à l'aide d'un treuil fixé au bateau. Elle travaille comme celle du wagon décrit ci-dessus.

Le bateau est muni de trois coffres destinés à remiser les ustensiles du curage : balais, écopes, rabots, etc. ; deux de ces coffres sont placés le long des flancs du bateau ; le troisième est placé sous la levée.

De chaque côté du bateau sont installés des strapontins qui en permettent l'accès. Pour éviter les frottements du bateau contre les parois de la cunette, on le pourvoit d'un système de tringles, appelées *guides*, dont le jeu est commandé par une vis placée du côté de la levée.

Un peu en arrière du treuil est fixé un appareil servant à supporter une lampe à réflecteur.

Des chaînes fixées au bateau permettent de l'amarrer aux organeaux scellés dans les piédroits du collecteur.

Le premier bateau-vanne fut mis en service le 5 mars 1859, en même temps que le collecteur général d'Asnières.

Vannes de barrage ou écluses (planche XI de l'Atlas).

Dans les collecteurs à bateaux seuls sont établies, de distance en distance, des vannes de barrage ou écluses destinées à arrêter le courant de l'eau au moment de la remorque des bateaux, laquelle serait très difficile si l'on avait à vaincre le courant ordinaire de l'égout.

Ces écluses se composent d'un panneau en tôle ou en bois ayant exactement les dimensions de la cunette et se manœuvrant verticalement au moyen d'un treuil établi dans une chambre située au-dessus de la voûte de l'égout et à laquelle on accède par deux galeries latérales. Chaque écluse est maintenue à la fois par deux tourillons à la partie supérieure et deux chaînes à la partie inférieure. Les coussinets des tourillons sont placés dans deux montants en fer qui décrivent un arc de cercle quand on baisse la vanne ou qu'on la lève.

Drague pour égout (planche VIII de l'Atlas).

Lorsque le bassin de décantation du pont de l'Alma fut creusé pour retenir les sables en tête du siphon, on installa une drague pour les extraire.

Cette drague se compose d'un chariot à peu près semblable à celui des wagons-vannes. Une échelle à godets y est adaptée et roule sur des galets que l'on fait mouvoir au moyen de deux manivelles commandant les tambours extrêmes. Pendant que les godets de la partie inférieure montent chargés de sable, ceux de la partie supérieure descendent, vidant leur contenu dans un wagon à bascule. A l'arrière du chariot est adapté un moufle destiné à relever ou à abaisser l'échelle[1].

---

[1] Cette drague n'a pas donné les résultats qu'on en espérait ; elle ne fournissait pas une

MATÉRIEL ET DÉPENSES DU NETTOIEMENT DES ÉGOUTS.

Le wagon-vanne est employé en 1878 au nettoiement des égouts suivants :

		Nombre de wagons nécessaires
Collecteur des quais (rive droite), du Châtelet au bassin de l'Arsenal.		5
—	Péreire.	2
—	des Coteaux	21
—	Rivoli	8
—	des Petits-Champs	1
—	Sébastopol	7
—	Henri IV	1
—	Debilly	2
—	Saint-Denis	5
—	Bosquet	3
	Total	55

Le nettoiement s'opère au moyen du bateau-vanne dans les égouts à large cunette, savoir :

	Nombre de bateaux nécessaires.
Collecteur d'Asnières, de la fourche à la Concorde.	7
— des quais (rive droite), de la Concorde au Châtelet.	3
— Joséphine (Marceau).	6
— de la Bièvre.	4
Total	20

Chaque appareil n'exigerait à la rigueur qu'un seul ouvrier, mais on en met habituellement deux pour faciliter les manœu-

somme de travail suffisante, parce que les godets, une fois pleins de sable, se vidaient en partie à leur sortie de l'eau, sous l'action du courant. On en est revenu à un appareil primitivement employé, un *monte-charge* composé de deux seaux dont l'un monte plein en même temps que l'autre redescend vide. J'ai cru néanmoins intéressant de donner ici la description de la drague pour montrer combien M. Belgrand ne laissait rien au hasard et s'ingéniait à compléter toutes ses inventions.   (*Note de M. Couche.*)

vres, de sorte que 150 ouvriers suffisent au nettoiement de ces grandes galeries.

Les égouts nettoyés au moyen du wagon-tombereau sont les suivants :

1° Collecteur des Batignolles par le boulevard Péreire et la rue Cardinet, de l'avenue de Clichy à la rue d'Asnières (type 8);

2° Collecteur Saint-Germain, de la rue Saint-Dominique au quai d'Orsay (type 5);

3° Collecteur Saint-Michel, du boulevard Saint-Germain à la Seine (type 4);

4° Égout de Rennes, de la rue de l'Abbaye à la rue de Vaugirard (type 8);

5° Égout Contrescarpe, de la Seine à la rue Daval (type 8);

6° Collecteur de Bercy, du bassin de l'Arsenal à la rue de Dijon (type 8 modifié);

7° Égout du boulevard Voltaire, entre la place du Trône et le canal Saint-Martin (type 9);

8° Collecteur Rivoli, entre la rue de Sévigné et le collecteur du boulevard Sébastopol (type 7);

9° Égout de la Coutellerie (type 9);

10° Égout Rambuteau, entre la rue du Jour et la rue Quincampoix (type 9);

11° Égout Drouot, entre le boulevard des Italiens et la rue du Faubourg-Montmartre (type 9);

12° Égout des Capucines, entre la rue Neuve-des-Capucines et la rue Louis-le-Grand (type 8);

13° Égout de jonction, par les rues Pasquier, d'Anjou, Tronson-Ducoudray et Lavoisier (type 9);

14° Égout Saint-Placide, entre la rue de Rennes et la rue du Cherche-Midi (type 8).

Le service dispose de 78 wagons-tombereaux dans ces galeries dont la longueur est d'environ 13 kilomètres.

Le nettoiement des 600 et quelques kilomètres d'égouts publics de Paris et des 150 kilomètres de branchements particuliers abonnés, exige un personnel ainsi composé :

Inspecteur de l'assainissement.   1
Contrôleur principal   1
Contrôleurs   5
Sous-contrôleurs.   5
Piqueurs.   14
Garde-rivière.   1
Ouvriers commissionnés.   185
Ouvriers auxiliaires.   364

       Total.   572

Le matériel se compose des objets principaux suivants :

20 bateaux-vannes à 3000 fr. . . . .   60 000 fr.
45 wagons-vannes à 1600 fr. 72 000
68 wagons-tombereaux à 1550 fr. 105 400
10 wagonnets-tombereaux à 800 fr. 8 000
 2 wagons-bouleurs pour chasser les vases à
 1500 fr. 3 000
 1 monte-charge pour l'extraction des sables dans
 les bassins à sables 1 500
 2 dragues pour l'extraction des sables dans les
 bassins à sables à 2500 fr. 5 000
 2 trains pour wagonnets à 300 fr.   600
12 margotats, dont 10 avec nacelle 99 500

     Total. . . . .   355 000 fr.

Dans ce chiffre ne sont pas comptés les menus objets tels que : échelles, rabots, bottes, seaux, brouettes, etc.

Le crédit total mis cette année à notre disposition pour le service du curage des égouts (1878) s'élève à 1 056 000 francs[1].

[1] Le crédit du curage des égouts qui, avant 1870, se montait annuellement à plus de 1 100 000 francs, avait été réduit, depuis la fatale année 1870, de près de 200 000 francs : il avait, comme toutes les autres dépenses affectées aux travaux de la Ville, fléchi sous le poids des économies qui s'imposaient de toutes parts. Peu à peu, il fut augmenté, d'année en année, d'une somme proportionnelle au développement annuel des égouts. C'est ainsi qu'en 1878 il était remonté à 1 056 000 francs. Mais, à la suite de la campagne engagée par la presse en 1881, sous le nom des « odeurs de Paris », contre l'insalubrité des égouts auxquels on attribuait l'épidémie de fièvre typhoïde qui sévissait alors dans Paris, le Conseil municipal, cédant au sentiment public, éleva brusquement le crédit du curage des égouts de 1 184 000 francs à 1 902 000 francs, ce qui permit de curer au moins une fois par semaine les petites galeries que l'insuffisance des ressources ne permettait quelquefois de ne curer que toutes les quinzaines.

Chaque année, depuis 1881, le crédit du curage des égouts est allé en augmentant jusqu'en

Le nettoiement de chaque mètre d'égout coûte donc annuellement 1 fr. 57 c.

J'ai fait voir plus haut les nombreuses incommodités résultant autrefois de l'état malpropre dans lequel étaient tenus les égouts de Paris, alors qu'ils n'étaient soumis à aucun curage régulier et que l'on comptait sur les pluies pour les laver.

Faut-il de là induire que la profession d'égoutier est une des plus insalubres et que le séjour de ces ouvriers dans les égouts les assujettit à des maladies ou des malaises occasionnés par le dégagement des gaz méphitiques et principalement de l'hydrogène sulfuré? Je ne le pense pas.

L'accident connu sous le nom de *plomb*, mot synonyme d'*asphyxie*, a pu être commun autrefois, et même dans la première partie du siècle, alors que deux équipes seulement comprenant 24 ouvriers étaient chargées du nettoiement des égouts; l'intervalle entre chaque curage était assez éloigné pour favoriser des accumulations de matières putrides qui entraient en fermentation ou de vases qui dégageaient des gaz sous les pas des ouvriers.

Mais aujourd'hui, avec le nombre considérable d'équipes qui parcourent les égouts et les soins constants apportés à la propreté des galeries, on peut dire que les accidents sont des plus rares. Je ne prétendrai pas, comme quelques hygiénistes, que l'atmosphère des égouts, dont la température se maintient constamment à 14 degrés environ, est favorable à la santé et produit une sorte d'immunité contre les épidémies. Mais on compte

1884. où il a atteint 2 015 000 francs. Il permet ainsi de procéder, concurremment avec le curage continu des collecteurs, à l'enlèvement quotidien des sables et au nettoiement répété des petites galeries par intervalle de cinq jours en moyenne.   (*Note de M. Couche.*)

dans le service un grand nombre d'ouvriers qui travaillent aux égouts depuis vingt à trente ans et dont la constitution est excellente et n'est nullement altérée par l'atmosphère dans laquelle ils vivent.

CHAPITRE XII

L'ENTRETIEN DES ÉGOUTS ET LES AUTRES SERVICES ACCESSOIRES.

ENTRETIEN DES ÉGOUTS.

On conçoit que des égouts en maçonnerie mince exigent un entretien attentif; c'est la loi de tous les ouvrages construits dans un système économique; par cela même qu'ils ne présentent pas d'excédent de matière, on doit les maintenir avec soin dans leur état primitif, et les économies obtenues sur le capital de premier établissement ont pour conséquence la nécessité d'un entretien suivi.

Ce n'est pas que, sous le rapport de la solidité, nos galeries ovoïdes, à parois minces en meulière et ciment, vaillent moins que les anciens égouts en moellon et chaux, formés de voûtes épaisses sur culées massives. La supériorité des matières et une combinaison de formes plus logique compensent la diminution d'épaisseur. Mais l'étanchéité qui, pour les anciens égouts, réside plus ou moins complète dans le corps même de la maçonnerie, ne peut jamais être fournie par une paroi mince en meulière poreuse, et, par conséquent, dans les nouveaux types, elle n'existe que par les enduits.

La tâche principale du Service d'entretien consiste donc à maintenir ces enduits en parfait état, surtout dans le développement de la section mouillée, où ils se trouvent exposés à diverses causes de détérioration, les unes mécaniques et les autres chimiques.

Du plus au moins, les causes mécaniques existent dans tout le réseau ; elles consistent dans le frottement des sables charriés par les eaux, et dans l'usure produite par les appareils de curage et par la circulation des ouvriers.

Les causes chimiques sont locales ou accidentelles, car les eaux d'égouts, malgré les grandes variations que présente leur composition, sont en général légèrement basiques, et par conséquent sans action appréciable sur les ciments. Mais il y a de très nombreuses exceptions. Dans les quartiers industriels, bien que les industries qui fournissent des eaux résiduaires acides soient tenues en principe de les neutraliser avant de les envoyer à l'égout, on n'obtient jamais qu'en fait cette neutralisation se fasse complètement et partout, et il n'est pas rare que d'assez grandes longueurs de radiers subissent des corrosions. On a vu plus haut les mesures prises par l'Administration pour remédier à ces inconvénients.

Dans les petits égouts, il est presque toujours assez facile de retenir momentanément ou de détourner l'eau, ou de la faire couler latéralement dans une buse provisoire ; dans ce cas, les réparations de radier se font sans difficulté. Mais il n'en est pas de même dans les collecteurs, et surtout dans le collecteur général, qui débite habituellement près de trois mètres cubes d'eau par seconde.

On a dû appliquer à ces réparations une méthode fort ingénieuse dont l'idée appartient à Darcy, qui, je le crois, n'en a fait aucune application et ne l'a décrite nulle part. C'est dans une conversation, et peu de temps avant sa mort, qu'il m'a fait connaître comment il entendait qu'on réparât un aqueduc ou tout autre ouvrage débitant beaucoup d'eau, sans interrompre le service.

On fait construire un tube en tôle d'un diamètre suffisant pour débiter l'eau qui coule dans l'aqueduc et d'une longueur un peu plus grande que celle du radier à réparer; on le ferme par les deux bouts et on l'amène en flottant au-dessus de ce radier; on débouche les extrémités et on le coule à la profondeur qu'on juge convenable. On construit dans l'eau à chaque bout un batardeau autour du tuyau, l'eau s'écoule dans le tuyau, on épuise entre ces deux batardeaux et on met à sec le radier à réparer.

J'avais appliqué cette méthode à l'élargissement de l'aqueduc de Ceinture sur près d'un kilomètre de longueur entre le compteur de la Villette et l'aqueduc Saint-Laurent, et dans le cours de l'hiver de 1869, je réparais par le même moyen une avarie extrêmement grave du même aqueduc, sans interrompre le service.

Lorsque le Service du nettoiement me signala diverses avaries dans le radier du collecteur général entre la Madeleine et Saint-Augustin, le voisinage des propriétés bâties le long de l'égout exigeait une prompte visite du radier, ce qui ne paraissait pas facile à faire. J'eus l'idée alors d'appliquer la méthode de Darcy à ce travail, et il fut reconnu qu'elle faisait disparaître toute difficulté.

Je transcris textuellement le rapport de l'ingénieur ordinaire M. Allard, qui rend compte de l'opération.

« Des dégradations d'une certaine importance s'étant pro-
« duites dans le radier du grand égout collecteur d'Asnières
« (partie comprise entre la Madeleine et Saint-Augustin), l'in-
« génieur soussigné a employé pour les réparer, d'après les
« indications de M. l'inspecteur général Belgrand et sous la
« direction de M. l'ingénieur en chef Rousselle, les moyens
« ci-dessous décrits.

« Le procédé a consisté essentiellement à établir dans la
« cunette deux barrages transversaux entre lesquels on peut
« se mettre à sec par voie d'épuisement, et à assurer l'écoule-

« ment des eaux par un tube de gros diamètre traversant les
« deux barrages.

« Des tuyaux en fonte auraient été trop difficilement mania-
« bles; on s'est donc servi de tuyaux en tôle de 1 mètre de
« diamètre, provenant de l'usine Chameroy ; quatre tuyaux
« semblables, ayant quatre mètres de longueur, $0^m,004$ d'épais-
« seur de tôle, et pesant chacun 625 kilogrammes, ont été
« amenés de l'usine sur le chemin de halage de la rive droite
« de la Seine, en aval du pont de.la Concorde, au débouché
« de l'égout de Rivoli. Là, on les a placés sur des wagons du
« Service du curage, et transportés au point de croisement de
« l'égout collecteur et de l'égout de Rivoli.

« Les tuyaux ont été assemblés, sur la banquette du collec-
« teur, au moyen de boulons serrant fortement une lanière
« circulaire comprise entre les brides, formée de trois épais-
« seurs de feutre goudronné. On a ainsi obtenu des joints
« complètement étanches.

« Des plaques pleines avaient été préparées pour fermer les
« extrémités, et permettre ainsi de transporter au point voulu
« les quatre tuyaux assemblés, en les faisant flotter dans la
« cunette. Mais il eût été long et incommode de déboulonner
« ces plaques en partie sous l'eau quand les tuyaux auraient
« été en place. On a donc essayé de fermer simplement les
« extrémités par une plaque en bois découpée circulairement et
« présentant une légère inclinaison sur la tranche. En la for-
« çant un peu avec un maillet à l'orifice du tuyau, et en mas-
« tiquant le joint avec de la glaise, ou en le calfatant avec un
« peu d'étoupe s'il reste du vide sur certains points du périmè-
« tre, on arrive à une étanchéité très satisfaisante. Il suffit plus
« tard de quelques coups de pince pour détacher la plaque en
« bois. Il convient de donner à cette plaque une épaisseur de
« $0^m,12$ en la formant de trois épaisseurs de madriers de $0^m,04$
« simplement cloués les uns sur les autres dans des sens perpen-
« diculaires, puis découpés suivant la circonférence du tuyau.

« Les quatre tuyaux ainsi assemblés et fermés à leurs extré-
« mités par deux plaques en bois ont été jetés à l'eau sans dif-
« ficulté; il a suffi, après avoir, par une manœuvre de vannes,
« fait monter l'eau à environ $0^m,10$ sur les banquettes, de tirer
« les tuyaux par des cordes. Leur chute n'a produit qu'un
« faible remous sur la banquette opposée. Ils ne se sont im-
« mergés que d'environ $0^m,50$.

« On les a conduits à l'emplacement des réparations à faire.
« Il restait alors à disposer les deux barrages. Chaque bar-
« rage devait être composé de deux cloisons en bois de $0^m,08$
« d'épaisseur laissant entre elles un vide de $0^m,20$ pour y couler
« du béton. Chaque cloison a été formée de deux épaisseurs de
« madriers de $0^m,04$ simplement cloués dans des sens perpen-
« diculaires. Les deux cloisons ont été réunies par des boulons
« traversant des rondins en bois destinés à en maintenir
« l'écartement. Le tout était découpé suivant la forme de la
« cunette, et séparé en deux parties par une ligne horizontale
« passant au centre d'un vide circulaire de 1 mètre de diamètre,
« destiné à recevoir le tuyau en tôle.

« Pour mettre les barrages et le tuyau en place, on a disposé
« à l'amont un barrage plein provisoire convenablement contre-
« butté, et dès que les eaux ont été assez basses, on a posé sur
« le fond de la cunette les parties inférieures des barrages et
« on a amené le tube en tôle au-dessus, de manière que, l'eau
« continuant à baisser, le tube est venu naturellement reposer
« sur les entaillés demi-circulaires. Puis on a coiffé le tube par
« les parties supérieures des deux barrages et on a coulé le
« béton entre les cloisons. On a alors enlevé les plaques en
« bois aux deux extrémités du tube, et détruit le barrage provi-
« soire fait en amont. L'écoulement de l'eau s'est fait par le
« tube dans de très bonnes conditions, et on a pu sans peine
« épuiser complètement l'eau contenue entre les deux barrages
« et faire les réparations à sec.

« Les barrages dépassaient d'environ $0^m,50$ le niveau des

« banquettes et celui d'amont était prolongé sur chaque ban-
« quette par un petit barrage de $0^m,30$ de hauteur, formé d'un
« madrier et d'un solin en béton.

« Pendant la durée de l'opération, l'eau n'est pas montée du
« côté d'amont à plus de $0^m,20$ sur les banquettes, et la déni-
« vellation de l'amont à l'aval a été d'environ $0^m,60$. La partie
« inférieure du tube était à $0^m,30$ au-dessus du radier (espace
« nécessaire pour permettre de faire commodément les répara-
« tions sous le tube), et la partie supérieure du tube était à
« $0^m,10$ au-dessus des banquettes. Quoique le niveau de l'eau
« d'amont fût plus élevé que le dessus du tube, l'orifice n'a
« jamais été noyé, parce que l'eau s'y introduisait en formant
« entonnoir. A l'aval, l'eau sortant du tube n'occupait guère
« que les 2/3 de la hauteur.

« Les réparations terminées, on a essayé de transporter en
« un autre point le tube et ses deux barrages sans rien
« démonter. A cet effet, les parties supérieure et inférieure
« des barrages, qui jusqu'alors n'avaient été soudées l'une à
« l'autre que par la cohésion du béton, ont été rendues soli-
« daires par des madriers cloués extérieurement sur toute la
« hauteur. Après avoir fait baisser autant que possible le niveau
« de l'eau par des manœuvres de vannes, on a détruit, sur tout
« le pourtour des barrages, la cohésion du béton et de la cunette
« en frappant à coups de masse avec les précautions convena-
« bles. On a laissé l'eau prendre son niveau entre les deux
« barrages. Puis, après avoir bouché les deux extrémités du
« tube par les plaques en bois, on a pompé ce qui restait d'eau
« à l'intérieur du tube par une ouverture de $0^m,10$ de diamètre
« ménagée à cet effet sur l'un des tuyaux et fermée par une
« bonde. En faisant alors remonter le niveau des eaux, on a
« fait flotter tout l'ensemble du système et on l'a transporté sur
« une autre partie des réparations à faire. Là, on a pu assez
« facilement obtenir l'étanchéité au pourtour des barrages avec
« de la paille et de la glaise ; mais, le béton ayant été un peu

« disloqué, des infiltrations se sont produites par l'intérieur
« même des barrages, et on a eu quelque peine à s'en rendre
« maître. Quoiqu'on y soit parvenu, il paraît préférable, en
« pareil cas, de démolir chaque fois les barrages, et de les réta-
« blir avec du nouveau béton, comme on l'a indiqué pour
« l'opération initiale.

« Quoi qu'il en soit, on voit que le système, dans son
« ensemble, a parfaitement réussi et permettra de réparer dans
« d'excellentes conditions toutes les dégradations qui pourront
« se produire dans le radier du collecteur.

« Les quatre tuyaux formant le tube ont coûté 1800 francs.
« Les dépenses en fournitures et main-d'œuvre, pour réparer
« deux portions du radier où existaient plusieurs trous de
« grandes dimensions, se sont élevées à 5400 francs. Ce chiffre
« est un peu élevé ; mais quelques fausses mains-d'œuvre insé-
« parables d'un essai seraient évitées pour des réparations
« ultérieures. Le tube a été démonté, et les tuyaux sont remisés
« dans une chambre de l'égout Sébastopol. »

On voit par ce rapport que les travaux d'entretien qu'exige
notre système d'égouts, lors même qu'ils présentent des difficultés spéciales, se traduisent en somme par des dépenses fort
modérées.

Le crédit total d'entretien, stationnaire depuis plusieurs
années, est de 260 000 francs, ce qui, pour un réseau de
600 kilomètres en nombre rond, représente seulement 0 fr. 43 c.
par mètre. Encore, avec cette faible allocation, réalise-t-on
chaque année quelques améliorations de détail, telles que le
report sous trottoir d'anciens regards sous chaussée, etc. En
fait, les dépenses d'*entretien proprement dit*, c'est-à-dire con-
sacrées uniquement à maintenir les égouts en bon état, ne représentent pas plus de 0 fr. 30 c. par mètre[1]. Mais la condition

---

[1] En 1885, le crédit de l'entretien des égouts est de 385 000 francs : il a été augmenté
chaque année proportionnellement au développement du réseau des égouts.

La longueur totale des galeries à l'entretien desquelles il est affecté étant de 820 kilo-

indispensable pour obtenir à si peu de frais un bon entretien est d'appliquer rigoureusement la méthode du point fait à temps, c'est-à-dire de surveiller les enduits, et surtout les radiers, de manière à réparer tout commencement de détérioration avant qu'il ait pu prendre de l'importance. A cet égard, la surveillance est facile, puisque toutes les galeries sont nécessairement parcourues à des intervalles très rapprochés par les ouvriers du curage, c'est-à-dire par un personnel qui, très directement intéressé au bon état des égouts, ne peut manquer de faire en temps utile tous les signalements nécessaires.

SERVICES ACCESSOIRES DES ÉGOUTS.

Conduites d'eau. — Nous avons vu que depuis longtemps on avait reconnu l'avantage de poser les conduites d'eau dans les égouts; ces appareils y sont faciles à visiter; les prises d'eau pour les services public et privé s'y font sans ouvrir de tranchées dans la rue, et le petit tuyau en plomb qui puise dans la conduite publique l'eau nécessaire à la maison passe dans l'égout particulier de cette maison sans gêner la voie publique en quoi que ce soit.

J'ai dit que l'on avait d'abord reculé devant l'augmentation de dépense qu'exigeait cette destination accessoire des égouts, mais que l'objection avait été levée par l'adoption du profil ovoïde emprunté aux Anglais. L'égout moderne de Paris, qui est le type 12 (voir la planche IV de l'Atlas), ressemble à un œuf dressé sur son petit bout; à la naissance de la voûte, c'est-à-dire dans le renflement correspondant au gros bout, on peut placer deux conduites d'eau sur des consoles en fonte.

mètres, non compris les branchements de bouches et de regards, il en résulte que le prix d'entretien du mètre courant n'a pas sensiblement varié depuis 1878, puisqu'il revient à 0 fr. 45 c.

On voit facilement par l'inspection de ce type que les deux conduites de petit diamètre qui le meublent ne gênent ni la circulation des ouvriers ni les opérations du nettoiement.

J'ai démontré plus haut que l'on a combiné la distribution d'eau et le réseau des égouts de telle sorte que les conduites maîtresses correspondent aux égouts de grande section.

C'est dans les égouts de moyenne section, types n°s 7, 8, 9 et 10, que sont placées la plupart des grosses conduites d'eau, jusqu'au diamètre de $0^m,60$ inclusivement.

Les conduites plus grandes, de $0^m,80$ à $1^m,10$, ne peuvent être placées que dans les grandes galeries n°s 2, 3, 4, 5 et 6.

On a cherché à affranchir le collecteur général de cette servitude, qui n'y serait pas sans danger.

Gaz. — On a voulu aussi introduire les conduites de gaz dans les égouts. Un essai a été fait, il y a longtemps, dans la galerie des Martyrs ; mais des accidents nombreux, causés par les explosions, ont fait renoncer à cette disposition.

Tous les habitants de Paris ont pu remarquer que lorsqu'on relève une conduite de gaz, le sol environnant est entièrement noir et exhale l'odeur si caractéristique de l'hydrogène carboné provenant de la distillation de la houille. Les fuites sur ces conduites sont donc très nombreuses ; la Compagnie parisienne n'évalue pas les pertes de gaz à moins de 12 à 15 pour 100 de la consommation totale.

Sans doute ce chiffre de pertes apparentes est dû en grande partie à la difficulté de bien apprécier la consommation de l'éclairage public et privé ; mais une partie aussi doit être attribuée aux fuites, et on comprend sans peine quel danger présenteraient les mélanges qui en résulteraient dans l'atmosphère des égouts.

L'Administration municipale de Paris a donc renoncé d'une manière absolue à poser les conduites de gaz dans les égouts, du moins jusqu'à ce qu'on ait trouvé le moyen d'éviter les fuites ou les explosions.

Télégraphie électrique. — Il y a 12 ou 15 ans qu'on voyait passer au-dessus des rues et des toits des maisons les nombreux fils télégraphiques qu'exigent les relations de Paris avec la France et l'Étranger.

Les inconvénients de ce système étaient évidents pour tous. Le principal, c'est que le service pouvait être compromis à chaque instant par la malveillance, ou même par des accidents qui étaient d'autant plus fréquents et plus graves que l'écartement des supports des fils était souvent très considérable.

L'Administration des lignes télégraphiques a cherché à remédier à ces inconvénients en plaçant les fils en terre dans une gaine en bitume.

Mais on reconnut que le remède était pire que le mal.

Tous les services qui fouillent ainsi la voie publique, les Égouts, les Eaux, le Gaz, étaient autant d'ennemis pour leurs nouveaux voisins. Chaque tranchée ouverte sur la voie publique, malgré toutes les précautions prises, produisait d'inévitables tassements dans le sol qui supportait les câbles. De là des fissures dans l'enveloppe des fils, et la conséquence de chaque fissure était une interruption de service, ou du moins une déperdition d'électricité.

Dans le sol si mouvant de Paris, recouvert presque partout de 2 à 3 mètres de plâtras, les tassements et les fissures se produisaient sans cause apparente. Il était alors d'autant plus difficile de remédier au mal qu'aucun indice révélateur n'indiquait, comme cela a lieu pour l'eau et le gaz, le point où l'avarie avait lieu. Les recherches et les réparations étaient donc très difficiles.

Depuis longtemps on avait songé aux égouts, mais on n'avait pas encore trouvé de moyen simple et économique de préserver l'enveloppe des fils de l'action de l'atmosphère des égouts.

Toutes les matières analogues au bitume, au caoutchouc, à la gutta-percha, etc., qui sont solubles dans les huiles essentielles et les éthers, s'y détruisent en peu de temps.

Le directeur des lignes télégraphiques de Paris, M. Baron, a eu la très heureuse idée de renfermer les fils enveloppés de gutta-percha dans des tuyaux en plomb très minces assemblés à froid. Chaque tube renferme neuf fils.

Des essais ont été faits d'abord dans l'égout Rivoli, et le succès a été complet. La déperdition d'électricité a été trouvée nulle et le service des plus réguliers.

Aujourd'hui, presque toutes les relations télégraphiques sont établies par les égouts.

C'est un nouvel avantage de nos grands types, que j'ai eu si souvent à défendre contre le reproche d'exagération, et que Londres et les autres capitales regretteront probablement bientôt de n'avoir pas adoptés[1].

J'ai pensé qu'il ne serait pas sans intérêt de donner des vues perspectives des galeries principales, avec tout l'ameublement qui les orne. Le travail de reproduction en était difficile, car la photographie seule pouvait en rendre fidèlement tous les détails, et la lumière des lampes dont on disposait seulement était insuffisante pour obtenir de bons clichés.

On dut recourir à une installation provisoire de lumière électrique, qui permit d'obtenir des épreuves ne demandant que quelques retouches.

C'est ainsi que l'on obtint les planches XII, XIII, XIV, XV et XVI de l'Atlas, reproduites par la photogravure. On trouvera

---

[1] Cette prédiction s'est réalisée. La ville de Londres vient d'envoyer (juin 1885) une délégation de la Commission des égouts (Sewers Committee) étudier à Paris l'installation des conduites d'eau et des communications pneumatiques, télégraphiques et téléphoniques. Cette Commission est partie en exprimant à l'unanimité le regret que les types d'égouts adoptés à Londres fussent trop petits pour rendre possible d'imiter ce qui se fait à Paris.

Ainsi, à mesure que le temps s'écoule, la supériorité de l'œuvre de M. Belgrand sur les ouvrages similaires faits à l'étranger apparaît plus incontestée. Personne, je crois, n'a su au même degré allier, au plus rigoureux esprit d'économie dans l'exécution, les larges conceptions qui font la part de l'avenir.   (*Note de M. Couche.*)

au bas de chacune de ces planches une légende indicative des objets qui y figurent.

VISITE DES ÉGOUTS COLLECTEURS.

Les grands égouts de Paris ont toujours préoccupé l'attention publique et ont été honorés des plus illustres visites. Il n'est pas un souverain étranger, pas un personnage important qui ait quitté Paris sans avoir visité les collecteurs. Les Parisiens eux-mêmes, ordinairement si indifférents à ce qui se passe autour d'eux, ont tenu à visiter ces ouvrages, dont il semble que le nom et la destination eussent dû les éloigner. Une fois leur curiosité éveillée, les demandes de visite des égouts prirent bientôt des proportions si considérables, que je dus faire organiser de véritables trains dans les collecteurs.

Les wagons-vannes servant au curage ordinaire des égouts se prêtaient mal à recevoir des visiteurs. Je fis alors construire neuf petits wagonnets spéciaux, d'un modèle élégant et munis de banquettes suffisantes pour pouvoir contenir chacun dix personnes. La planche XII, qui représente la chambre du Châtelet, montre un de ces wagonnets en place. Ils roulent à la façon des wagons-vannes, sur les rails de la cunette du collecteur et marchent, poussés par des ouvriers, avec une vitesse de plusieurs kilomètres à l'heure.

La descente aux égouts s'effectue à la chambre du Châtelet, près de la fontaine du Palmier ; on y accède par un élégant escalier en fer.

Le train, une fois composé, se met en marche, les wagonnets se suivant à quelques mètres de distance : on remonte la galerie de Sébastopol jusqu'à sa rencontre avec le collecteur Rivoli, dans lequel on pénètre au moyen d'une plaque tournante installée au croisement des deux voies.

De là, on parcourt la rue de Rivoli dans toute sa longueur,

14

jusqu'à la rencontre du Collecteur général, sous la place de la Concorde.

Les visiteurs descendent alors des wagonnets pour prendre place dans des bateaux sur lesquels ils descendent le cours de l'eau jusqu'à un grand regard débouchant près de la Madeleine, où s'effectue la sortie.

Pour donner le plus possible satisfaction aux demandes sans nombre qui sont adressées pour ces visites, on a fait en sorte de combiner les départs des wagonnets du Châtelet avec celui des bateaux de la Madeleine. Les visiteurs qui ont remonté le collecteur de la Madeleine à la place de la Concorde prennent place dans les wagonnets que les premiers viennent de quitter et font en sens inverse le même trajet.

Chaque train peut contenir environ 100 personnes à la descente et à la remonte; comme à chaque jour de visite on organise deux départs, c'est donc environ 400 personnes qui prennent part à ce voyage souterrain. C'est un nombre bien restreint comparé à celui des demandes, d'autant plus que les nécessités du curage et les exigences de la saison d'hiver font suspendre les visites du mois de novembre au mois d'avril.

LES ÉGOUTS

APPENDICE

NOTE

SUR LE DÉBOUCHÉ DES ÉGOUTS

NOTE

SUR LE DÉBOUCHÉ DES ÉGOUTS

Les égouts perpendiculaires à la Seine doivent être construits suivant les types 10, 11 *et* 12. — Les égouts qui suivent les lignes de plus grande pente du sol, c'est-à-dire qui sont à peu près perpendiculaires à la Seine, ont presque toujours de fortes pentes et sont d'ailleurs coupés en tronçons très courts par les lignes des grands égouts parallèles au fleuve (voir la carte statistique des égouts collecteurs, planche II de l'Atlas). On donnera à ces égouts un débouché suffisant en adoptant le type nᵒ 12 (voir planche IV de l'Atlas).

Il en sera de même, à plus forte raison, pour les petites lignes transversales qui relieront ces égouts entre eux.

La section des petits égouts doit être déterminée par des raisons de service qui donnent lieu à des débouchés toujours plus que suffisants pour l'écoulement des eaux que ces égouts ont à recevoir.

Ce qui va suivre ne s'applique donc qu'aux collecteurs principaux.

Détermination du débouché des lignes principales. — La détermination du débouché des égouts ne présente de sérieuses difficultés que pour les lignes principales, qui sont parallèles au fleuve, n'ont que des pentes très faibles, et peuvent drainer une grande surface de terrain.

Utilité des déversoirs en Seine proposés par M. l'Inspecteur général Dupuit. — M. l'Inspecteur général Dupuit a simplifié considérablement le problème à résoudre en admettant que les égouts collecteurs seraient reliés au fleuve de distance en distance par des galeries faisant fonction de déversoir en temps d'orage.

Mais il ne faut pas trop multiplier ces galeries, d'abord parce qu'elles coûtent fort cher, ensuite parce qu'elles doivent être fermées en temps de crue par des portes de flot pour empêcher l'introduction du fleuve dans le réseau des égouts, ce qui complique le service.

J'ai cru nécessaire d'établir 14 exutoires en Seine, en y comprenant celui d'Asnières ; savoir : 8 sur la rive droite et 6 sur la rive gauche du fleuve.

Surface moyenne desservie par chaque déversoir. — La partie de la ville qui doit être drainée par les égouts collecteurs occupe une surface de 5700 hectares environ, non compris le bassin de la Bièvre, situé extra-muros, et celui du Nord, dont le collecteur peu chargé a une section suffisante pour toute éventualité. Une des galeries est affectée spécialement à l'écoulement des crues de ce bassin ; il reste donc 13 déversoirs pour 5700 hectares, ce qui fait en moyenne 438 hectares par déversoir ; mais il s'en faut de beaucoup que les surfaces desservies par chaque bouche soient égales.

On voit donc que les étendues à drainer par chaque tronçon d'égout collecteur sont assez considérables, malgré les déversoirs en Seine qui ont été ménagés.

Formule de M. Dupuit. — M. l'Inspecteur général Dupuit a proposé une formule pour déterminer le débouché des égouts. Voici dans quels termes il s'exprime :

« La détermination de la section de l'égout pour débiter les
« plus grandes pluies d'orage ne présente pas de difficultés.
« Admettons, par exemple, la possibilité d'une pluie continue
« de $0^m,045$ par heure, on déduirait la section de l'égout de la
« formule :

$$\omega = 0,1\, \frac{S}{\sqrt{i}}, \qquad (A)$$

« ω étant la section de l'égout ; i sa pente par kilomètre ; et S
« le nombre d'hectares dont il doit recevoir les eaux[1]. »

*Cette formule donne des débouchés démesurément trop
grands.* — Cette formule donne, suivant moi, des débouchés
beaucoup trop grands. Elle suppose, en effet, que toute l'eau
de pluie tombée dans une seconde sur le bassin d'un égout
peut passer dans une seconde au débouché de cet égout. Or,
cela n'est pas exact ; les observations faites sur le régime de la
Seine dans Paris suffisent pour le démontrer.

Une pluie de 125 litres par hectare et par seconde donne,
pour toute la surface de Paris, un volume d'eau de 900 mètres
cubes pendant le même temps. L'arrivée d'un pareil volume
d'eau pendant une heure produirait à l'aval de Paris une crue
de $5^m,75$ de hauteur ; or, les plus grandes crues horaires de la
Seine (en été surtout) ne sont pas de $0^m,10$.

Il est incontestable néanmoins qu'il tombe à Paris des hauteurs de $0^m,045$ de pluie en une heure[2].

---

[1] En appelant χ le périmètre d'un égout supposé plein et u la vitesse de l'eau, on a en effet la relation connue $\frac{\omega}{\chi} i = 0,35\, u^2$; remarquant que dans les sections proposées $\frac{\omega}{\chi}$ est égal à $\frac{1}{2}$ environ, que $u = \frac{0,125}{\omega}$, on obtient, au moyen des valeurs précédentes, $\omega = 0,1\frac{S}{\sqrt{i}}$; cette formule suppose que toutes les eaux de pluie arrivent aux égouts ; elle donne donc un maximum de section.

[2] Je trouve la confirmation de ce fait dans la lettre suivante, adressée en 1854, à M. le Préfet de la Seine, par le directeur de l'Observatoire :

« Il tombe annuellement, à Paris, 577 millimètres de pluie et, par jour de pluie, moyen-
« nement, 4 millimètres. Mais la quantité d'eau qui tombe dans un jour s'écarte souvent

Mais ce qui est également certain, c'est que ces pluies ne tombent pas sur toute la surface de la ville à la fois et avec la même intensité ; de plus, le temps de l'écoulement de l'eau dans les égouts est beaucoup plus grand que la durée de la pluie.

Observations qui le démontrent. — C'est ce que démontrent mes observations sur quelques averses, notamment sur celles des 21 et 25 mai et 20 juin 1857.

Je ne parlerai que de la première, qui a été de beaucoup la plus forte.

Les désastres produits par cette pluie ont été considérables ; je ne m'en occuperai point ici.

L'averse est tombée : à Chaillot, de 4 h. 40 m. à 5 heures du soir ; à Bercy, de 5 h. 15 m. à 5 h. 50 m. ; l'orage n'a donc pas éclaté sur tous les points de Paris à la fois.

beaucoup de cette moyenne et atteint très fréquemment 1 centimètre. Elle dépasse même de temps en temps cette valeur et, en 1854, on en peut citer plusieurs exemples.

« La chute d'eau la plus remarquable de l'année est celle de la journée du 2 juin : il a plu environ la moitié du temps, en plusieurs ondées, pendant cette journée et la nuit suivante, et la quantité d'eau recueillie, le matin du 3, était de 70^{mm},15.

« Dans deux orages remarquables, qui ont duré chacun trois heures, et qui ont eu lieu, le premier, le 15 juillet, de midi à 3 heures, et le second, le 26 du même mois, de 6 à 9 heures du soir, il est tombé plus de 5 centimètres d'eau et, en tenant compte de la durée du maximum de chute, relativement à celle de l'orage (le tiers environ), il y a lieu de croire qu'il est tombé bien près de 20 millimètres en une heure.

« Ce sont là les grandes ondées de Paris, celles que l'on observe annuellement. Mais il y a quelquefois des chutes exceptionnelles, entre lesquelles, pour une localité donnée, il s'écoule souvent plusieurs vies d'homme. Un exemple de ces chutes remarquables a eu lieu à Paris le 8 juin 1849. De 3 heures 50 minutes à 4 heures 50 minutes, il est tombé, pendant un orage, 45 millimètres de pluie.

« Une chute de 45 millimètres en une heure est un exemple que l'on peut comparer aux plus grandes averses qu'il ait été donné à la science d'observer dans diverses localités. Toutefois, on a observé à Marseille, le 15 septembre 1772, une chute d'eau de 24 centimètres en deux heures ; à Genève, on en a vu de 160 millimètres en trois heures. La chute d'eau la plus remarquable que l'on puisse citer ensuite, sous le rapport de la vitesse, est celle qui a eu lieu à Bruxelles le 4 juin 1839, et pendant laquelle on a recueilli 112^{mm},8 de pluie en trois heures ; c'est à peu près la vitesse observée à Paris.

« On a quelquefois observé des pluies qui se sont maintenues très fortes pendant un temps assez long, et qui, alors, ont fourni des masses d'eau considérables. Ainsi, à Joyeuse, les 8 et 9 octobre 1827, il est tombé 792 millimètres en vingt-quatre heures ; à Gênes, le 25 octobre 1822, 812 millimètres dans la même durée. Mais, en tenant compte du temps écoulé, ces chutes ne sont pas plus remarquables que celle du 8 juin 1849 à Paris. »

La hauteur de pluie constatée a été :

$$\begin{aligned}
&\text{A l'Observatoire} \quad . \quad . \quad . \quad . \quad 21^{mm},52\,; \\
&\text{Au quai Debilly.} \quad . \quad . \quad . \quad . \quad 9^{mm},375\,;
\end{aligned}$$

l'intensité de la pluie n'était donc pas uniforme sur toute la surface de la ville.

D'après ces deux observations, la hauteur moyenne de l'eau tombée aurait été de 15 millimètres environ ; la durée de la pluie ayant été de 20 minutes ou 1200 secondes, la quantité d'eau tombée par seconde et par hectare a été de $\frac{0,015 \times 10\,000}{1200} = 0^{ms},125$, exactement la quantité admise dans la formule de M. Dupuit.

A 5 heures, au moment où j'ai pu arriver à l'égout de Ceinture, à son débouché en Seine, l'eau y avait atteint sa hauteur maxima et coulait avec une extrême violence. A 7 heures, l'eau n'avait pas baissé de $0^{m},50$ et coulait toujours avec la même rapidité ; une pierre de plus d'un décimètre cube, jetée dans le courant, y flottait pendant plusieurs mètres comme un corps léger.

On peut affirmer que le temps de l'écoulement dans l'égout de Ceinture a été sept fois plus grand au moins que la durée de la pluie.

Si cette durée avait été d'une heure au lieu de 20 minutes, le temps de l'écoulement aurait été augmenté de 40 minutes au moins, c'est-à-dire qu'il n'aurait pas été moindre que 5 heures ou que trois fois la durée de la pluie.

J'ai observé des faits absolument semblables dans l'averse du 25 mai et à la suite de plusieurs autres orages, soit à l'égout Rivoli, soit à l'égout de Ceinture.

On peut donc admettre qu'à Paris le temps de l'écoulement dans des égouts collecteurs établis dans les conditions de longueur et de pente des égouts Rivoli et de Ceinture, sera égal à trois fois au moins la durée de la pluie.

Par conséquent, il faudrait réduire au tiers au plus les débouchés donnés par la formule (A).

La formule ne peut être prise sous la forme admise par M. Dupuit. — Mais, même avec cette réduction, les résultats sont trop forts.

En effet, la formule a été extraite de celle de Prony, en supposant

$$\frac{\omega}{\chi} = R = \frac{1}{2}$$

pour tous les égouts.

Or, cette supposition n'est pas exacte.

En effet, la valeur de $\dfrac{\omega}{\chi}$ varie, pour tous les types adoptés, entre 0,408 (type n° 12) et 1,13 (type n° 1); l'élément $\sqrt{R}$, qui entre dans la formule de Prony et que M. Dupuit a supposé constant, varie donc entre $\sqrt{0,408}$ et $\sqrt{1,13}$, ou, sensiblement, entre 0,64 et 1,06, limites trop éloignées pour qu'on puisse les remplacer par une moyenne.

Dès qu'on ne peut plus considérer R comme une constante, il n'est plus possible de présenter la formule avec la même simplicité que M. Dupuit.

Nouvelle formule proposée. — Voici, suivant moi, sous quelle forme elle devrait être admise.

Reprenons les formules du mouvement uniforme :

$$0,35\,u^2 = Ri$$

et

$$u = \frac{q}{\omega},$$

d'où

$$q = \omega \sqrt{\frac{Ri}{0,35}}. \qquad (a)$$

Nous avons vu plus haut que, dans les plus grandes averses connues, la quantité d'eau qui arrivait dans un égout, par seconde et par hectare de versant, variait, suivant la durée de l'averse, entre $\dfrac{0,125}{7}$ et $\dfrac{0,125}{3}$, le premier nombre correspondant à une pluie de 20 minutes et le deuxième à une pluie d'une heure.

Il en résulte que pour la plus grande averse connue à Paris, tombant pendant une heure,

$$q = \frac{0,125}{3} \times S,$$

S étant la surface des versants exprimée en hectares.

Transportant cette valeur de q dans la formule (a), on obtient

$$S = \frac{\omega\sqrt{Ri}}{0,0239}; \qquad\qquad (B)$$

d'où on tirera la surface de versants qui peut être drainée par chaque type d'égout avec une pente donnée.

Tableau des surfaces que peut drainer chaque type d'égout. — Le tableau de la page suivante donne ces surfaces pour chacun de nos types avec les pentes les plus usuelles.

TABLEAU DES SURFACES QUI PEUVENT ÊTRE DRAINÉES
PAR CHAQUE TYPE D'ÉGOUT

$$\text{Formule : } S = \frac{\omega \sqrt{Ri}}{0,0239},$$

TYPES D'ÉGOUT	ω	VALEURS DE		SURFACES EN HECTARES DES BASSINS POUR DES PENTES, PAR KILOMÈTRE, DE				
		$\omega \sqrt{R}$	$\dfrac{\omega \sqrt{R}}{0,0239}$	0^m,50	1^m,00	1^m,50	2^m,00	2^m,50
	m³							
Nº 1	18,67	19,7902	828	585	828	»	»	»
2	14,59	16,7559	701	496	701	»	»	»
3	11,57	10,6878	447	316	447	545	630	706
4	10,01	9,00	377	266	377	460	552	596
5	8,65	7,44	311	220	311	379	450	491
6	6,50	5,04	211	149	211	257	298	333
7	6,18	4,94	207	146	207	252	292	327
8	5,06	4,05	170	120	170	207	240	269
9	4,24	3,14	152	95	152	161	186	207
10	3,54	2,55	99	70	99	121	140	156
12	2,42	1,52	65	44	63	77	89	100

La formule (A) peut se mettre sous la forme

$$S = \frac{\omega \sqrt{i}}{0,10}.$$

En l'appliquant au type nº 1, avec $i = 1$, on trouve,

$$S = 187 \text{ hectares,}$$

résultat 4 fois $\frac{1}{2}$ plus petit que celui donné par la formule (B).

Si la formule (A) était admise, l'égout d'Asnières, en doublant sa pente, ne suffirait pas pour drainer un rectangle de 2 kilomètres de longueur sur 1 kilomètre de largeur ; il me semble qu'il suffit de citer ce résultat pour faire comprendre l'exagération des débouchés ainsi obtenus.

Je vais d'ailleurs démontrer par d'autres raisons l'inexactitude théorique de la formule (A) et mettre en évidence l'erreur qui résulte de son application.

Le débit d'un égout très long devient constant. — D'après cette formule, le débit des égouts s'accroîtrait indéfiniment à mesure que la surface de leurs versants augmenterait.

Or, il est facile de voir que, les averses étant limitées dans leur durée, l'accroissement du débouché est aussi limité, c'est-à-dire que, dans un égout d'une longueur indéfinie, le débit n'augmente que sur une certaine longueur à partir de l'origine et qu'ensuite il reste constant.

Soient :

AB l'égout collecteur d'une ville, vu en plan et ayant une section et une pente uniformes,

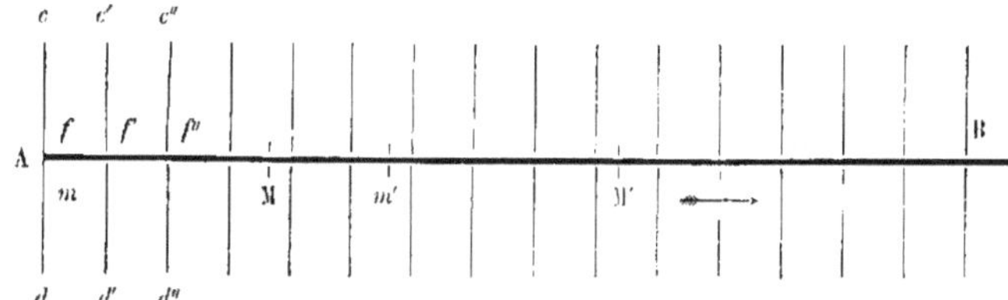

$cf, c'f', c''f'', \ldots, df, d'f', d''f'', \ldots$, ses tributaires que je supposerai, pour plus de simplicité, entièrement semblables entre eux et équidistants.

Supposons une forte averse tombant d'une manière uniforme sur toute la ville.

Prenons une tranche d'eau M dans l'égout collecteur au moment où les tributaires commencent à donner ; il est clair qu'elle s'accroîtra en passant au confluent de chaque tributaire pendant toute la durée de la pluie et ensuite, lorsque la pluie aura cessé, jusqu'à ce que les tributaires aient versé leur dernière goutte dans l'égout collecteur ; elle sera parvenue alors à un certain point M′, et, à partir de là, elle cessera de s'accroître. La tranche M, prise à un point quelconque de l'égout, s'accroîtra partout de la même manière, et donnera le même débit et la même section mouillée en un point M′ pris à la même distance de M ; on peut donc la supposer partant de l'origine A ; et le temps pendant lequel elle s'accroîtra sera égal à $T + t$, T étant la durée de la pluie, t celle de l'écoulement dans les tributaires après la pluie.

En désignant par V la vitesse moyenne de translation de la tranche d'eau M pendant le temps $(T + t)$, la longueur mm' sur laquelle cette tranche s'accroîtra sera égale à $V (T + t)$, et, à à partir du point m', le débit de l'égout sera constant.

Cette formule prouve que la grandeur du débit de l'égout dépend non seulement de l'intensité, mais encore de la durée de la pluie, ce que mes observations sur l'égout de Ceinture ont démontré.

Si l'égout AB était établi dans les conditions des collecteurs de Paris, c'est-à-dire si la vitesse de l'eau V était égale à $1^m,20$ environ, les quantités T et t à une heure (3 600 secondes), la longueur L sur laquelle le débit de l'égout s'accroîtrait serait donnée par l'expression

$$L = V (T + t) = 1^m,20 \times (3\,600 + 3\,600) = 8\,640^m ;$$

le débouché de l'égout s'accroîtrait donc pendant 8 000 mètres environ et resterait constant ensuite.

Cette longueur de 8 000 mètres est celle des plus longs égouts de Paris.

Pour les égouts qui débouchent dans un fleuve au-dessus du niveau de l'eau, la vitesse ne peut plus être calculée au moyen de la formule du mouvement uniforme sur les derniers kilomètres. En effet, la pente à la surface de l'eau devient plus grande que celle du radier, la vitesse s'accélère, la hauteur de l'eau dans l'égout et, par conséquent, la section mouillée diminue à mesure qu'on s'approche du confluent.

Ainsi, à la suite de l'orage du 21 mai 1857, l'eau refluait par les bouches de l'égout de Ceinture dans les rues de Provence, Saint-Nicolas, de la Ville-l'Évêque ; et au débouché en Seine, la section était libre sur plus d'un mètre de hauteur.

On pourrait donc, à partir d'un certain point, diminuer la section des égouts, au moins en hauteur, jusqu'au confluent. Mais les variations de niveau du fleuve viennent encore compliquer cette question. Je crois donc qu'il ne serait ni très utile, ni très prudent d'opérer cette réduction.

Revenons à la figure et à la formule

$$\text{longueur } mm' = V(T + t).$$

On peut tirer de leur examen que pour des pluies torrentielles :

1° La quantité d'eau débitée par un égout collecteur dans une ville plus étendue que Paris, telle que Londres par exemple, s'accroît sur une plus grande longueur lorsque la vitesse ou, ce qui revient au même, la pente du radier est plus forte. Si cette pente est uniforme d'un bout à l'autre, il n'en résulte aucune augmentation dans la section mouillée, puisqu'elle croît en raison inverse de la vitesse.

2° La plus mauvaise disposition pour un collecteur très long est celle qui consiste à lui donner une très forte pente à l'origine et une faible pente dans ses parties moyenne et inférieure. En effet, avec cette disposition, le débit s'accroît sur une plus grande longueur avant de devenir constant, il est plus considérable par conséquent et exige une section plus grande lorsque la vitesse se ralentit par suite de la diminution de la pente.

3° Il n'est nullement nécessaire, pour qu'un collecteur atteigne son débit maximum, dans une ville très grande, comme Londres par exemple, que l'averse soit générale ; il suffit qu'elle s'étende sur un nombre de tributaires consécutifs suffisants pour occuper sur le collecteur la longueur MM'.

4° Il peut se faire qu'à Londres le volume maximum d'eau débouchant du collecteur général soit le même qu'à Paris, bien que la surface de la première ville soit beaucoup plus grande que celle de la seconde.

Je ne terminerai pas cette note sans faire ressortir l'analogie frappante qui existe entre le régime des égouts et celui des ruisseaux et même des grandes rivières à versants imperméables ; je pourrais pour ceux-ci tirer de la figure et de la formule les mêmes conclusions que pour ceux-là.

Toutefois, entre les grands cours d'eau et les égouts, il existe une différence essentielle ; les grandes averses qui produisent le débit maximum des égouts et des ruisseaux sont sans action sur les grandes rivières, parce qu'elles ne s'étendent jamais que sur une trop petite partie d'un grand bassin.

Mais à part cette différence, l'analogie est complète.

Ainsi, dans un grand fleuve comme la Loire, dont le bassin est imperméable sur une vaste superficie, le débit par seconde des plus grandes crues connues est constant sur une très grande étendue du lit, presque dès l'origine. A Roanne, M. l'ingénieur Boulanger a constaté qu'il aurait été de 10 000 mètres cubes par seconde en octobre 1846, sans la retenue opérée par la digue de Pinay ; à Saumur, il est à peine de 10 000 mètres cubes par seconde.

Les plus grandes crues connues sont produites aussi bien par des pluies qui n'occupent qu'une partie restreinte du bassin, comme celle d'octobre 1846, que par des pluies générales, telles que celles de 1856. La disposition des pentes du lit des grands fleuves, presque toujours très fortes à l'origine et faibles dans les parties moyenne et inférieure, augmente donc énormément la section mouillée dans les plaines, et contribue puissamment à élever le niveau des eaux en temps d'inondation.

Il n'y a, au contraire, aucune analogie entre le régime des égouts et celui des rivières à versants entièrement perméables, telles que l'Eure, ou même des fleuves dans les versants desquels les terrains perméables dominent, tels que la Seine.

Sur ces rivières, les crues croissent d'une extrémité à l'autre du bassin; l'influence des pentes dans les parties perméables est à peu près nulle, puisque l'eau passe par les sources avant d'arriver aux thalwegs.

Pour qu'un égout ait le même régime qu'une rivière de ce genre, il faudrait que les toitures de la ville fussent remplacées par des filtres.

15

LES ÉGOUTS

ANNEXES

RÈGLEMENTS
DU SERVICE DES ÉGOUTS

ANNEXES

ARRÊTÉS RELATIFS AUX BRANCHEMENTS PARTICULIERS D'ÉGOUT. — ÉVACUATION
DES EAUX MÉNAGÈRES ET ALIMENTATION DES MAISONS EN EAU POTABLE.

Arrêté ordonnant les branchements en maçonnerie.

19 décembre 1854.

Le Préfet de la Seine,

Vu le décret du 26 mars 1852 et notamment l'article 6 relatif à la projection directe dans les égouts publics des eaux pluviales et ménagères des
maisons de Paris ;

Vu le rapport des Ingénieurs du Service municipal ;

Considérant que l'emploi de simples tuyaux en fonte, pour le drainage des
maisons particulières, présente des inconvénients sérieux pour la salubrité,
par suite des engorgements auxquels ils sont exposés, et pour la sûreté et
et la liberté de la circulation, à raison des travaux que leur entretien néces-
site journellement sur la voie publique ;

Arrête :

Article premier. — A l'avenir, la projection directe dans les égouts publics
des eaux pluviales et ménagères des maisons de Paris, que prescrit l'article 6
du décret du 26 mars 1852, aura lieu par des galeries souterraines en
maçonnerie.

Ces galeries, qui seront établies et entretenues par les propriétaires, conformément aux projets dressés par les Ingénieurs du Service municipal, et

approuvés par le Préfet, auront au minimum 2 mètres de hauteur sous clef et 1 mètre 50 centimètres de largeur aux naissances.

Chacune d'elles pourra desservir deux propriétés, à la condition d'être établie au droit du mur mitoyen. Dans tous les cas, une grille en fer, établie à l'aplomb du mur de face, interceptera la communication de la maison avec l'égout. Cette grille aura une serrure à deux clefs, dont l'une restera entre les mains du propriétaire et l'autre sera remise à l'Administration.

ART. 2. — Pour la ventilation permanente du canal de dérivation, il sera pratiqué, soit dans le mur mitoyen, soit dans le mur de face, une cheminée d'appel s'ouvrant au-dessus des combles et dont la section sera de 3 décimètres carrés au moins.

ART. 3. — En cas d'avaries, les tuyaux de drainage existant aujourd'hui seront remplacés conformément aux prescriptions de l'article premier du présent arrêté.

ART. 4. — L'Ingénieur en chef, Directeur du Service municipal, est chargé d'assurer l'exécution des dispositions qui précèdent et de constater les infractions qui pourront être commises.

Fait à Paris, le 19 décembre 1854.

G. E. HAUSSMANN.

Arrêté relatif à l'établissement des tuyaux de prise d'eau dans les branchements d'égouts particuliers.

24 avril 1866.

LE SÉNATEUR, PRÉFET DU DÉPARTEMENT DE LA SEINE, Grand-Croix de l'Ordre impérial de la Légion d'honneur,

Vu le règlement sur les abonnements aux eaux de Paris, approuvé le 30 novembre 1860, notamment les articles 8 et 9 ;

Vu le rapport en date du 9 mars dernier, par lequel l'Ingénieur en chef des Eaux (1re division) propose, pour tous les cas où la prise d'eau est pratiquée sur une conduite publique en galerie, d'obliger le concessionnaire à placer le tuyau alimentaire dans le branchement d'égout qui dessert l'immeuble où l'eau est amenée ;

Vu l'avis du Directeur du Service municipal des Travaux publics ;

Arrête :

Article premier. — Dans tous les cas où la prise d'eau, soit d'une concession d'établissement public, soit d'un abonnement privé, sera pratiquée sur une conduite publique posée sous galerie, le tuyau alimentaire devra être placé dans le branchement d'égout desservant l'immeuble. Cette mesure sera appliquée immédiatement si ce branchement existe, sinon aussitôt que l'égou particulier aura été construit.

Le tuyau devra, pour entrer dans la propriété, pénétrer dans le mur pignon du branchement, ou, s'il y a impossibilité, être dévié latéralement sous le trottoir, le long de la façade de la propriété. Dans ce cas, il sera contenu dans un fourreau métallique étanche, incliné vers l'égout. Le travail sera exécuté conformément à l'article 8 du règlement susvisé, aux frais du concessionnaire ou de l'abonné, par les entrepreneurs, soit du Service des eaux, soit de la Compagnie, aux conditions de leur marché.

Faute de satisfaire à cette prescription dans le délai de quinzaine à compter de l'invitation qui aura été signifiée à qui de droit par les soins de l'Ingénieur en chef, la prise d'eau sera détachée de la conduite publique, d'office et aux frais du concessionnaire ou abonné, et le service sera supprimé.

Art. 2. — Le Directeur du Service municipal des Travaux publics est chargé de l'exécution du présent arrêté, qui sera inséré au *Recueil des Actes administratifs* et imprimé à la suite du règlement susvisé.

Fait à Paris, le 24 avril 1866.

G. E. Haussmann.

Arrêté modificatif de la section des branchements.

25 février 1870.

Le Sénateur, Préfet du Département de la Seine, Grand Officier de l'Ordre impérial de la Légion d'honneur,

Vu l'article 6 du décret du 6 mars 1852, relatif à la projection directe dans les égouts publics des eaux pluviales et ménagères des maisons de Paris ;

Vu l'arrêté préfectoral en date du 19 décembre 1854, disposant que cette projection des eaux pluviales et ménagères aura lieu par des galeries souterraines en maçonnerie, ayant au minimum 2 mètres de hauteur sous clef et 1 mètre 50 centimètres de largeur aux naissances, lesquelles seront ventilées par une cheminée d'appel s'ouvrant au-dessus des combles et ayant une section de 3 décimètres carrés au moins, ledit arrêté portant de plus au § 3 de l'article premier:

« Chacune d'elles (les galeries souterraines) pourra desservir deux pro-« priétés, à la condition d'être établie au droit du mur mitoyen » ;

Vu la décision préfectorale en date du 11 février 1858, élevant à 2 mètres 50 centimètres au minimum la hauteur sous clef des égouts particuliers, sans modifier les autres dimensions antérieurement prescrites;

Vu l'arrêté en date du 9 juin 1863, prescrivant l'exécution et l'entretien, par les soins de l'Administration municipale, des branchements d'égouts particuliers;

Vu l'arrêté en date du 2 juillet 1867, autorisant, sous certaines conditions, les propriétaires des maisons en bordure sur la voie publique à faire écouler les eaux-vannes de leurs fosses d'aisances dans les égouts de la Ville, d'une manière directe;

Vu le rapport de l'Inspecteur général, Directeur des eaux et des égouts, en date du 11 février 1870, portant proposition de modifier la section des branchements d'égouts particuliers;

Vu le rapport présenté sur le même objet, à la date du 21 février même année, par l'Inspecteur général du Service municipal des Travaux publics;

ARRÊTE :

ARTICLE PREMIER. — Les galeries de branchements d'égouts particuliers qui doivent être établies pour la projection directe dans les égouts publics des eaux pluviales et ménagères des maisons de Paris, conformément aux projets dressés par les Ingénieurs du Service municipal et approuvés par M. le Préfet, auront dorénavant, au minimum, 1 mètre 80 centimètres de hauteur sous clef et une largeur de 90 centimètres aux naissances et de 60 centimètres au radier.

ART. 2. — Chaque galerie ne pourra à l'avenir desservir qu'une seule propriété.

ART. 3. — Pour les ventilations permanentes du canal de drainage, il sera pratiqué une cheminée d'appel s'ouvrant au-dessus des combles, et dont la section sera de 3 décimètres carrés au moins.

ART. 4. — L'arrêté du 19 décembre 1854 est maintenu en ce qui n'est pas contraire aux présentes prescriptions, ainsi que les diverses dispositions contenues dans les arrêtés susvisés des 9 juin 1863 et 2 juillet 1867, relativement aux branchements d'égouts particuliers.

Art. 5. — L'Inspecteur général des ponts et chaussées, Directeur des eaux et des égouts, est chargé de l'exécution du présent arrêté, etc.

Fait à Paris, le 25 février 1870.

HENRI CHEVREAU.

Arrêté préfectoral fixant les dimensions réduites des branchements particuliers d'égout et la substitution de tuyaux en fonte ou en grès dans certains cas déterminés.

2 juillet 1879.

LE SÉNATEUR, PRÉFET DE LA SEINE,

Vu l'article 6 du décret du 26 mars 1852 portant que : « toute construc-« tion nouvelle dans une rue pourvue d'égout devra être disposée de « manière à y conduire les eaux pluviales et ménagères et que la même « disposition sera prise pour toute maison ancienne en cas de grosses répa-« rations et en tous cas avant dix ans » ;

Vu l'arrêté préfectoral du 24 avril 1866, relatif à l'établissement des travaux de prise d'eau dans ces galeries ;

Vu l'arrêté préfectoral du 25 avril 1870, déterminant les dimensions à leur donner ;

Vu les arrêtés préfectoraux, en date des 4 mai 1860, 9 juin 1863 et 14 février 1872, relatifs à la construction, à l'entretien et au curage desdites galeries ;

Vu le rapport en date du 25 juillet 1878 par lequel M. l'Inspecteur général des ponts et chaussées, Directeur des Travaux de Paris, expose, après avis des Ingénieurs du Service municipal, que les meilleures dispositions à prendre pour procurer une économie notable dans la dépense du drainage des propriétés de Paris et sauvegarder en même temps les besoins de la circulation, le bon entretien des voies publiques, et la sécurité des habitations, consisteraient à autoriser par voie d'arrêté réglementaire,

Savoir : 1° L'emploi de tuyaux résistants en fonte ou en grès d'un diamètre minimum de 0^m,20 et placés en ligne droite suivant une pente de 0^m,10 au moins par mètre pour l'écoulement direct dans l'égout des eaux pluviales et ménagères des propriétés d'un revenu imposable inférieur à 1600 francs, situées en dehors des voies publiques de grande circulation et dont l'alimentation en eau ne comporte pas les fortes pressions des eaux de source et de rivière ;

2° Et la réduction, pour les branchements particuliers d'égout d'une longueur inférieure à 6 mètres, des dimensions assignées à ces galeries par l'article premier de l'arrêté préfectoral du 25 février 1870, à une hauteur sous clef de 1 mètre avec largeur aux naissances de $0^m,60$ et au radier de $0^m,40$; le classement des voies publiques de grande circulation devant être prononcé après enquête dans chacun des vingt arrondissements de Paris, sur des tableaux provisoires dressés par les soins de l'Administration ;

Vu la délibération, en date du 31 mai 1879, par laquelle le Conseil municipal de Paris a adopté la plupart des dispositions susrelatées, sous les réserves et avec les modifications ci-après exprimées, et a émis l'avis :

I. — Qu'un arrêté préfectoral autorisât :

1° Pour l'écoulement direct dans l'égout des eaux pluviales et ménagères des propriétés d'un revenu imposable inférieur à 5000 francs, situées en dehors des voies publiques de grande circulation, l'emploi de tuyaux résistants, en fonte ou en grès, d'un diamètre minimum de $0^m,30$ et placés en ligne droite suivant une pente de $0^m,075$ au moins par mètre ;

2° Pour l'établissement des galeries souterraines de branchements d'une longueur inférieure à 6 mètres, la réduction des dimensions assignées à ces galeries par l'article premier de l'arrêté préfectoral du 25 février 1870, jusqu'aux minima suivants :

Hauteur sous clef . . . . $1^m,00$
Largeur aux naissances . . . . $0^m,60$
Largeur au radier . . . . $0^m,40$

II. — Que, en vue de l'exécution des dispositions qui précèdent, une enquête fût ouverte dans les vingt mairies d'arrondissement, sur la désignation des voies publiques de grande circulation.

III. — Que l'exécution complète des dispositions de l'article 6 du décret du 26 mars 1852 fût poursuivie activement et terminée à bref délai ;

Vu l'ordonnance du bureau des finances du 2 août 1774 et les lettres patentes du 30 décembre 1785 ; les lois des 16-24 août 1790 (article 3) et des 19-22 juillet 1791 (titre premier, article 29, § 2, et article 46) ; la loi du 28 pluviôse an VIII (articles 4 et 6) et celle du 16 septembre 1807 (articles 56 et 57) ; et le décret du 10 octobre 1859 ;

Arrête :

Article premier. — Les dimensions des branchements particuliers d'égout d'une longueur inférieure à 6 mètres sont réduites aux minima suivants :

Hauteur sous clef . . . . $1^m,00$
Largeur aux naissances . . . . $0^m,60$
Largeur au radier . . . . $0^m,40$

Art. 2. — L'écoulement direct dans l'égout public des eaux pluviales et ménagères des propriétés d'un revenu imposable inférieur à trois mille francs, situées en dehors des voies publiques de grande circulation, pourra être autorisé au moyen de tuyaux résistants en fonte ou en grès d'un diamètre minimum de $0^m,30$ et placés en ligne droite, suivant une pente de $0^m,075$ au moins par mètre.

Art. 3. — Les Ingénieurs du Service municipal des Travaux publics dresseront immédiatement la liste des voies de grande et de petite circulation qui sera déposée dans chaque mairie pour recevoir les observations des intéressés ;

La durée de cette enquête est fixée à vingt jours ;

A l'expiration de ce délai, les maires renverront les procès-verbaux de l'enquête, avec leur avis personnel, au Préfet de la Seine qui soumettra le dossier d'enquête au Conseil municipal de Paris.

Après délibération du Conseil, le Préfet de la Seine, arrêtera définitivement la liste des voies de grande et de petite circulation.

Art. 4. — Les arrêtés des 19 décembre 1854, 9 juin 1863, 25 février 1870 et 14 février 1872 susvisés, sont rapportés pour toutes celles de leurs dispositions qui sont contraires au présent arrêté.

Art. 5. — L'Inspecteur général des ponts et chaussées, Directeur des Travaux de Paris, est chargé de l'exécution du présent arrêté, etc

Fait à Paris, le 2 juillet 1879.

F. HÉROLD.

Arrêté préfectoral modifiant les dimensions réduites des branchements particuliers d'égout.

14 janvier 1880.

LE SÉNATEUR, PRÉFET DE LA SEINE,

Vu l'arrêté préfectoral, en date du 2 juillet 1879, qui a fixé les dimensions réduites des branchements particuliers d'égout et leur substitution par des tuyaux en fonte ou en grès pour l'écoulement direct, dans l'égout public, des eaux pluviales et ménagères des propriétés d'un revenu imposable inférieur à trois mille francs et situées en dehors des voies publiques de grande circulation ;

Vu la délibération du Conseil municipal de Paris, en date du 15 décembre 1879, portant modification d'une précédente délibération, en date du 31 mai de la même année, et stipulant que :

1° Les branchements particuliers d'égout à construire sur une longueur inférieure à deux mètres pourront être réduits aux dimensions suivantes :

Hauteur sous clef . . . . 1^m,00
Largeur aux naissances . . . . 0^m,60
Largeur au radier . . . . 0^m,40

2° Les branchements particuliers d'égout à construire sur une longueur supérieure à deux mètres et inférieure à six mètres, pourront être ramenés aux proportions suivantes :

Hauteur sous clef . . . . 1^m,40
Largeur aux naissances. . . . . 0^m,60
Largeur au radier . . . . 0^m,40

Vu le décret du 25 mars 1852, sur la décentralisation administrative et la loi du 24 juillet 1867, sur les Conseils municipaux;

Arrête :

Article premier. — La délibération susvisée du Conseil municipal de Paris, en date du 31 mai 1879, est approuvée ;

En conséquence, l'article premier de l'arrêté préfectoral susvisé, en date du 2 juillet 1879, est ainsi modifié :

1° Les branchements particuliers d'égout à construire sur une longueur inférieure à deux mètres pourront être réduits aux dimensions suivantes :

Hauteur sous clef . . . . 1^m,00
Largeur aux naissances. . . . . 0^m,60
Largeur au radier. . . . . 0^m,40

2° Les branchements particuliers d'égout à construire sur une longueur supérieure à deux mètres et inférieure à six mètres, pourront être ramenés aux proportions suivantes :

Hauteur sous clef . . . . 1^m,40
Largeur aux naissances. . . . . 0^m,60
Largeur au radier . . . . 0^m,40

Art. 2. — L'Inspecteur général des ponts et chaussées, Directeur des Travaux de Paris, est chargé de l'exécution du présent arrêté, etc.

Fait à Paris, le 14 janvier 1880.

F. Herold.

*Arrêté modifiant les dimensions réduites des branchements
particuliers d'égout.*

28 octobre 1881.

LE SÉNATEUR, PRÉFET DE LA SEINE,

Vu les arrêtés préfectoraux, en date des 2 juillet 1879 et 14 juillet 1880, qui ont fixé les dimensions réduites des branchements particuliers d'égout pour le drainage des maisons aux proportions suivantes :

1° Pour les branchements d'une longueur inférieure à deux mètres, savoir :

<pre>
Hauteur sous clef 1m,00
Largeur aux naissances 0m,60
Largeur au radier. 0m,40
</pre>

2° Pour les branchements d'une longueur supérieure à deux mètres, savoir :

<pre>
Hauteur sous clef 1m,40
Largeur aux naissances. 0m,60
Largeur au radier. 0m,40
</pre>

Vu le procès-verbal de la séance du 25 mai dernier, dans lequel la commission d'études pour la ventilation et l'assainissement des égouts expose les inconvénients de ce nouveau type d'égout qui ne permet ni de curer complètement ces galeries, ni de les réparer en cas d'engorgement ou de dégradations, ni de poser ou de réparer les conduites d'eau ou autres ouvrages qu'elles doivent renfermer ;

Vu le rapport de l'Inspecteur général des ponts et chaussées, Directeur des Travaux de Paris, en date du 20 juin 1881 ;

Vu la délibération du Conseil municipal, en date du 6 août 1881, portant qu'il y a lieu, pour remédier aux inconvénients signalés, de donner aux branchements particuliers d'égout une section minima de deux mètres de hauteur et de un mètre trente centimètres de largeur ;

Vu la délibération rectificative du Conseil municipal, en date du 25 de ce mois, ramenant la section des branchements particuliers d'égout à une hauteur de un mètre quatre-vingts centimètres et à une largeur de quatre-vingt-dix centimètres ;

Vu le décret du 25 mars 1852 sur la décentralisation administrative et la loi du 24 juillet 1867 sur les Conseils municipaux ;

Arrête :

Article premier. — La délibération susvisée du Conseil municipal de Paris, en date du 22 octobre 1881, est approuvée. En conséquence, les arrêtés des 2 juillet 1879 et 14 janvier 1880 sont rapportés dans celles de leurs dispositions qui sont contraires aux dimensions prescrites par les articles qui suivent.

Art. 2. — Les branchements particuliers d'égout desservant les propriétés devront désormais avoir, quelle que soit leur longueur, une section minima de un mètre quatre-vingts centimètres ($1^m,80$) de hauteur et de quatre-vingt-dix centimètres ($0^m,90$) de largeur.

Art. 3. — Les propriétaires d'immeubles d'un revenu imposable inférieur à trois mille francs et situés en bordure sur les voies de petite circulation, continueront à bénéficier de la faculté de poser des tuyaux en grès ou en fonte pour l'écoulement de leurs eaux.

Art. 4. — L'Inspecteur général des ponts et chaussées, Directeur des Travaux de Paris, est chargé de l'exécution du présent arrêté, etc.

Fait à Paris, le 28 octobre 1881.

F. Herold.

Arrêté relatif à l'établissement des tuyaux de prise d'eau dans les branchements et à l'écoulement des eaux pluviales.

8 février 1882.

Le Préfet de la Seine,

Vu l'article 6 du décret du 26 mars 1852 ;

Vu le règlement sur les abonnements aux Eaux de Paris, approuvé le 30 novembre 1860 ;

Vu l'arrêté du 24 avril 1866 sur l'établissement des tuyaux de prise d'eau dans les branchements particuliers d'égout ;

Vu l'avis de l'Inspecteur général des ponts et chaussées, Directeur des Travaux de Paris ;

Arrête :

Article premier. — Dans tous les cas où une prise d'eau, soit d'une concession d'établissement public, soit d'un abonnement privé, sera pratiquée sur une conduite publique posée sous galerie, le tuyau alimentaire devra être placé dans le branchement desservant l'immeuble. Cette mesure sera appliquée immédiatement si ce branchement existe, sinon, aussitôt que l'égout particulier aura été construit.

Aucune partie du tuyau ne sera tolérée sous la voie publique en dehors du branchement d'égout; la pénétration dans la propriété devra s'opérer seulement par le mur pignon du branchement. Les ramifications qui pourront être nécessaires une fois l'eau introduite dans l'immeuble pour la porter dans ses diverses parties, seront intérieures à cet immeuble.

ART. 2. — Pour les maisons existant à la date du présent arrêté et dont la disposition ne se prêterait que très difficilement au passage intérieur des tuyaux par empêchement des locataires des caves à traverser qui n'accepteraient pas cette servitude, le branchement alimentaire pourra être dévié latéralement sous le trottoir, le long de la façade de la propriété. Dans ce cas, il sera contenu dans un fourreau métallique étanche, incliné vers l'égout.

Cette tolérance est limitée à une période de dix ans, pendant laquelle les propriétaires auront à prendre les mesures nécessaires pour que leurs immeubles puissent ensuite être desservis par une canalisation intérieure.

A partir du 1er janvier 1892, il ne pourra plus être posé aucun nouveau tuyau alimentaire sortant du branchement d'égout sous la voie publique, et tous les tuyaux préexistants qui offriraient cette disposition seront ramenés à l'intérieur des propriétés ou supprimés dès qu'ils auront besoin de réparation.

ART. 3. — Dans les rues où le branchement d'égout peut être remplacé par un tuyau, le plomb alimentaire sera placé en fourreau perpendiculairement à la façade de la propriété sous laquelle il pénétrera directement, et les prescriptions ci-dessus resteront applicables ; c'est-à-dire que le tuyau ne devra présenter, sous la voie publique, aucune déviation parallèle ou oblique à la propriété, sauf application des mêmes tolérances temporaires que celles qui sont accordées par l'article 2 ci-dessus, pour le cas où il existe un branchement d'égout.

ART. 4. — Lorsqu'une partie quelconque de la maçonnerie d'un branchement d'égout rencontrera une conduite de gaz, cette dernière conduite devra toujours être isolée au moyen d'un manchon en fonte dont le propriétaire devra supporter les frais, dans le cas où la conduite serait préexistante.

ART. 5. — Les eaux pluviales et ménagères pourront être conduites d'un point quelconque de la façade d'un immeuble au branchement particulier d'égout au moyen de tuyaux résistants, en fonte ou en grès, d'un diamètre minimum de 0^m,30 et placés sous le trottoir, le long de la façade, avec une pente minima de 0^m,075 par mètre.

Chaque écoulement devra être amené jusqu'au branchement d'égout par un tuyau distinct. Ces divers tuyaux ne pourront se brancher les uns sur les autres qu'après leur pénétration dans le branchement ; ils devront, indistinctement, aboutir à une cuvette hydraulique en fonte ou en maçonnerie établie sur le radier du branchement. Une même cuvette pourra desservir plusieurs tuyaux.

Art. 6. — En cas d'impossibilité de ramener toutes les eaux d'une façade à un branchement particulier unique, au moyen de tuyaux présentant la pente ci-dessus prescrite à l'article 5, il devra être établi autant de branchements d'égouts qu'il sera nécessaire pour que cette condition de minimum de pente puisse être remplie.

Toutefois, lorsqu'une maison sera pourvue d'un branchement particulier, l'Administration pourra autoriser l'écoulement direct à l'égout public des eaux pluviales, à l'exclusion de toutes autres. Les tuyaux destinés à ces écoulements devront satisfaire aux mêmes conditions que les tuyaux aboutissant au branchement, sauf en ce qui concerne le diamètre qui pourra être réduit à 0^m,20.

Art. 7. — L'Inspecteur général des ponts et chaussées, Directeur des Travaux de Paris, est chargé de l'exécution du présent arrêté, etc.

Fait à Paris, le 8 février 1882.

C. Floquet.

Arrêté interdisant l'écoulement, dans les égouts, des eaux chaudes d'une température supérieure à 30 degrés.

28 janvier 1881.

Le Sénateur, Préfet de la Seine,

Vu le rapport de l'Ingénieur en chef des eaux et égouts (2ᵉ division) en date du 6 janvier 1881, duquel il résulte que les écoulements, dans les égouts publics et dans les égouts particuliers, d'eaux chaudes au delà d'une température de 30 degrés, ont pour effet, par la vapeur qu'ils dégagent, d'élever la température des eaux de sources dans les conduites, de rendre dangereux le séjour dans les galeries et d'en empêcher le curage, et enfin de répandre, par les bouches, sur la voie publique, des vapeurs chargées de miasmes insalubres et désagréables ;

Considérant qu'il importe, dans l'intérêt général, de faire cesser cet état de choses ;

Vu l'article 3 du titre II de la loi des 16-24 août 1790 ;

Vu les articles 2 et 22 de l'arrêté du Gouvernement du 12 messidor an VIII (1ᵉʳ juillet 1800) ;

Vu l'article 471 du Code pénal ;

Vu les ordonnances de police du 20 juillet 1838 (art. 15) et du 1er septembre 1853 (art. 17) ;

Vu les décrets des 26 mars 1852 et 10 octobre 1859 ;

Sur la proposition de l'Inspecteur général des ponts et chaussées, Directeur des Travaux de Paris ;

ARRÊTE :

ARTICLE PREMIER. — Il est interdit d'écouler, dans les branchements d'égouts particuliers ou dans les égouts publics, des eaux chaudes dont la température dépasserait 30 degrés au moment de leur projection dans l'égout.

ART. 2. — Les eaux industrielles qu'il serait impossible de ramener à la température de 30 degrés avant de les envoyer à l'égout devront être dirigées, par des conduites spéciales et suivant les instructions de l'Administration, aux frais des industriels, jusqu'à l'égout collecteur le plus voisin où il existerait une quantité d'eau suffisante pour assurer leur refroidissement immédiat sans inconvénient pour la salubrité publique.

ART. 3. — Les contraventions aux dispositions susindiquées seront constatées par des procès-verbaux. Les contrevenants seront traduits, s'il y a lieu, devant les tribunaux pour être punis conformément aux lois et règlements en vigueur.

ART. 4. — Le présent arrêté sera publié et affiché.

ART. 5. — L'Inspecteur général des ponts et chaussées, Directeur des Travaux de Paris, est chargé de l'exécution du présent arrêté, etc.

Fait à Paris, le 28 janvier 1881.

F. HEROLD.

LES

TRAVAUX SOUTERRAINS DE PARIS

TROISIÈME PARTIE

LES

VIDANGES DE PARIS

LES
VIDANGES DE PARIS

PREMIÈRE PARTIE

FOSSES — EXTRACTION — VOIRIES

HISTORIQUE DES VIDANGES A PARIS JUSQU'AU COMMENCEMENT DU XIXe SIÈCLE.

On a vu dans ce qui précède que, jusqu'à la fin du dix-huitième siècle, Paris était une ville fort sale (c'était déjà cependant la plus belle ville de l'Europe), dépourvue d'égouts et d'eau, infecte par conséquent, de plus très mal éclairée.

C'est aussi dans le dix-neuvième siècle qu'on a cherché à pourvoir la ville d'un bon système de fosses d'aisances et de voirie ; avant cette époque, les matières fécales se perdaient dans le sous-sol, infectaient la nappe d'eau des puits dans laquelle la population pauvre puisait son unique boisson, ou étaient transportées dans des voiries qui formaient autour de la ville une ceinture empestée.

Voici l'historique très abrégé de cette partie de l'assainissement de Paris.

Des voiries au moyen âge. — Jusqu'au règne de François Ier, à Paris, les matières fécales étaient transportées chaque jour aux décharges publiques.

Sous le règne de Philippe Auguste, les principales rues de Paris ayant été pavées, les habitants furent tenus de les balayer au droit de leurs maisons. Ils louaient à frais communs un tombereau qui transportait les ordures et les déjections de toute nature aux lieux désignés à cet effet.

A cette époque, il existait tout autour de Paris un grand nombre de ces voiries ; j'ai dit plus haut que les éminences des rues Meslay et Notre-Dame-de-Nazareth, Bonne-Nouvelle, des Moulins, Saint-Germain-des-Prés, des Coupeaux (labyrinthe du Jardin des Plantes), etc., ne sont autre chose que des accumulations de plâtras, de décombres et autres déjections de la ville. En ouvrant une tranchée d'égout dans la rue Notre-Dame-de-Nazareth, on a rencontré le dépôt de matières fécales du quartier. Ces matières forment, à 2 mètres environ au-dessous du sol, une couche épaisse d'un terreau noir qui n'a conservé qu'une faible odeur [1]. Une ancienne voirie, découverte dans ces dernières années à Vaugirard, a été fructueusement exploitée par son propriétaire.

État de malpropreté de la ville jusqu'à la fin du dix-huitième siècle. Édit de François Ier. — On conçoit combien devaient être incommodes les émanations de ces dépôts placés sur tout le périmètre d'une ville qui n'était pas encore très étendue ; mais le mal était plus grand qu'on ne peut se le figurer, car on ne tenait guère compte des règlements de police, et la plupart du temps les déjections de toute sorte étaient déposées sur le sol même de la rue, quoique les contrevenants fussent menacés de 60 sols d'amende et d'être jetés en prison au pain et à l'eau. Malgré les ordonnances de 1372, 1393, 1395, 1396, 1397, la ville était dans le plus dégoûtant état de malpropreté.

---

[1] Ces matières ont conservé encore assez d'énergie néanmoins pour réagir sur le sulfate de chaux contenu dans les eaux de la nappe souterraine. Plusieurs habitants ont cru découvrir des sources sulfureuses dans leurs caves : on en a signalé une notamment rue Béranger, n° 6 ; une autre a été indiquée vers la culée de droite du pont d'Austerlitz.

On lit dans un ouvrage publié en 1631 que, « dans cette ville
« de Paris, on voit des boues noires qui croupissent dans les
« rues, surpasser en puanteur toutes les plus grandes infec-
« tions. »

De La Mare raconte qu'au commencement du règne de
Louis XIV, « les rues étaient si remplies de fange que la néces-
« sité avait introduit l'usage de ne sortir qu'en bottes. »

On avait néanmoins cherché depuis longtemps à remédier à
ces causes d'insalubrité. Une ordonnance du roi Jean de 1348
parle pour la première fois des fosses d'aisances qu'on nomme
chambres basses que l'on dit *courtoires*. Des lettres patentes de Charles VI de 1404 défendaient de jeter les immondices à la Seine, « ce qui portait préjudice à la santé et que
« c'était miracle comment ceux qui usaient tous les jours de
« cette eau pour leurs boissons et pour cuire leur viande n'en
« mouraient pas ». Elles édictaient une amende « de 60 sols
« parisis pour le fait de porter fiens dans la rivière, et le qua-
« truple que cousterait à oster ce que ainsy on y aurait mis. »

Un arrêt du Parlement du 15 septembre 1553 enjoint « à
« tous les propriétaires des maisons où il n'y avait point en-
« core de fosses à retraits, d'y en faire faire en toute di-
« ligence et sans aucun retardement, à peine de saisie des
« loyers, pour en être les deniers employés à faire les dites
« fosses. »

Un autre arrêt du Parlement (14 juin 1558) prononce la
confiscation, de fortes amendes et même des peines corporelles
contre les propriétaires qui jettent de leurs maisons « aucunes
« immondices, soit pissats ou autres immondices, quelles
« qu'elles soient. »

Enfin parut le mémorable édit de François Ier (novembre
1539) qui prescrit derechef à tous les propriétaires de créer
dans chaque maison une fosse à retrait destinée à recevoir
toutes les déjections.

Les considérants de cette ordonnance, qui constitue l'acte le plus important du seizième siècle, au point de vue de la salubrité, font connaître l'état de la ville à cette époque.

« Sçavoir faisons..... qu'en notre bonne ville et cité de Paris
« et fauxbourgs d'icelle, a eu ès temps passés et a encore plu-
« sieurs fautes notables ès pavemens d'icelle qui sont moult
« empirés et tellement décheuz en ruine et dommage, qu'en
« plusieurs lieux on ne peut bonnement aller à cheval, ni à char-
« roy sans très grand péril et inconvéniens ; et avec ce que,
« icelle ville et fauxbourgs a esté tenue longtemps, et encore est
« si orde et si pleine de bouës, fiens, gravois et autres ordures
« que chacun a laissé et mis communément devant son huis
« contre raison et contre les ordonnances de nos prédécesseurs,
« que c'est grand horreur et très grand déplaisir à toutes per-
« sonnes de bien et d'honneur ; et font ces choses..... au grand
« préjudice de nature humaine demeurant et fréquentant en
« notre dite ville et fauxbourgs qui, par l'infection et punaisie
« des dites bouës, fiens et autres ordures, sont encourus ès
« temps passés en griefves maladies et infirmités du corps, dont
« il nous déplaît fort et non sans cause. »

Inexécution des règlements. — Malheureusement, comme toutes les mesures de salubrité prescrites avant le dix-neuvième siècle, l'édit de François Ier ne fut pas exécuté. Un arrêt du Parlement de 1551 fait savoir que l'ordre de police est perverti. Il ordonne que « la dite ville et faux-bourgs d'icelle.... soient
« entretenus et conservés en santé et décoration, purgés et
« nettoyés des immondices.... de faire publier et attacher, par
« les carrefours, l'édit et l'ordonnance faits par le Roy en
« 1559 ».

Mais le Parlement ne fut pas plus heureux que le Roi, et toutes les ordonnances précitées ainsi que les nombreux arrêts, ordonnances et lettres patentes qui les confirmèrent de 1550 à 1665, restèrent sans effet, puisqu'on lit dans l'ordonnance de police de 1668 :

« .... Les dits commissaires auraient entr'autres choses,
« observé qu'en la plupart des dites maisons, les propriétaires
« se sont dispensés d'y faire des fosses ou latrines, quoiqu'ils
« aient logé dans aucunes des dites maisons jusqu'à vingt ou
« vingt-cinq familles différentes, ce qui causait en la plupart
« si grande puanteur qu'il y avait lieu d'en craindre les incon-
« véniens fascheux et surtout en des temps suspects. »

Il faut cependant mentionner, parmi les ordonnances sur la
salubrité qui restèrent lettre morte, les lettres patentes de 1608,
dans lesquelles il est fait mention d'une charge pour l'enlèvement des immondices :

.... « Défense de laisser escouler dans les égouts les urines,
« eaux grasses et croupies.... Défense au *maître fy-fy et des*
« *basses-œuvres* de ne laisser espandre par les rues ordures ou
« excrémens, en vidant les basses fosses ou retraits, sur les
« mêmes peines de 10 livres parisis d'amende.... »

C'est la première fois que la dénomination de *maître fy-fy*
ou des basses-œuvres est donnée aux vidangeurs, vulgairement
appelés *gadouards*.

Un arrêt du 4 juin 1734 nous apprend qu'à cette époque les
fosses n'existaient pas partout, notamment dans le faubourg
Montmartre.

Les fosses étaient construites sans aucune règle ; une ordonnance de 1664 prescrivait seulement quelques mesures pour
éviter les fuites dans les tuyaux de descente. Elle contenait
toutefois une prescription remarquable : « comme aussi leur
« enjoignons de faire des ventouses qui seront conduites
« jusqu'au-dessus des combles ». Telle est l'origine du tuyau
de ventilation qui aujourd'hui doit être établi dans toutes les
fosses.

Il résultait de cette liberté absolue que les fosses n'étaient
point étanches et que les liquides allaient se perdre dans la
nappe d'eau des puits.

Jusqu'à la fin du dix-huitième siècle l'Administration municipale se montra, pour ce qui concerne les fosses d'aisances, comme pour les égouts et la distribution des eaux, d'une faiblesse et d'une incurie qui paraîtraient bien intolérables aujourd'hui.

DES HEUREUSES MODIFICATIONS APPORTÉES A LA VIDANGE PAR LE DÉCRET
DE 1809 ET L'ORDONNANCE ROYALE DE 1819.

L'établissement d'une bonne police date du dix-neuvième siècle. Décret de 1809 sur les fosses. — L'établissement d'une bonne police véritablement active et intelligente, qui, pour faire respecter ses décisions, n'a besoin ni de la peine du fouet, ni de la confiscation, ni même d'amendes exagérées, est un des bienfaits de la Révolution.

Un décret du 10 mars 1809 ordonne enfin la construction de fosses véritablement étanches; je crois devoir le reproduire ici *in extenso*, en raison de l'importance de ce premier acte législatif en la matière :

. . . .

Article premier. — Dans toutes les constructions de maisons neuves qui auront lieu à l'avenir dans notre bonne ville de Paris, il ne pourra être pratiqué ni construit de fosses d'aisances dans d'anciens puits ou puisards sans refaire les constructions suivant le mode prescrit par le présent règlement.

Art. 2. — Les fosses d'aisances ne seront placées, autant que faire se pourra, que sous le sol des caves ayant communication avec l'air extérieur.

Art. 3. — Aucune fosse d'aisances ne sera pratiquée sous le sol des seconds berceaux de cave, si ces berceaux n'ont aucune communication immédiate avec l'air extérieur.

Art. 4. — Les caves sous lesquelles seront construites les fosses d'aisances devront être assez spacieuses, lorsque l'étendue du terrain le permettra, pour contenir quatre travailleurs et leurs ustensiles.

Art. 5. — Lorsqu'il sera pratiqué des fosses sous le sol des premiers berceaux de caves, elles ne pourront être construites que dans un massif de glaise corroyée.

Art. 6. — Il est défendu d'établir des compartiments ou divisions dans les fosses.

Art. 7. — Le fond des fosses d'aisances sera fait en forme de cuvette concave, avec des arrondissements pour effacer les angles du tour avec le fond.

Art. 8. — Toutes les fosses d'aisances à angles rentrants, carrées ou barlongues, auront tous leurs angles effacés par des arrondissements de 18 à 20 centimètres de rayon.

Art. 9. — Le fond des fosses sera établi en pavé ordinaire sur forme de chaux et ciment. Il est défendu d'y employer de la brique.

Art. 10. — Les parements des fosses seront construits en moellons piqués ou pierre de taille liés à chaux et ciment. Il est défendu d'y employer le plâtre.

Art. 11. — La hauteur des fosses, quelle que soit leur capacité, ne pourra être moindre de deux mètres sous voûte.

Art. 12. — Les fosses seront fermées par une voûte à plein cintre.

Art. 13. — L'ouverture d'extraction des matières sera placée au milieu de la voûte, autant que les localités le permettront.

Art. 14. — Cette ouverture ne pourra avoir moins d'un mètre de longueur sur soixante-cinq centimètres en largeur.

Art. 15. — Il sera en outre placé à la voûte, du côté opposé à la chute, un tampon mobile, dont le diamètre ne pourra être moindre de cinquante centimètres.

Art. 16. — Le tuyau de chute sera placé dans une direction verticale ; son diamètre intérieur ne pourra être moindre de trente centimètres.

Art. 17. — Il sera en outre établi, parallèlement au tuyau de chute, un tuyau d'évent, lequel sera conduit jusqu'à la hauteur des souches de cheminées, si elles sont plus élevées.

Art. 18. — L'orifice intérieur des tuyaux de chute et d'évent ne pourra être descendu au-dessous des points les plus élevés de l'intrados de la voûte.

Art. 19. — Dans toutes les constructions actuellement existantes, toutes les fois qu'il y aura lieu à reconstruire les murs auxquels sont adossés les tuyaux de chute, le propriétaire sera tenu de faire établir le tuyau d'évent prescrit par l'article 17 ci-dessus. Toutes les dispositions ci-dessus sont applicables aux constructions de maisons nouvelles, et ne pourront être appliquées dans les maisons existantes qu'aux fosses qui auront besoin de reconstruction, ou aux parties seulement qui seront réparées.

Art. 20. — Toutes les fois cependant qu'il sera fait des réparations à une fosse d'aisances, le propriétaire sera tenu de faire établir à la voûte le tampon prescrit par l'article 15.

Art. 21. — Les fosses actuellement pratiquées dans les puits ou puisards, celles à compartiments ou étranglements, celles dont la vidange ne peut avoir lieu que par des tuyaux, ne pourront être réparées ; elles seront vidées, supprimées et remblayées lorsqu'elles seront hors de service.

Art. 22. — Il en sera de même des fosses pratiquées sous le sol des seconds berceaux de caves, lorsqu'elles n'auront aucune communication immédiate avec l'air extérieur.

Art. 23. — Les propriétaires des maisons dont les fosses seront supprimées en vertu des deux articles précédents seront tenus d'en faire construire de nouvelles, conformément aux dispositions prescrites par les articles précédents.

Art. 24. — En cas de contravention au présent règlement et de procès-verbaux dressés en conséquence, ou en cas d'opposition de la part des propriétaires aux mesures prescrites par l'Administration, il sera procédé, conformément aux formes prescrites, devant les tribunaux de police ou le tribunal civil, selon la nature de l'affaire.

Ordonnance de 1819. — Aujourd'hui le mode de construction des fosses d'aisances dans Paris est réglé par l'ordonnance royale du 24 septembre 1819, dont voici le texte :

LOUIS... etc., Sur le rapport de notre Ministre de l'Intérieur ;

Vu les observations du Préfet de police sur la nécessité de modifier les règlements concernant la construction des fosses d'aisances dans notre bonne ville de Paris ;

Notre Conseil d'État entendu,

Nous avons ordonné et ordonnons ce qui suit :

SECTION Iʳᵉ

DES CONSTRUCTIONS NEUVES.

Article premier. — À l'avenir, dans aucun des bâtiments publics ou particuliers de notre bonne ville de Paris et de leurs dépendances, on ne pourra employer pour fosses d'aisances, des puits, puisards, égouts, aqueducs ou carrières abandonnés, sans y faire les constructions prescrites par le présent règlement.

Art. 2. — Lorsque les fosses seront placées sous le sol des caves, ces caves devront avoir une communication immédiate avec l'air extérieur.

Art. 3. — Les caves sous lesquelles seront construites les fosses d'aisances devront être assez spacieuses pour contenir quatre travailleurs et leurs ustensiles, et avoir au moins deux mètres de hauteur sous voûte.

Art. 4. — Les murs, la voûte et le fond des fosses seront entièrement construits en pierres meulières, maçonnés avec du mortier de chaux maigre et de sable de rivière bien lavé.

Les parois des fosses seront enduites de pareil mortier, lissé à la truelle.

On ne pourra donner moins de trente à trente-cinq centimètres d'épaisseur aux voûtes, et moins de quarante-cinq ou cinquante centimètres aux massifs et aux murs.

Art. 5. — Il est défendu d'établir des compartiments ou divisions dans les fosses, d'y construire des piliers et d'y faire des chaînes ou des arcs en pierres apparentes.

Art. 6. — Le fond des fosses d'aisances sera fait en forme de cuvette concave.

Tous les angles intérieurs seront effacés par des arrondissements de vingt-cinq centimètres de rayon.

Art. 7. — Autant que les localités le permettront, les fosses d'aisances seront construites sur un plan circulaire, elliptique ou rectangulaire.

On ne permettra point la construction de fosses à angle rentrant, hors le seul cas où la surface de la fosse serait au moins de quatre mètres carrés de chaque côté de l'angle, et alors il serait pratiqué, de l'un et de l'autre côté, une ouverture d'extraction.

Art. 8. — Les fosses, quelle que soit leur capacité, ne pourront avoir moins de deux mètres de hauteur sous clef.

Art. 9. — Les fosses seront couvertes par une voûte en plein cintre, ou qui n'en différera que d'un tiers de rayon.

Art. 10. — L'ouverture d'extraction des matières sera placée au milieu de la voûte, autant que les localités le permettront.

La cheminée de cette ouverture ne devra point excéder un mètre cinquante centimètres de hauteur, à moins que les localités n'exigent impérieusement une plus grande hauteur.

Art. 11. — L'ouverture d'extraction correspondant à une cheminée d'un mètre cinquante centimètres au plus de hauteur ne pourra avoir moins d'un mètre en longueur sur soixante-cinq centimètres en largeur.

Lorsque cette ouverture correspondra à une cheminée excédant un mètre cinquante centimètres de hauteur, les dimensions ci-dessus spécifiées seront augmentées de manière que l'une de ces dimensions soit égale aux deux tiers de la hauteur de la cheminée.

Art. 12. — Il sera placé, en outre, à la voûte, dans la partie la plus éloignée du tuyau de chute et de l'ouverture d'extraction, si elle n'est pas dans le milieu, un tampon mobile, dont le diamètre ne pourra être moindre de cinquante centimètres. Ce tampon sera en pierre, encastré dans un châssis en pierre, et garni, dans son milieu, d'un anneau en fer.

Art. 13. — Néanmoins ce tampon ne sera pas exigible pour les fosses dont la vidange se fera au niveau du rez-de-chaussée, et qui auront, sur ce même sol, des cabinets d'aisances avec trémie ou siége sans bonde, et pour celles qui auront une superficie moindre de six mètres dans le fond, et dont l'ouverture d'extraction sera dans le milieu.

Art. 14. — Le tuyau de chute sera toujours vertical.

Son diamètre intérieur ne pourra avoir moins de vingt-cinq centimètres s'il est en terre cuite, et de vingt centimètres s'il est en fonte.

Art. 15. — Il sera établi, parallèlement au tuyau de chute, un tuyau d'évent, lequel sera conduit jusqu'à la hauteur des souches de cheminées de la maison, ou de celles des maisons contiguës, si elles sont plus élevées.

Le diamètre de ce tuyau d'évent sera de vingt-cinq centimètres au moins; s'il passe cette dimension, il dispensera du tampon mobile.

Art. 16. — L'orifice intérieur des tuyaux de chute et d'évent ne pourra être descendu au-dessous des points les plus élevés de l'intrados de la voûte.

SECTION II

DES RECONSTRUCTIONS DE FOSSES D'AISANCES DANS LES MAISONS EXISTANTES.

Art. 17. — Les fosses actuellement pratiquées dans des puits, puisards, égouts anciens, aqueducs ou carrières abandonnés, seront comblées ou reconstruites à la première vidange.

Art. 18. — Les fosses situées sous le sol des caves, qui n'auraient point communication immédiate avec l'air extérieur, seront comblées à la première vidange, si l'on ne peut pas établir cette communication.

Art. 19. — Les fosses actuellement existantes dont l'ouverture d'extraction, dans les deux cas déterminés par l'article 11, n'aurait pas et ne pourrait avoir les dimensions prescrites par le même article, celles dont la vidange ne peut avoir lieu que par des soupiraux ou des tuyaux, seront comblées à la première vidange.

Art. 20. — Les fosses à compartiments ou étranglements seront comblées ou reconstruites à la première vidange, si l'on ne peut pas faire disparaître ces étranglements ou compartiments, et qu'ils soient reconnus dangereux.

Art. 21. — Toutes les fosses des maisons existantes, qui seront reconstruites, le seront suivant le mode prescrit par la première section du présent règlement.

Néanmoins, le tuyau d'évent ne pourra être exigé que s'il y a lieu à reconstruire un des murs en élévation au-dessus de ceux de la fosse, ou si ce tuyau peut se placer intérieurement, ou extérieurement, sans altérer la décoration des maisons.

SECTION III

DES RÉPARATIONS DES FOSSES D'AISANCES.

Art. 22. — Dans toutes les fosses existantes, et lors de la première vidange, l'ouverture d'extraction sera agrandie, si elle n'a pas les dimensions prescrites par l'article 11 de la présente ordonnance.

Art. 23. — Dans toutes les fosses dont la voûte aura besoin de réparations, il sera établi un tampon mobile, à moins qu'elles ne se trouvent dans les cas d'exception prévus par l'article 15.

Art. 24. — Les piliers isolés, établis dans les fosses, seront supprimés à la première vidange, ou l'intervalle entre les piliers et les murs sera rempli en maçonnerie toutes les fois que le passage entre ces piliers et les murs aura moins de soixante-dix centimètres au moins de largeur.

Art. 25. — Les étranglements existant dans les fosses, et qui ne laisseraient pas un passage de soixante-dix centimètres au moins de largeur, seront élargis à la première vidange, autant qu'il sera possible.

Art. 26. — Lorsque le tuyau de chute ne communiquera avec la fosse que par un couloir ayant moins d'un mètre de largeur, le fond de ce couloir sera établi en glacis jusqu'au fond de la fosse, sous une inclinaison de 45 degrés au moins.

Art. 27. — Toute fosse qui laisserait filtrer ses eaux par les murs ou par le fond sera réparée.

Art. 28. — Les réparations consistant à faire les rejointoyements, à élargir l'ouverture d'extraction, placer un tampon mobile, rétablir des tuyaux de chute ou d'évent, reprendre la voûte et les murs, boucher ou élargir des étranglements, réparer le fond des fosses, supprimer des piliers, pourront être faites suivant les procédés employés à la construction première de la fosse.

Art. 29. — Les réparations consistant dans la reconstruction entière d'un mur de la voûte ou du massif du fond des fosses d'aisances, ne pourront être faites que suivant le mode indiqué ci-dessus pour les constructions neuves.

Art. 30. — Les propriétaires des maisons dont les fosses seront supprimées en vertu de la présente ordonnance, seront tenus d'en faire construire conformément aux dispositions prescrites par les articles de la première section.

Art. 31. — Ne seront pas astreints aux constructions ci-dessus déterminées les propriétaires qui, en supprimant leurs anciennes fosses, y substitueront les appareils connus sous le nom de *fosses mobiles inodores*, ou tous autres appareils que l'Administration publique aurait reconnus par la suite pouvoir être employés concurremment avec ceux-ci.

Art. 32. — En cas de contravention aux dispositions de la présente ordonnance, ou d'opposition de la part des propriétaires aux mesures prescrites par l'Administration, il sera procédé, dans les formes voulues, devant le tribunal de police ou le tribunal civil, suivant la nature de l'affaire.

Art. 33. — Le décret du 10 mars 1809, concernant les fosses d'aisances dans Paris, est et demeure annulé.

Art. 34. — Notre Ministre Secrétaire d'État de l'Intérieur, et notre Garde des Sceaux, Ministre de la Justice, sont chargés de l'exécution de la présente ordonnance.

Donné en notre château des Tuileries, le 24 septembre, l'an de grâce mil huit cent dix-neuf, et de notre règne le vingt-cinquième.

LOUIS.

Grâce à la sévérité de l'Administration municipale, qui tient la main à l'exécution des prescriptions de cette ordonnance, les fosses perméables ont à peu près disparu.

Des vidanges. — Mais la conséquence infaillible de la stricte exécution des nouveaux règlements de police était la création d'un autre fléau, celui des *vidanges*.

Inconvénients qu'elles présentent jusqu'au dix-neuvième siècle. — On verra plus loin que, jusqu'à la fin du dix-huitième siècle, le volume des matières extraites des fosses était réellement insignifiant, et il devait en être ainsi, puisque, d'une part, l'usage des fosses était loin d'être général, et que, d'autre part, celles qui existaient n'étaient point étanches. Les liquides qui forment les quatre cinquièmes des matières fécales se perdaient, comme je l'ai dit, dans la nappe d'eau des puits.

Néanmoins, ce petit volume de matières ne sortait pas de la ville sans graves inconvénients. Le métier de vidangeurs ou pour mieux dire des *maîtres des basses-œuvres*, ou *maîtres fyfy*, était loin d'être sans danger comme aujourd'hui, et l'opération de la vidange était bien plus incommode pour les habitants.

Asphyxie ou plomb. — Pendant longtemps, on ignora la nature des gaz délétères qui frappaient les ouvriers de mort lorsqu'ils descendaient dans les fosses, qui suintaient avec l'eau à travers les parois des puits.

L'asphyxie connue sous le nom de *plomb*[1] resta une mystérieuse maladie jusqu'à nos jours; en 1805 et 1806, MM. Chaussier, Thénard et Dupuytren démontrèrent qu'il fallait l'attribuer aux émanations d'acide sulfhydrique.

Guyton-Morveau le premier, sans connaître la nature des gaz, indiqua en 1773 l'action désinfectante de l'acide chlorhydrique.

MM. Thénard et Dupuytren recommandèrent le chlore. Vers 1820, Labarraque conseilla de faire usage du chlorure de chaux découvert par Masuyer. Ces agents étaient trop coûteux pour être admis en pratique; de plus, le chlorure de chaux, s'il a l'avantage de pouvoir être employé en plein air, offre l'inconvénient de se mélanger difficilement avec les matières en raison de son état solide, et de donner lieu à des dégagements

---

[1] On n'est pas fixé sur l'origine de cette expression singulière, qui semble avoir été adoptée par les vidangeurs à cause de la gêne de la respiration qui fait éprouver une sensation comparable à celle que produirait l'application sur la poitrine d'une charge lourde comme du *plomb*.

de gaz très incommodes (chlorhydrate d'ammoniaque, chlore, etc....) dans les fosses ou dans l'intérieur des maisons.

De 1820 à 1830, on tente sans succès de mettre en pratique l'idée de Darcet, qui consistait à activer la ventilation par une lampe allumée dans le tuyau de ventilation prescrit par les règlements de police.

Ce n'est que vers 1855 qu'on apprend à désinfecter une fosse, sinon de manière qu'elle cesse d'être incommode pour le voisinage au moment de la vidange, au moins de telle sorte qu'on en rende le séjour presque sans danger pour les ouvriers. On verra plus loin que c'est en traitant les matières par les sels métalliques que ce résultat a été obtenu.

Des moyens d'extraction avant le dix-neuvième siècle. Le seau et la pioche. — Les moyens grossiers d'extraction employés pendant longtemps augmentaient à la fois les dangers de la vidange et l'infection produite dans le voisinage.

Les liquides étaient extraits avec des seaux déversés dans des hottes qu'on vidait ensuite dans des tonneaux dits *lanternes*. Lorsqu'on atteignait les solides désignés alors sous les noms de *heurte* ou de *gratin*, on faisait en outre usage de la pelle ou de la pioche.

L'emploi de la pompe, dû à Hallé, n'entre dans la pratique qu'en 1820. — C'est en 1785 que Hallé eut l'idée de substituer la pompe au seau; ce moyen à la fois expéditif et sans danger n'entra toutefois dans la pratique parisienne que vers 1820. Les pompes, dont on fait usage aujourd'hui permettent d'extraire en quelques minutes un mètre cube de matières liquides; pour un travail de difficulté moyenne, il faut compter 4 à 5 minutes par mètre cube.

HISTORIQUE DES VOIRIES. — MONTFAUCON. — LE DÉPOTOIR ET LA VOIRIE DE BONDY.

Des voiries. — J'ai dit qu'au Moyen Age les matières fécales étaient, pour la plupart du temps, jetées dans la rue, mais que les règlements prescrivaient leur transport aux voiries ou décharges publiques établies tout autour de l'enceinte de Philippe Auguste.

L'infection répandue par ces voiries était telle qu'on craignait qu'elle ne nuisît « à la conservation des vivres et den-« rées.... surtout à celle du pain que les boulangers amè-« nent; il est toujours frais et presque chaud, et par con-« séquent plus susceptible d'impression et capable d'attirer « l'air infecté. »

Montfaucon devient l'unique voirie de Paris au dix-septième siècle. — Une de ces voiries était celle de Montfaucon. Dans le charnier qui accompagnait les seize piliers de la justice, on jetait pêle-mêle les ossements des suppliciés, les immondices des rues et les déjections des maisons.

Sous Louis XIII, les décharges publiques furent séparées des voiries, et Montfaucon devint l'unique réceptacle des matières fécales de Paris. Alors commencèrent à s'élever les plaintes des faubourgs Saint-Denis, Saint-Martin, du Temple et de l'hospice Saint-Louis, pour lesquels ce voisinage devenait intolérable. Ce ne fut néanmoins qu'en 1761, lors de l'établissement du mur d'octroi, que Soufflot déplaça l'ancienne voirie et la transporta, ainsi que le gibet et le charnier, à 300 mètres de la barrière du Combat, au pied de la butte Chaumont; c'est dans cet emplacement qu'elle fut conservée jusqu'en 1848; le charnier et le gibet avaient été détruits en 1790 par la tourmente révolutionnaire.

Les bassins de Montfaucon s'étendaient sur une surface de 10 hectares; la différence de niveau entre les récipients supérieurs et inférieurs était de 15 mètres. On jetait les matières dans le premier, les solides se déposaient et les liquides s'écoulaient par décantation d'un bassin à l'autre; longtemps, on les perdit dans les bassins inférieurs par l'évaporation ou l'infiltration dans le sol, mais bientôt l'abondance toujours croissante des matières obligea à recourir à un moyen des plus malheureux. En 1826, on profita de la construction de l'égout latéral au canal Saint-Martin pour jeter en Seine à la gare de l'Arsenal, en amont de Paris, les eaux-vannes surabondantes de la voirie de Montfaucon[1].

Mais le mal allait toujours croissant; le volume de matières transportées, qui était de 51 mètres cubes par jour vers la fin du dix-huitième siècle (1797), montait vers 1835 à 300 ou 350 mètres cubes.

En 1832, M. Gisquet, alors Préfet de police, voulut visiter les voiries; « il trouva, chose hideuse, des gens qui, au milieu de « ces lacs, repêchaient des poissons morts; et ces immondices « gâtés, que la police avait fait enlever des marchés, étaient « revendus et servis aux barrières[2]. »

Cet horrible établissement n'était pas plus longtemps tolérable aux abords de Paris, c'était un reste de la barbarie du Moyen Age qu'il fallait se hâter de faire disparaître.

En 1797, M. Giraud, architecte, avait déjà proposé de diviser la voirie en deux parties, d'en établir une dans la plaine de Grenelle, l'autre dans la plaine Saint-Denis, et d'accompagner chaque établissement d'une grande fabrique d'engrais qui s'écouleraient dans les campagnes voisines, et d'une manufacture de produits ammoniacaux, etc.

---

[1] On lâchait les eaux toutes les nuits de 10 heures du soir à 4 heures du matin. « Quel- « ques ouvriers, dit Parent-Duchâtelet, m'ont affirmé que rien ne pouvait être comparé à « l'infection qui existait alors dans l'égout. »
J'ai fait déposer, tout récemment, dans les rues de Meaux et Grange-aux-Belles, le tuyau de plomb qui établissait la communication des voiries à l'égout.
[2] Mille, *Annales des Ponts et Chaussées*, 1854, 1er semestre.

Voirie de Bondy. — Cette idée se réalisa en partie en 1816 ; seulement au lieu d'Épinay, lieu désigné par Giraud, on choisit Bondy, et les travaux furent commencés par les ateliers de charité.

Toutefois, ce ne fut qu'en 1826 que furent levés les obstacles que souleva le projet. Les matières, transportées en régie par le canal de l'Ourcq, furent traitées dans la nouvelle voirie comme à Montfaucon.

Mais le quart à peine des vidanges pouvait prendre cette voie et Montfaucon le reste. Le fléau subsistait donc toujours aux portes de la ville.

« Le Préfet de police et le Préfet de la Seine, voulant hâter
« le moment où il leur serait possible d'exécuter tout ce qui
« regarde la voirie de Montfaucon et, de cette manière, mettre
« fin aux réclamations sans cesse renaissantes d'une nombreuse
« population, réunirent, à cet effet, sous leur présidence, une
« Commission dans laquelle ils firent entrer un certain nombre
« de membres du Conseil municipal et du Conseil de salubrité,
« quelques personnes qui, par leurs travaux et la nature de leurs
« fonctions, étaient à même de donner sur un sujet d'une aussi
« haute importance, des avis salutaires[1]. »

Opinion de Parent-Duchâtelet sur les voiries. — Parent-Duchâtelet faisait partie de cette Commission et en fut le rapporteur ; il a laissé sur cette question un remarquable mémoire qui a été publié.

Les conclusions de la Commission étaient les suivantes :

Dans les rues pourvues d'égouts on devait se borner à conserver les solides, et laisser écouler les eaux-vannes directement et d'une manière continue dans la galerie souterraine. Sur ce point, « la Commission déclare *unanimement* que non seulement
« elle croit la chose praticable, mais qu'elle la considère comme

____
[1] Parent-Duchâtelet.

« très avantageuse, tant pour le public que pour l'Administra-
« tion; suivant elle, une conduite en fonte.... emmènerait
« dans l'égout toutes les eaux de la maison, ce qui permettrait
« d'améliorer d'une manière notable la voie publique.... Nous
« avons la conviction, pour ne pas dire la certitude, que beau-
« coup de propriétaires ne craindraient pas, pour jouir
« d'un pareil avantage, de contribuer pour quelque chose
« à la dépense qu'occasionne à la Ville la construction de ces
« égouts. »

Parent-Duchâtelet indiquait donc clairement, dès cette époque, la solution qui, à mes yeux, est encore la seule pratique, *la conservation des matières solides dans des tinettes-filtres, et l'émission directe des liquides dans les égouts.*

Mais il allait trop loin, lorsqu'il proposait de laisser couler nuit et jour ces liquides des fosses dans les ruisseaux des rues, prétendant qu'ils étaient beaucoup moins putrescibles que les eaux de vaisselle et de savon. Il ajoutait, à la vérité, que cette tolérance ne serait accordée « que dans les lieux où l'eau se trou-
« verait en quantité suffisante pour neutraliser et faire complè-
« tement disparaître les qualités particulières qui rendent les
« eaux-vannes désagréables ».

Je ne puis partager son avis sur ce point : tolérer l'émission des eaux-vannes sur la voie publique, comme on le fait déjà pour les eaux ménagères, c'était aggraver considérablement un des plus grands inconvénients de la voirie d'alors. Il n'y aurait du reste aucune divergence d'opinion sur ce point aujourd'hui.

La Commission de 1835 ne pensait pas qu'il fût possible de supprimer Montfaucon, tant que son système ne serait pas adopté, ni surtout de donner à la voirie de Bondy tout le déve-loppement nécessaire.

Établissement du Dépotoir. — Néanmoins, Montfaucon put être supprimé grâce à une très heureuse idée de M. Mary, alors directeur du Service municipal.

On transportait déjà à Bondy les matières fortes : M. Mary, observant qu'on pouvait appliquer aux eaux-vannes les moyens mécaniques déjà appliqués aux eaux claires, proposa d'établir une conduite qui partirait du point de déchargement alors utilisé pour les solides au bassin de la Villette et aboutirait à la voirie de Bondy. Les eaux-vannes devaient être élevées au moyen d'une machine à vapeur à une hauteur suffisante pour assurer l'écoulement.

Les projets de cet établissement, auquel on a donné le nom de *Dépotoir*, furent présentés vers 1842. Vivement attaqué dans l'origine par les populations voisines, le Dépotoir fut néanmoins autorisé en 1845 et construit dans les trois années suivantes[1].

Une ordonnance de police du 24 mai 1849, visant une lettre du 10 du même mois par laquelle le Préfet de la Seine faisait connaître que le service du Dépotoir, fonctionnant sans interruption depuis le 1er mars, se trouvait désormais assuré, décidait :

« Article premier. — Tout versement de matières de « vidanges à la voirie de Montfaucon est formellement interdit. « Les matières de vidanges ne pourront être transportées qu'au « Dépotoir ou au port d'embarquement établis à la Villette.

« Art. 2. — Les matières liquides extraites des fosses d'ai-« sances par aspiration ou au moyen de la pompe, seront seules « introduites dans les grosses tonnes.

«   .   .   .   .

« Art. 6. — Les matières pâteuses et les corps étrangers qui

---

[1] Mille, *Annales des Ponts et Chaussées*, 1854, 1er semestre, p. 137 et suivantes.

Voici ce que je trouve dans nos archives sur les dépenses faites :

		FRANCS
Les indemnités de	Construction du port d'embarquement	82 955,25
terrain du Dépotoir et	Dépotoir, machines comprises.	588 005,78
de Bondy ne sont	Conduite de Bondy (aller)	215 584,62
pas comprises dans	— (retour).	149 592,20
ces évaluations.	Voirie de Bondy (constructions).	187 264,14
	Dépense totale	1 021 179,99

« n'auront pas été extraits par aspiration ou au moyen de la
« pompe seront renfermés dans des récipients analogues à ceux
« des fosses mobiles.

. . . . »

Les autres articles déterminaient la capacité de ces récipients
et les heures de circulation des tonnes dans Paris.

Je ne donnerai pas la description de cet établissement, je me
contenterai de dire que les eaux-vannes sont refoulées au moyen
d'une machine de 25 chevaux dans une conduite de 0^m,50 de
diamètre et de 9271^m,17 de longueur établie sous la berge droite
du canal de l'Ourcq, et qui aboutit à la voirie de Bondy; les
matières fortes conduites dans le même établissement sont
envoyées à la Voirie par bateaux.

En même temps que le Dépotoir prenait le service, Montfaucon était supprimé et le dépôt des matières pâteuses que
contenaient ses trois bassins transformé peu à peu en poudrette. A partir de ce moment, toutes les matières étaient
envoyées à Bondy[1].

Là, comme autrefois à Montfaucon, était installé un fermier
de la Ville, qui payait à celle-ci une redevance déterminée, par
mètre cube amené soit par la conduite de refoulement du Dépotoir, soit par les bateaux circulant sur le canal de l'Ourcq.

On peut dire que c'est à Bondy qu'aboutissait alors la presque
totalité des matières de vidanges de Paris. Le Dépotoir de la
Villette était, en effet, ouvert à tous les entrepreneurs de vidange,
qui pouvaient y apporter toutes les matières qu'ils récoltaient

---

[1] La superficie de la Voirie est de 52 hectares, dont le quart est occupé par huit bassins de
réception mesurant chacun environ un hectare de superficie et d'une capacité de 160 000 mètres
cubes ; un autre quart est affecté aux séchoirs ; le reste est occupé par les voies des fosses
et leurs dépendances. Les matières qui se déposent au fond des bassins sont transportées
sur les séchoirs, où on les travaille et les réduit en poudrette. Les liquides à demi clarifiés
sont livrés à une fabrique de produits ammoniacaux ou jetés dans l'égout de Pantin par une
seconde conduite de 0^m,27 de diamètre, de 6422^m,61 de longueur, établie parallèlement à la
première sous une des berges du canal de l'Ourcq. Cette conduite, dite *de retour*, sert également à l'écoulement des eaux de lavage de la conduite d'amenée, lavage qui s'opère tous
les samedis.

dans la ville, mais sous la condition expresse qu'il n'en serait
rien distrait pour être porté dans des dépotoirs particuliers.

Accroissement du volume des vidanges. — L'établissement
des fosses étanches que l'Administration poussait de plus en
plus avec activité, les habitudes de propreté qui se dévelop-
paient et augmentaient considérablement la consommation de
l'eau dans les cabinets d'aisances, avaient pour résultat un accroissement considérable dans le volume des matières transportées au Dépotoir.

On jugera de son importance en comparant les chiffres ci-
dessous.

ANNÉES	CUBE ANNUEL DE MATIÈRES DE VIDANGES	POPULATION PARISIENNE
1784	18 615 m. c.	660 000 hab.
1815	45 000	713 966
1835	102 800	909 126
1851	266 356	1 053 262
1864	550 000	1 825 000 environ (après l'annexion).

Ainsi le volume des vidanges, qui était déjà en 1851 (avant
l'annexion) deux fois et demie plus considérable qu'en 1835,
alors que Parent-Duchâtelet écrivait son remarquable rapport,
représente aujourd'hui un cube quotidien de 1830 mètres
enlevé par les Compagnies de vidange. (On sait qu'aucune opération de vidange ne se fait dans la nuit du dimanche au lundi,
ce qui réduit à 300 environ les jours de travail de la vidange.)

PROCÉDÉS EMPLOYÉS POUR LE TRAITEMENT DES MATIÈRES SOLIDES ET LIQUIDES.

Premier essai d'écoulement sur la voie publique (1850). — Le moyen le plus simple de remédier au mal consistait à écouler les liquides sur la voie publique, ainsi que le conseillait la Commission de 1835 ; mais pour cela il fallait une désinfection préalable suffisante pour rendre l'odeur des matières écoulées moins intolérable et aussi pour rendre le pompage possible, car dans une fosse non désinfectée, les matières sont mises en mouvement d'une manière continuelle. Les solides, sans cesse déplacés par l'action des gaz incessamment produits, sont tantôt à la surface, où ils forment le *chapeau*, tantôt à la partie inférieure. Les eaux-vannes occupent la région moyenne.

Dès que la désinfection est opérée, la fermentation cesse, les matières épaisses se précipitent au fond, les liquides surnagent et peuvent être extraits par la pompe.

Un entrepreneur de vidange, M. Quesney, prit en 1850 un brevet pour mettre en pratique ce procédé d'extraction [1].

M. Carlier, Préfet de police, accueillit favorablement l'idée de faire écouler les eaux-vannes au ruisseau. Un premier essai eut lieu, le 7 avril 1850, dans une maison sise rue Montholon, n° 7 ; 16 mètres cubes d'eaux-vannes furent versés dans le ruisseau en plein jour en présence de l'Inspecteur général et d'une Commission de salubrité. D'autres essais furent reproduits sous les yeux de M. Carlier lui-même.

On constata que le nouveau procédé n'augmentait en rien l'insalubrité des égouts.

L'écoulement des liquides à l'égout après désinfection préa-

[1] Ce brevet avait été rédigé par M. Maxime Paulet, inventeur du procédé.

lable est autorisé le 28 *décembre* 1850. — M. Carlier prit alors la grande mesure qui a transformé la vidange parisienne.

Déjà, par une ordonnance du 12 décembre 1849, M. le Préfet de police avait rendu la désinfection des fosses obligatoire, en augmentant de deux heures par nuit la durée du travail des vidangeurs. Cette ordonnance était une imitation de deux arrêtés pris en 1847 par les maires de Tours et de Lyon, et qui prescrivaient la même mesure.

L'ordonnance du 28 décembre 1850 autorisa l'écoulement à l'égout. Ses principales dispositions furent confirmées et complétées par celle du 8 novembre 1851, dont voici le dispositif :

« ARTICLE PREMIER. — Il est expressément défendu de procéder à l'extraction et au transport des matières contenues dans les fosses d'aisances, fixes ou mobiles, avant d'en avoir opéré complètement la désinfection.

« Il devra être procédé à cette désinfection dans la nuit qui précédera l'extraction des matières, et aux mêmes heures que celles qui sont fixées pour la vidange des fosses.

« ART. 2. — Aussitôt après la promulgation de la présente ordonnance, tout entrepreneur de vidange devra nous faire connaître son procédé de désinfection, et ne l'employer qu'après que ce procédé aura été approuvé par nous, sur l'avis du Conseil de salubrité.

« ART. 3. — Les matières liquides désinfectées pourront être, lors de la vidange, écoulées sur la voie publique.

« ART. 4. — Tout entrepreneur qui voudra user de cette faculté devra, préalablement, nous en faire la déclaration, en prenant l'engagement de payer à la Ville, conformément à la délibération ci-dessus visée, 1 fr. 25 c. par mètre cube de matières solides ou liquides extraites des fosses ; il devra se soumettre en outre à toutes les conditions qui lui seront imposées pour l'opération dont il s'agit.

« ART. 5. — Les entrepreneurs pourront transporter *les matières solides* dans des locaux autorisés, où elles seront de nouveau désinfectées, s'il est nécessaire, de manière que la désinfection soit permanente, à défaut de quoi les matières seront enlevées et portées à Bondy, à la diligence de l'autorité et aux frais du contrevenant.

« ART. 6. — Les liquides qui ne seront point écoulés sur la voie publique et les matières solides dont les entrepreneurs de vidange ne voudront pas disposer, ainsi qu'il est dit dans l'article précédent, continueront à être transportés au Dépotoir ou au port d'embarquement de la Villette, jusqu'à ce qu'il en soit autrement ordonné, et sauf d'ailleurs les exceptions que nous jugerions convenable d'autoriser, dans l'intérêt de l'agriculture ou de l'industrie.

« ART. 7. — A l'avenir, les appareils de fosses mobiles devront être disposés de telle sorte que la séparation des matières solides et liquides s'opère dans les fosses[1].

« Art. 8. — Il est expressément interdit d'attendre que la fosse soit pleine pour en opérer la vidange ; on devra toujours laisser au moins le vide nécessaire pour l'introduction et le *brassage* des matières désinfectantes.

« A cet effet, dans le délai de trois mois à partir de la publication de la présente ordonnance, chaque fosse, fixe ou mobile, devra être munie d'une indication qui fasse connaître qu'elle est arrivée au degré de plénitude qui rend la vidange nécessaire ; dans ce cas, le propriétaire devra faire procéder immédiatement à la désinfection et au curage de la fosse.

« Art. 9. — Les ordonnances et arrêté des 5 et 6 juin 1834, 23 septembre 1843, 26 janvier 1846, 24 mai et 12 décembre 1849, continueront de recevoir leur exécution en tout ce qui n'est pas contraire aux dispositions qui précèdent.

« Art. 10. — L'ordonnance de police du 28 décembre 1850 est rapportée.

« Art. 11. — Les contraventions à la présente ordonnance seront constatées par des procès-verbaux ou rapports, conformément aux lois et règlements, sans préjudice des mesures administratives qui pourront être prises contre les contrevenants, *notamment le retrait temporaire ou définitif de l'autorisation des entrepreneurs.*

« Art. 12. — La présente ordonnance sera publiée et notifiée aux entrepreneurs de vidange.

« Le Chef de la Police municipale, les Commissaires de police de Paris, l'Inspecteur général de la salubrité et les Officiers de paix en surveilleront et assureront l'exécution, chacun en ce qui les concerne.[2] »

« DE MAUPAS. »

Conformément à l'article 2 de l'ordonnance, chaque entrepreneur de vidange doit au préalable faire connaître son procédé de désinfection.

En général, on opère avec des sels métalliques, principalement des sels de zinc, dans la proportion de 1 à 1,50 pour 100 de la capacité des fosses.

La quantité dépend d'ailleurs de la nature des matières con-

[1] Le Préfet de police engage instamment les propriétaires des maisons où les fosses sont fixes à y faire établir la séparation prescrite pour les fosses mobiles. Cette disposition, peu coûteuse et tout entière dans l'intérêt des propriétaires, permet d'obtenir une désinfection plus prompte et plus complète.

[2] La vidange parisienne était encore réglementée, à quelques détails près, en 1878, par cette ordonnance, sauf toutefois l'installation des séparateurs dans les fosses fixes. Les séparateurs donnèrent lieu à des plaintes fondées ; l'extraction des matières était longue et difficile ; l'Administration cessa de les recommander et les propriétaires qui en avaient les firent démolir. Les séparateurs mobiles ou tinettes filtrantes furent seules conservés et subsistent encore aujourd'hui.

tenues dans la fosse, ces matières pouvant être plus ou moins mélangées d'eau. La quantité de sels métalliques à ajouter doit être suffisante pour faire passer à l'état de sulfure métallique tous les sulfhydrates : on reconnaît que cette transformation est complète en plongeant dans les matières de la fosse un papier à l'acétate de plomb qui reste blanc. Si le papier noircit, c'est qu'il reste des sulfhydrates non décomposés ; dans ce cas, on doit ajouter une nouvelle quantité de sels métalliques.

L'emploi des sels métalliques pour la désinfection des *fosses mobiles* n'est pas très efficace ; s'ils agissent sur les sulfhydrates, ils ont peu d'effet sur l'*odeur particulière*, laquelle domine celle des sulfhydrates, contrairement à ce qui se passe dans les fosses fixes, où la production de ces gaz est augmentée par la fermentation, qui atténue en même temps l'odeur particulière.

L'écoulement des liquides à l'égout, le transport des solides aux voiries particulières était toléré moyennant la rétribution de 1 fr. 25 c. par mètre cube, perçue sur la totalité de la capacité de la fosse.

L'extraction était faite au moyen de la pompe ; chaque équipe, composée d'un chef et de 4 compagnons, pouvait extraire dans une nuit 10 mètres cubes de matières (5 tonnes) si l'on portait aux voiries, 16 mètres cubes si l'on écoulait à l'égout. Le pompage des matières dans les ruisseaux se faisait plus rapidement et avec moins de fatigue que le pompage dans les tonnes sur roues employées pour le transport.

Une ordonnance du 29 novembre 1854 prescrivit la désinfection complète des matières contenues dans les fosses d'aisances, dans la nuit qui devait précéder l'extraction, et autorisa l'écoulement des liquides des fosses, *au fur et à mesure de leur production*, directement et d'une manière permanente dans les égouts, au moyen d'un tuyau aboutissant à la bouche de l'égout le plus voisin[1].

---

[1] La vidange des liquides des fosses à l'égout a été interdite depuis et n'a plus été autorisée que pour les liquides provenant des *réservoirs*, c'est-à-dire des fosses dans lesquelles on

Le nombre des équipes des fosses fixes était de 35 en 1848, de 42 en 1852 ; en 1864 il s'élève à 50 dont 25 à la Compagnie Richer. Le nombre des chevaux est de 480 ; on emploie 250 tonnes sur roues, 4200 tonneaux de 100 litres dits « anderlys », 4200 linettes, 42 voitures à pompe, 8 voitures de corvées.

Produit des vidanges de la ville de Paris. — On sait que les matières extraites des fosses de la ville de Paris servent à la fabrication d'engrais et de produits chimiques.

L'invention de la poudrette remonte à 1784 et est due à Bridel, qui proposa de convertir en poudre végétative une partie des dépôts de Montfaucon. Le procédé éminemment simple et primitif, employé pour fabriquer cet engrais, consiste à étendre sur des séchoirs les matières fécales convenablement épaissies, et à les travailler jusqu'à ce qu'elles soient réduites en poussière par l'évaporation ou l'infiltration dans les terres de l'eau qu'elles renfermaient. La poudrette ainsi préparée est mise en tas et livrée au commerce à des prix variables, mais qui ne s'éloignent jamais beaucoup de 40 francs par mètre cube. Des produits chimiques, qui consistent principalement en sulfate d'ammoniaque, sont extraits des eaux demi-clarifiées.

La voirie de Montfaucon fut affermée de 1784 à 1797 à Bridel, moyennant une redevance de 3000 francs par an. L'entreprise réussit et Bridel, qui payait 3000 francs pour un apport journalier de 51 mètres cubes, pouvait fabriquer un engrais dont la valeur annuelle dépassait 500000 francs.

Des plaintes s'élevèrent contre ce privilège et la mise en adjudication des voiries fut décidée.

En 1797, le bail s'élevait brusquement à 64100 francs ; puis

recueillait les liquides qui avaient traversé les appareils séparateurs, quand ces liquides ne pouvaient être écoulés directement à l'égout au fur et à mesure de leur production.

L'écoulement à l'égout des liquides des réservoirs a lui-même été interdit par un arrêté du 3 mars 1881 : depuis cette époque, ces liquides doivent être transportés aux voiries comme les matières des fosses ordinaires.

montait progressivement jusqu'en 1806, où il atteignait la somme de 485 000 francs. Il restait stationnaire jusqu'en 1813, et sous les guerres d'invasion tombait à 75 000 francs pour se relever en 1826 à 255 000 francs ; enfin, de 1842 à 1850, il restait à la limite supérieure de 500 000 francs[1].

Après les ordonnances de 1850-1851, qui autorisaient le transport libre des matières aux voiries particulières, l'affermage à prix fixe de la voirie de Bondy n'était plus possible. Les matières furent livrées au fermier à raison de 0 fr. 65 c. le mètre cube.

En 1855, le produit des voiries s'établissait ainsi :

$$
\begin{array}{llll}
\text{Matières transportées à Bondy par la conduite} & 202\,000 & \times 0,65 = 151\,000 \text{ fr.} \\
\text{Liquides écoulés dans les égouts.} \ldots & 152\,000 & \left.\right\} \\
\text{Solides portés au Dépotoir ou dans les voiries} & 56\,000 & \left.\right\} \times 1,25 = 260\,000 \\
\hline
& & \text{Produit total.} \ldots \quad 391\,000 \text{ fr.}
\end{array}
$$

D'après un bail passé le 18 janvier 1858 avec la Compagnie Richer, le prix du mètre cube de matières rendu à Bondy fut fixé à 1 franc.

La première année a donné les résultats suivants :

$$
\begin{array}{llll}
\text{Liquides reçus au Dépotoir.} \ldots & 219\,449 & \left.\right\} \\
\text{Solides reçus au Dépotoir.} \ldots & 24\,532 & \left.\right\} 243\,981 \times 1,00 = 243\,981 \text{ fr. } 00 \\
\text{Écoulés en Seine par les égouts.} & 174\,081 & \left.\right\} \\
\text{Matières transportées aux voiries} & & \left.\right\} 219\,603 \times 1,25 = 274\,503 \text{ fr. } 75 \\
\text{particulières.} \ldots & 45\,522 & \left.\right\} \\
\hline
\text{Totaux.} \ldots & 465\,584 & \qquad 518\,484 \text{ fr. } 75
\end{array}
$$

Ces sommes sont loin de représenter la somme laissée à la charge du propriétaire.

Ainsi, en 1784, tandis que le volume des matières extraites des fosses était de 51 mètres cubes par jour ou de 18 615 mètres

[1] Mille, *Annales des Ponts et Chaussées*, 1854, 1er semestre, pages 132 et suiv.

par an, il atteint actuellement 550 000 mètres cubes. Au prix courant de la vidange aujourd'hui (7 fr. 50 c. par mètre cube sur la rive droite, 8 fr. 50 c. sur la rive gauche, soit 8 francs en moyenne; mais, par l'effet de la concurrence, en réalité 7 francs), l'impôt payé par le propriétaire au vidangeur aurait donc monté de 150 305 francs en 1784, à 5 850 000 francs en 1864[1].

Ainsi se justifient les prévisions de Parent-Duchâtelet; mais s'il avait prévu le mal, il avait indiqué le remède.

La solution si simple présentée par la Commission de 1835, l'écoulement direct des liquides aux égouts, qui pourrait être obtenu aujourd'hui dans la moitié des rues de Paris, n'est pas encore mise en pratique; on verra pourquoi dans la deuxième partie de ce mémoire.

De la valeur des matières transportées au Dépotoir. — Je ne puis mieux terminer ces considérations générales qu'en donnant les prix attribués par l'industrie des vidanges aux matières transportées au Dépotoir. Ces matières sont de trois sortes :

1° Les liquides, ou eaux-vannes, qui ne valent pas plus de 1 franc par mètre cube.

2° Les matières demi-liquides (bottelage, petit bottelage, fort bottelage, barbeau, petit barbeau), dont le mètre cube vaut de 2 à 3 francs, suivant la plus ou moins grande quantité d'eau qu'elles contiennent.

3° Les solides ou matières fortes, extraites des fosses mobiles à filtre, dont le mètre cube peut être évalué à 6 francs en moyenne.

Ainsi, la valeur commerciale des matières épaisses est 6 fois celle des liquides, et, comme les premières représen-

---

[1] Aujourd'hui, en 1885, les prix du mètre cube ont diminué : ils ne sont plus que de 4 fr. 50 c. à 5 francs; mais la quantité des vidanges a augmenté, en sorte que l'impôt payé reste le même.

tent en volume le cinquième des matières extraites, il en résulte que, si la séparation était faite entièrement par des procédés perfectionnés, le cube des vidanges de Paris se diviserait ainsi :

$$110\,000^{m3} \text{ de solides à 6 fr.} \ldots \ldots = 660\,000 \text{ fr.}$$
$$440\,000^{m3} \text{ de liquides à 2 fr. en moyenne}$$
$$(\text{liquides et demi-liquides}). \ldots \ldots = 880\,000 \text{ fr.}$$

Les solides représentent donc, sous un volume réduit au cinquième de la masse totale, à peu près les deux cinquièmes de la valeur commerciale des matières.

DES AMÉLIORATIONS A FAIRE

FOSSES ET VIDANGES

ESSAIS DE SYSTÈMES SÉPARATEURS

Le régime des vidanges à Paris, au milieu des incertitudes de toute espèce qui s'opposent à l'application pure et simple du système de la Commission de 1835 dans les rues pourvues d'égout, constitue encore aujourd'hui, malgré tous les perfectionnements qu'il a subis, une grave incommodité pour les habitants de Paris. Les procédés de désinfection employés n'empêchent pas une odeur fétide de se répandre dans les rues. Les liquides plus ou moins saturés de substances neutralisantes. plus ou moins mélangés de matières solides qu'ils entraînent, infectent les ruisseaux et les égouts, tandis que les matières solides, extraites à la pompe, sont transportées au Dépotoir dans ces lourdes voitures qui emplissent Paris de bruit et d'odeurs nauséabondes.

Je considère donc que l'assainissement de la ville aura fait un grand pas lorsqu'on aura trouvé un bon séparateur des liquides et des solides, capable de retenir ces derniers avec toutes les substances chargées de miasmes, avec tous les principes fertilisants des liquides, de manière à ne laisser écouler à l'égout qu'une eau inoffensive et inutile.

Je vais passer sommairement en revue quelques-uns des principaux appareils de ce genre qui ont été proposés jusqu'à ce jour.

Des séparateurs fixes. Système Giraud et Gourlier. — Je ne dirai qu'un mot des séparateurs fixes analogues à ceux inventés en 1786 et 1788 par Giraud et Gourlier, tous deux architectes.

J'ai visité, en 1857, les appareils de ce genre établis à l'hôtel du Louvre par M. Dugléré; ils s'appliquent à une fosse de forme quelconque et consistent en une cloison verticale de 8 à 10 centimètres d'épaisseur, construite en béton de ciment romain en un ou plusieurs points de la fosse, suivant sa dimension, et criblée de trous d'un demi-centimètre de diamètre : les liquides qui s'écoulent à travers cette division se rendent dans une fosse particulière.

Le séparateur fonctionne assez bien, quoiqu'il laisse beaucoup de liquides dans la fosse aux solides; mais, comme l'avait très bien dit Parent-Duchâtelet en 1835, il ne détruit aucun des inconvénients du système actuel lorsqu'il faut procéder à la vidange. Il est même constaté que les solides dans cet état de demi-fluidité se désinfectent très mal, parce qu'il est difficile d'y faire pénétrer les réactifs.

Je ne considère donc pas le système Gourlier comme une solution satisfaisante.

Des séparateurs mobiles. — La Commission de 1835 prisait beaucoup le procédé des fosses mobiles proposé en 1818 par Cazeneuve.

Un tonneau, solidement construit, présentait à l'un de ses fonds et sur le côté une ouverture de $0^m,20$; l'axe du tonneau

était occupé par un tuyau métallique percé de petits trous.
En plaçant ce tonneau debout sur un châssis en bois, on
mettait la grande ouverture en communication avec le tuyau de
descente : les matières solides et liquides s'y précipitaient;
tandis que celles-là y restaient, celles-ci, passant par les trous
du tuyau fixé dans l'axe du tonneau, tombaient dans un autre
tonneau que l'on enlevait aussitôt qu'il était rempli. Le réservoir des liquides était donc vidé cinq ou six fois plus souvent
que celui des solides.

Ce procédé diffère peu, au moins en ce qui concerne le mode
de séparation, de ceux qui sont encore en usage aujourd'hui.

Appareil Richer, Pâris et Chevron. — L'appareil séparateur employé par les Compagnies de vidange Richer, Pâris
et Chevron, consiste en un tonneau dans lequel les matières
tombent par un trou excentrique. Un tube métallique ou filtre,
percé de trous, conduit les liquides dans un double fond d'où
ils s'échappent par un orifice qu'on ferme avec un bouchon au
moment de la vidange.

Appareil Huguin. — La tinette métallique de la Compagnie
Richer, dite appareil Huguin, est un cylindre d'un hectolitre de
capacité, construit en tôle galvanisée ; le filtrage se fait par une
cloison intérieure percée de trous.

Appareil Dugléré. — La tinette de M. Dugléré, exploitée par
la Compagnie Pâris, se compose d'un cylindre en tôle galvanisée, percé d'une multitude de trous par lesquels s'écoule le
liquide. Pour faire la vidange, on enlève cet appareil, on le
place dans une seconde boîte métallique, hermétiquement fermée, qu'on transporte aux voiries.

Tous les séparateurs établis sur le principe de la filtration
des liquides à travers une tôle perforée, fonctionnent bien ; ils

sont trop simples pour qu'il soit nécessaire d'insister plus longuement sur leur description.

Je ne parlerai pas des nombreux appareils compliqués qu'une foule d'inventeurs se sont ingéniés à trouver, et dont aucun d'ailleurs n'a réussi, en raison de sa complication.

Dans quelques-uns, un jeu de soupape devait manœuvrer par le poids des solides. Certains inventeurs ont proposé de véritables roues à augets qui laissent écouler les liquides par des petits trous et retiennent les matières solides. Le poids de ces matières fait tourner la roue et l'auget se déverse dans le réservoir spécial.

D'autres ont ajouté à leurs appareils des désinfectants et des mélanges qui devaient instantanément transformer la matière en engrais.

Pour qu'un séparateur puisse fonctionner régulièrement, il faut qu'il soit simple; c'est là une condition indispensable.

DES COMMUNICATIONS ENTRE LES FOSSES D'AISANCES ET LES ÉGOUTS.

L'arrêté de M. le Préfet, en date du 19 décembre 1854, rendu en exécution de l'article 6 du décret du 26 mars 1852, impose à tous les propriétaires l'obligation de mettre leurs maisons en communication avec les égouts au moyen d'un branchement. C'est par ce branchement qu'il conviendrait, au moins pour les maisons neuves, d'opérer la sortie des solides et des liquides.

Je ferai voir plus loin, en donnant la description du branchement d'égout, que l'extraction et le transport des solides peut se faire sans difficulté, et on le conçoit déjà, puisqu'ils ne représentent que la cinquième partie du volume des vidanges. Le transport des liquides qui constituent les 4/5 de ce volume

est au contraire une opération très embarrassante si l'on tient
à les conserver, et très facile, plus facile encore que celui des
solides, si l'on consent à les perdre, puisque, dans ce dernier
cas, il suffit de les laisser couler à l'égout.

*Écoulement direct et continu des eaux des fosses dans les
égouts.* — L'écoulement direct et continu des liquides des
fosses dans les égouts a été proposé, comme on l'a vu ci-dessus, par la Commission de 1835.

Depuis, la même proposition a été renouvelée par le Conseil
de salubrité.

Enfin, M. le Préfet de la Seine, dans une conférence du
1er avril 1859, a autorisé les ingénieurs du Service à *tolérer* les
écoulements directs et continus d'eaux-vannes dans les égouts,
sous la condition que les maisons seraient pourvues d'un branchement d'égout et que les fosses seraient remplacées par un
appareil séparateur mobile convenable.

Je dois dire ici pourquoi on a hésité si longtemps à adopter
cette mesure si rationnelle et si généralement recommandée à
l'Administration.

On a craint d'infecter les égouts et le fleuve, et de perdre un
engrais précieux pour l'agriculture. Il faut bien reconnaître
aussi, qu'une fois engagé dans cette voie, il sera difficile de reculer. Il s'agit donc d'abord de démontrer que les craintes de
l'Administration n'étaient pas fondées et que l'écoulement continu des liquides ne doit pas augmenter l'infection des égouts
et du fleuve.

Je ne répéterai pas ce que la Commission de 1835 a dit sur
ce sujet ; je n'admets même pas absolument, comme elle, que
le mélange des eaux d'égout et des eaux-vannes soit sans influence sur l'état de salubrité du cours du fleuve ; ce qui s'est
passé dans les sécheresses de 1848 tendrait à prouver que
l'eau des égouts de Paris, quelque faible que soit son volume,
comparé à celui que débite la Seine, produit d'assez fâcheux

résultats par son mélange avec l'eau de ce fleuve. J'ai pu constater par expérience :

1° Que les eaux de la Seine, par des sécheresses extrêmes, s'altéraient sensiblement dans la traversée de Paris ;

2° Qu'alors, l'eau montée à Chaillot devenait infecte et répandait une odeur insupportable dans tout l'emplacement des anciens bassins, lorsqu'elle restait en repos dans une des conduites ascensionnelles pendant quatre à cinq jours seulement ;

3° Que cette altération de l'eau s'étendait jusqu'à Poissy.

Mais je suis convaincu que la projection directe des eaux-vannes dans les égouts ne pourrait aggraver en aucune façon cet état du fleuve.

En effet, les liquides des fosses d'aisances, lorsqu'ils sont frais, n'ont pas une odeur sensible ; l'urée, qui forme la plus grande partie des matières azotées qu'ils renferment, en se mélangeant à la grande masse d'eau des égouts et du fleuve, entre difficilement en putréfaction, condition indispensable pour qu'elle devienne odorante.

L'altération des eaux du fleuve produite par les 440 000^{m3} de liquides inoffensifs qui y arriveraient dans cet état, ne serait certainement pas plus considérable que celle qui résulte aujourd'hui de l'écoulement de 230 000^{m3} d'eaux-vannes putrides qu'on jette directement dans les égouts au moment de la vidange. Tous les Parisiens peuvent apprécier chaque jour l'odeur fétide qu'elles répandent lorsqu'on les extrait des fosses, et cela *malgré la prétendue désinfection opérée préalablement et la précaution exigée aujourd'hui de diriger le liquide de la fosse à l'égout par un tuyau continu.*

A la vérité, une moitié seulement des eaux-vannes arrive par cette voie dans le fleuve, mais une grande partie de l'autre moitié finit également par s'y rendre, et dans un état qui n'est guère moins fâcheux. En effet, la conduite *de retour* de Bondy suffit à peine pour amener à l'égout de Pantin les eaux surabondantes de la voirie que la fabrique de produits chimiques ne peut utiliser et les eaux mères de cette fabrique. L'égout de Pantin tombe en Seine près de Saint-Denis, à une très petite distance du débouché de l'égout d'Asnières, qui, dans peu d'années, recevra le reste des eaux-vannes.

Ainsi, soit qu'on reste dans le statu quo, soit qu'on autorise l'écoulement direct et continu aux égouts, la plus grande partie des eaux-vannes viendra tomber dans la Seine entre Asnières et Saint-Denis. Seulement, dans l'état actuel, elles arrivent aux égouts et au fleuve corrompues, et mêlées d'une grande quantité de solides : il faut conserver le Dépotoir, la voirie de Bondy, l'organisation du transport par le canal de l'Ourcq, qui alimente Paris en eau potable, tandis qu'avec l'écoulement continu les eaux arriveraient aux égouts sans odeur et presque limpides.

La perte d'engrais, dans l'état actuel, est plus grande que celle qui résulterait de l'écoulement continu. — La perte des engrais qui résulterait de l'écoulement continu ne peut être évitée. D'abord elle existe dans l'état actuel, puisque la plus grande partie des liquides tombe dans le fleuve, et qu'elle y arrive avec une partie très notable des solides extraits des fosses avec la pompe, mais en outre, pendant les longues manipulations qu'on fait subir aux solides pour les convertir en poudrette, il s'opère une perte très considérable des principes actifs des engrais. Les matières azotées se convertissent en produits ammoniacaux et se perdent, soit dans l'atmosphère, soit par imbibition dans le sol. Il résulte d'expériences nombreuses que cette perte peut être évaluée aux 9/10 de l'azote, tandis que si les solides étaient mieux séparés des liquides, il serait possible de fabriquer la poudrette ou du moins de préparer l'engrais en très peu de jours, et d'éviter la plus grande partie de ces pertes, comme je vais le faire voir ci-dessous.

L'agriculture tirera difficilement parti des liquides, dans l'état où ils sortent des fosses. — Admettons donc les séparateurs, et voyons s'il est possible de tirer parti des liquides et de les livrer à l'agriculture, dans l'état où ils sortent des fosses.

La vente des liquides au Dépotoir et à la voirie de Bondy est insignifiante. — Depuis quelques années, l'Administration municipale a cherché à en tirer parti en les vendant à la voirie de Bondy au prix très bas de 1 franc par mètre cube qui est loin de représenter, je ne dis pas les frais de vidange, qui sont de 7 francs par mètre cube, mais les frais d'extraction, de manipulation et de transport qu'il faudra faire, quel que soit le système adopté, pour conduire le liquide au lieu de vente. Or, avec les prix réduits, la moyenne annuelle des ventes n'a pas dépassé 5500 mètres cubes, quantité insignifiante ; on se refuse donc à prendre un engrais que la Ville vend au-dessous du prix de revient. A quoi doit-on attribuer cela? A l'esprit de routine, au défaut d'intelligence des agriculteurs? Je ne le pense pas, mais au peu de richesse de l'engrais, qui ne lui permet pas de supporter les frais de transport.

Admettons, en effet, comme on le fait habituellement, que les liquides du Dépotoir renferment $3^k,40$ d'azote par mètre cube et que l'azote des engrais se paye dans le commerce à raison de 2 francs le kilogramme. D'après cela, les 440 000 mètres cubes de liquides renferment une quantité d'azote qui vaut, au prix de commerce, 3 millions de francs, somme considérable ; mais chaque mètre cube n'en contient que pour 6 fr. 80 c., somme insuffisante, car les frais qui doivent se déduire de la valeur de l'engrais sont, par mètre cube, pour un transport de 10 kilomètres seulement :

1° Le prix de vente, qui, nous l'avons dit, ne peut être abaissé. 1 fr.

2° Les frais de délivrance et de chargement, évalués en moyenne à. . . . . 0 fr. 23 c.

A reporter . . . 1 fr. 23 c.

Report. . .   1 fr. 23 c.

3° Le transport qui, pour un éloignement
moyen de 10 kilomètres, ne peut être estimé,
pour l'aller et le retour, à moins d'une journée
d'un cheval et de son conducteur. . . . .   6 fr.

Prix du mètre cube d'engrais rendu à la ferme.   7 fr. 23 c.

Les engrais concentrés peuvent au contraire être transportés
au loin ; tels sont le guano, qui renferme 120 kilogrammes
d'azote au moins par 1000 kilogrammes, et la poudrette elle-
même, qui en renferme 20. Leur manipulation est d'ailleurs
beaucoup plus facile que celle des liquides, les frais de répandage surtout sont beaucoup moins élevés.

On conçoit donc pourquoi les agriculteurs recherchent si peu
les engrais liquides du Dépotoir et de la voirie de Bondy ; quoiqu'on les exonère des frais de vidange, qui sont de 7 francs par
mètre cube, ils auront toujours un immense avantage à acheter
des engrais plus concentrés.

Mais s'il est vrai que les eaux-vannes sont déjà d'une vente
difficile, que deviendra ce commerce dans l'avenir ?

Aujourd'hui, avec la fosse étanche, le propriétaire lutte tant
qu'il peut contre la tendance du locataire à jeter beaucoup
d'eau dans le cabinet d'aisances, mais dès que l'écoulement
continu, soit dans les égouts, soit par des tuyaux spéciaux, sera
toléré, cette lutte cessera, la distribution d'appartement s'éta-
blira rapidement et la quantité d'eau débitée par les water-closets
s'accroîtra dans une proportion énorme.

Les frais à la charge des agriculteurs resteront de 7 fr. 50 c.
par mètre cube, tandis que la valeur réelle de l'engrais tombera
de 6 fr. 80 c. à 3 fr. 40 c., 2 fr. 27 c., 1 fr. 70 c., etc., suivant que le volume d'eau dépensé dans les cabinets sera double,
triple, quadruple, etc., de ce qu'il est aujourd'hui. On arrivera,
dans peu d'années, à un liquide qui n'aura pas plus de valeur

agricole que de l'eau pure et qui coûtera plus cher que le meilleur fumier de ferme.

L'intérêt agricole **est** donc à nos yeux en dehors de la question.

Mais admettons que l'Administration municipale, dans la crainte d'altérer l'eau du fleuve et les égouts, soit disposée à faire les plus grands sacrifices, à prendre à sa charge, par exemple, tous les frais de transport et à imposer aux propriétaires l'obligation d'installer dans les water-closets le séparateur Thorel, qui est d'un mécanisme simple, aussi facile à poser qu'une garde-robe ordinaire à effet d'eau, et divise instantanément les matières introduites dans la cuvette, de telle manière qu'aucun liquide n'arrive à la fosse.

Elle n'arrivera pas encore à la solution complète du problème.

En effet, le répandage des engrais liquides, quel que soit le système agricole adopté, ne peut se faire en toute saison ; sur les prairies elles-mêmes qui sont, de toutes les cultures, celles qui supportent le mieux le renouvellement de l'arrosage, cette opération est impraticable en hiver et au printemps, surtout en temps de gelée, lorsque l'herbe a atteint un certain développement ; pendant la fenaison, l'arrosage doit encore être suspendu.

Que deviendront les eaux-vannes qui arriveront d'une manière continue aux lieux de vente, dans la morte saison, comme dans le reste de l'année ?

Même aux moments de grande activité des demandes, il y aura nécessairement des irrégularités dans le volume journalier des matières vendues.

Il faudra donc les emmagasiner, c'est-à-dire maintenir les voiries, ces établissements infects qui, par leur étendue, les émanations horribles qu'ils répandent, sont réellement intolérables près d'une grande ville.

On a dit qu'en prolongeant la conduite de Bondy au delà de la limite où les boues et fumiers de Paris arrivent presque sans frais, on trouverait facilement à vendre les eaux-vannes dont les agriculteurs de la banlieue ne veulent pas.

J'admets cette hypothèse; mais comment contraindra-t-on les cultivateurs à prendre ces engrais à toutes les époques de l'année et à construire des fosses à liquides, lorsqu'ils auront la faculté de faire leurs prises à leur convenance sur la conduite de la Ville?

MM. Mille et Moll ont fait, à la ferme de Vaujours, tous leurs efforts pour avoir une meilleure répartition des prises, et ils ont obtenu de notables améliorations sous ce rapport. Mais comment demander aux autres agriculteurs le même zèle et la même bonne volonté, si l'on considère surtout qu'ils n'ont pas à leur disposition, comme à Vaujours, des installations spéciales, tuyauterie, robinetterie, etc.?

Il faudrait donc de distance en distance établir des voiries publiques.

La conservation des liquides exige l'application à tous les cabinets d'un séparateur analogue à celui de M. Thorel. — Admettons qu'on passe sur cet inconvénient qui s'atténuerait beaucoup par l'éloignement de ces établissements infects. Il faut trouver le moyen d'exonérer les propriétaires de Paris des frais de vidange, attendu qu'il n'est pas juste de leur faire payer un impôt de 7 francs par mètre cube de liquides au profit de l'agriculture.

J'ai dit plus haut que la solution la plus désirable consisterait à retenir au passage toutes les matières fertilisantes pour ne laisser écouler à l'égout qu'une eau inoffensive et sans valeur.

Malheureusement, ce problème n'a pu être résolu jusqu'ici : j'indique plus loin le moyen qui, suivant M. Dumas, pourrait être tenté.

Mais en attendant, si l'on veut utiliser les liquides urineux, il faut les séparer des eaux de lavage dans le cabinet au moyen de l'appareil Thorel.

En supposant que cette première sujétion ait été imposée aux propriétaires, il faut, si l'on veut recueillir tout l'azote, se résigner à conserver les liquides urineux et les recevoir dans des tinettes mobiles préalablement munies de désinfectants. Quant aux matières solides, elles seraient recueillies dans une tinette-filtrante où elles auraient été projetées en même temps que les eaux de lavage et de vaisselle, qui s'écouleraient à l'égout par le branchement particulier.

Avec ce système, on conserverait tout l'azote, mais les frais de vidange seraient considérables. En effet, on a vu ci-dessus que le volume des liquides urineux, en les supposant complètement séparés des eaux de lavage, était à peu près 4 fois plus grand que celui des solides; les frais de vidange seraient donc quintuplés. Le volume annuel de matières à enlever par fosse serait de $\dfrac{550\,000}{85\,000} = 6$ mètres cubes environ, en supposant les liquides urineux bien séparés et sans mélange d'eau de lavage.

Chaque tinette cubant un hectolitre, et la vidange coûtant 1 fr. 50 c. par tinette enlevée, il y aurait 60 manœuvres de tinette à faire par fosse, qui coûteraient . .   90 francs

ajoutant les frais d'entretien de la fosse et des tinettes évalués à.   20   —

la dépense annuelle par fosse serait donc de . .   110 francs

Dans l'état actuel de Paris, où il existe 85 000 fosses, la dépense totale serait de 9 millions de francs.

On ne peut évidemment grever la propriété parisienne d'un pareil impôt, même au profit de l'agriculture. On doit considérer, du reste, que la séparation des liquides et des eaux de lavage est un peu théorique, et, qu'en pratique, elle donnerait lieu à de nombreux mélanges des deux matières.

Réception des liquides dans des conduites spéciales sous les radiers d'égout. — Il faut donc renoncer aux tinettes destinées à recevoir les liquides urineux seulement, et supposer le tuyau qui les reçoit prolongé jusqu'à une conduite en ciment que certaines personnes proposent de ménager dans le radier de chaque égout.

Les urines seraient ainsi transportées souterrainement hors de la ville et pourraient être utilisées par les cultivateurs.

Cette idée est-elle pratique? Je ne le pense pas. Je ne parlerai pas des difficultés sans nombre que rencontreraient les pénétrations des tuyaux dans les conduites et dont la moindre serait de suspendre à chaque instant le service de l'égout. Mais si l'on considère que les liquides s'écouleront *par le simple effet de la pesanteur*, avec une pente souvent très faible comme celle des égouts, il est certain que les engorgements seront à craindre et que des nettoyages fréquents deviendront nécessaires.

Pour opérer ces nettoyages, il faudra établir un nombre considérable de bouches d'eau, qui ne pourrait certainement pas être inférieur à 3000. Ces 3000 bouches versant un litre seulement donneraient un écoulement de 3 mètres cubes par seconde. Or, les conduites maîtresses ne pourraient pas débiter, sans être exposées à des avaries graves, plus de 200 litres. Il faudra donc fractionner le service du lavage, en sorte que les eaux arriveront à leur destination complètement diluées et impropres à tout usage.

Ces considérations suffiraient à elles seules pour faire rejeter le système des conduites en ciment sous les radiers des égouts, s'il ne fallait envisager en même temps les dépenses que leur construction entraînerait et qui ne seraient pas inférieures à 7 millions de francs, savoir :

pour les égouts à construire · · · · · 4 000 000 fr.
et pour les égouts anciens. . . . . . . 3 000 000 fr.

C'est là une somme trop considérable pour être engagée dans

une opération dont les résultats ne sont rien moins que problématiques.

De l'écoulement direct et continu aux égouts. — Mais si, dans chacun des systèmes que je viens de décrire, il est bien démontré que l'on n'arriverait, en les appliquant, qu'à maintenir ou même à augmenter les charges imposées aux propriétaires, il ressort clairement que, quel que soit le système adopté, c'est par le branchement d'égout, convenablement aménagé, que doit s'effectuer la vidange, dans l'avenir.

Je n'ignore pas qu'avec l'écoulement continu et direct des liquides à l'égout, au moyen d'un appareil filtrant bien conditionné, qui recevra la totalité des matières, on perdra tout l'azote des liquides; c'est là une perte considérable sans doute, mais qu'il faut se résigner à subir comme on se résigne à ne pas tirer parti des millions de tonnes de fer répandues dans les argiles, de l'incommensurable force que représente la masse d'eau et la chute des fleuves, et, en général, de toutes les richesses naturelles trop disséminées.

En revanche, avec les tinettes filtrantes et l'écoulement continu des liquides à l'égout, on déchargera la propriété parisienne d'un impôt improductif qu'il n'est pas téméraire d'évaluer à près de cinq millions par an, et qui ne peut que s'accroître d'année en année dans une proportion ruineuse pour le propriétaire.

J'ai donc la conviction bien arrêtée, malgré les tergiversations de toute sorte inséparables d'un essai qui doit bouleverser le régime des vidanges, que l'on pourrait, dès aujourd'hui, *autoriser les propriétaires et surtout ceux des maisons en construction à supprimer leurs fosses et à les remplacer par un simple branchement dans lequel seront disposées des tinettes-filtres, et à laisser couler les liquides à l'égout.*

M. le Préfet autorise les ingénieurs à entrer en pourparlers avec les propriétaires. — M. le Préfet de la Seine, à la suite d'une conférence sur ce sujet, vient d'autoriser les ingénieurs du Service à entrer en pourparlers avec les propriétaires qui construisent des maisons neuves. On tolérerait l'écoulement des eaux-vannes à l'égout, sous la réserve toutefois qu'on adopterait dans la construction des branchements les dispositions reconnues nécessaires et que les matières seraient reçues dans des appareils séparateurs analogues à ceux de M. Dugléré.

MM. les Ingénieurs de section se sont mis immédiatement en rapport avec les constructeurs de maisons, mais ces premières démarches sont restées sans succès.

Résistance des propriétaires. — Les propriétaires n'ont vu dans la tolérance qu'on leur accordait qu'une expérience en grand que la Ville voulait faire à leurs dépens.

Ils se refusent donc tous à appliquer le nouveau système tant que les autorisations ne seront accordées qu'à titre de simple tolérance.

« Qu'on nous oblige, disent-ils, à supprimer l'ancien système
« de fosses, qu'on nous fasse connaître d'une manière précise
« les nouveaux appareils qui doivent les remplacer, et nous
« nous soumettrons avec empressement aux conditions nouvelles
« qui nous seront imposées par l'autorité municipale. Mais
« nous ne voulons pas de provisoire. »

Cette résistance des propriétaires parisiens me paraît parfaitement rationnelle et indique à l'Administration la marche qu'elle doit suivre.

Mesures à prendre pour les maisons neuves. — Dans toutes les rues pourvues d'égout, il faut rendre obligatoire, pour les maisons neuves, la suppression des fosses, le prolongement du branchement jusqu'au tuyau de descente, et l'installation des tinettes-filtres; il faut, en outre, dans toutes les constructions dont les plans sont soumis à l'autorité municipale, fixer le niveau inférieur des caves à $0^m,20$ au moins en contre-haut du radier des égouts. Les ingénieurs détermineraient les points de hauteur de ces caves comme ils déterminent déjà ceux des seuils sur la voie publique[1].

Mesures à prendre dans les maisons anciennes. — Mais le prolongement du branchement n'est pas immédiatement possible dans les maisons existantes. Les aménagements des caves et des passages ne le permettraient presque dans aucun cas. Il faut donc, sous peine de voir éterniser le procédé actuel des vidanges, trouver un système transitoire qui permette à chaque propriétaire d'attendre l'époque où le remaniement de ses caves sera rendu possible soit par de grosses réparations, soit par la reconstruction partielle ou totale de la maison.

Système de M. Maxime Paulet. — M. Maxime Paulet propose de remplacer les fosses par un récipient de médiocre capacité, un peu plus élevé que le sol, dans lequel on introduirait d'abord un réactif désinfectant. Des robinets placés à diverses hauteurs, sur des tuyaux de décharge, mettraient cette fosse en communication soit avec l'égout, soit même avec le ruisseau de la rue, et permettraient au Service de la salubrité d'opérer, au moyen d'une faible rétribution (10 francs par an), l'écoulement des liquides toutes les fois que le besoin s'en ferait sentir. Le pro-

---

[1] Ce système rendrait impossible, dans beaucoup de rues, les constructions souterraines auxquelles on a donné le nom de sous-sols; si je puis contribuer, pour ma part, à faire disparaître cette mode nouvelle, je m'en applaudirai comme d'une bonne action. Malheureusement, les constructions de ce genre se généralisent, et avant vingt ans, si l'on n'y met ordre, la moitié de la population commerçante de Paris vivra sous terre. J'ai vu des bureaux installés dans un sous-sol tellement humide que le papier n'y séchait pas. La spéculation profite de toutes les améliorations obtenues par de si coûteux sacrifices, pour maintenir la population laborieuse dans des conditions hygiéniques plus mauvaises que celles où elle se trouvait dans ses rues anciennes, étroites et malsaines. Je crois que l'Administration doit résister de toutes ses forces à ces inhumaines tendances et qu'elle doit construire ses égouts à des profondeurs telles que chaque maison puisse reposer sur un bel étage de caves, mais aussi qu'il soit impossible de construire une ville souterraine qui, avant peu d'années, remplacerait d'une manière peu avantageuse pour la population pauvre les anciens logements insalubres des rues démolies.

priétaire n'aurait plus à sa charge que la vidange des solides, qui s'opérerait sans difficulté et sans grande dépense.

Cette ingénieuse idée ne nous paraît pas complètement pratique. Il n'est pas possible de mettre la fosse au-dessus du sol, puisque les cabinets des rez-de-chaussées indispensables pour les loges de concierges, les domestiques et les boutiques, ne pourraient plus être établis. Il n'est pas très facile non plus, dans les maisons existantes, de trouver à proximité des tuyaux de descente l'emplacement de ces petites fosses, quelque restreint qu'il soit.

Séparation des principes fertilisants. — M. Boussingault, dans un mémoire qu'il a publié dans les *Annales de chimie et de physique*, indique un procédé pour fixer une partie de l'ammoniaque des urines. En y mélangeant un sel magnésien soluble, l'alcali se dépose au bout de quelques jours à l'état de phosphate ammoniaco-magnésien.

M. Dumas, dans une conversation que j'ai eue avec lui sur ce sujet, m'a dit qu'il existait dans l'ensemble des matières solides et liquides assez d'acide phosphorique pour faire la réaction complète, c'est-à-dire pour solidifier toute l'ammoniaque au moyen de l'introduction d'un sel magnésien, par exemple du chlorure de magnésium, sel qui se trouve en abondance dans les eaux mères des salines.

D'un autre côté, M. Maxime Paulet a constaté qu'en introduisant en même temps un sel magnésien et un désinfectant métallique dans la même fosse, le phosphate ammoniaco-magnésien insoluble ne se forme plus, et que c'est un phosphate métallique tribasique qui prend sa place.

Il faudrait donc que la réaction magnésienne et la désinfection se fassent dans deux compartiments séparés, pour opérer, à la fois, et la solidification des sels ammoniacaux, et la désinfection qui doit nécessairement être pratiquée avant l'émission des liquides à l'égout.

Je crois ce système digne d'un essai pratique, en raison de la haute notoriété scientifique de ses inventeurs. S'il réussit, il aura réalisé le difficile problème de la séparation des principes fertilisants.

Mais, quoi qu'il en soit, je ne puis m'empêcher de donner la préférence à l'appareil séparateur mobile laissant écouler directement les liquides à l'égout. Ce procédé l'emportera toujours sur tous les autres par son extrême simplicité; la perte des principes azotés des urines est sans doute regrettable, mais cette perte me paraît peu de chose, si je la mets en balance avec la simplification de l'assainissement de la ville, question capitale et qui doit l'emporter sur toute autre considération.

DES VIDANGES DANS LES RUES DÉPOURVUES D'ÉGOUT.

Le système actuel des vidanges devra être conservé dans les rues où il n'y a pas d'égout. Combien de temps encore doit durer cette situation anormale? Il est difficile de répondre à cette question, puisque la solution dépend de l'importance des crédits que la Ville pourra affecter chaque année à la construction de ces galeries.

En ne tenant compte que des égouts de petite section, qui seuls intéressent la salubrité des maisons, on trouve que la dépense à faire pour en doter toutes les rues des quartiers populeux de Paris serait d'environ 45 millions de francs.

Je ne compte dans cette dépense, ni les égouts collecteurs, ni les égouts des rues à ouvrir.

C'est là, évidemment, un chiffre énorme, mais qui ne doit pas effrayer si l'on considère le but auquel il est destiné. On peut dire que jamais dépense n'aura reçu meilleure affectation, puisqu'elle intéresse l'assainissement de la ville entière, c'est-à-dire la santé des Parisiens.

Plusieurs systèmes ont été proposés par des inventeurs pour remplacer, dès maintenant, les égouts de petite section et parer à l'insuffisance du réseau actuel des égouts, dont l'achèvement doit demander encore beaucoup de temps et d'argent. Je vais examiner sommairement les principaux de ces systèmes.

Système de M. Beaudemoulin. — M. l'ingénieur en chef Beaudemoulin a proposé de remplacer les égouts de petite section par des tuyaux en ciment de $0^m,50$ de diamètre, posés sous les trottoirs, et dirigés vers les branchements de bouche des égouts publics, avec de fortes pentes de 3 à 4 centimètres par mètre.

Ces drains seraient fermés par des clapets à leur arrivée dans les bouches d'égout ; ils se rempliraient donc des eaux provenant des maisons et on pourrait y pratiquer toutes les deux ou trois heures, en faisant ouvrir les clapets par les cantonniers, des chasses qui, suivant l'auteur, ne permettraient pas aux matières de s'y corrompre et deviendraient un puissant moyen de nettoyage des égouts publics.

Cette idée n'appartient pas à M. Beaudemoulin. Avant la publication de sa brochure, on avait construit dans la rue de Rivoli et dans les rues adjacentes un assez grand nombre de ces petits caniveaux à forte pente qui allaient rejoindre les bouches des égouts publics ; M. Dupuit, alors Directeur du Service municipal, songeait même à généraliser ce système pour compléter le réseau des égouts, et il avait fait construire à l'angle des rues Aumaire et Saint-Martin un spécimen avec vannes qui devaient être manœuvrées *par les cantonniers*, pour opérer les chasses, et de plus avec une borne-fontaine au heurt pour faire le lavage.

C'est donc à M. Dupuit que doit être attribuée l'invention des égouts-drains. L'Administration, qui avait d'abord adopté cette idée en principe, a dû y renoncer, parce que les petites galeries devenaient promptement infectes, et qu'il était à peu près impossible d'en surveiller le nettoyage, les inspecteurs ne pouvant s'assurer *de visu* si les ouvriers faisaient leur devoir. Il y avait dans l'ensemble des manœuvres une complication inadmissible dans le service d'une grande ville.

Je ne m'étendrai pas plus longtemps sur ce sujet; mais le plus grand inconvénient des caniveaux de M. Dupuit, c'est qu'ils étaient trop peu profondément enfoncés en terre pour qu'on y pût conduire les eaux-vannes des fosses, à moins d'employer le procédé indiqué par M. Beaudemoulin, procédé qui lui appartient bien légitimement, quoique Parent-Duchâtelet ait projeté quelque chose d'analogue, mais qui me paraît absolument impraticable.

Cet ingénieur propose de faire extraire les eaux-vannes des 85 000 fosses de Paris au moyen de pompes mises en mouvement par les concierges de chaque maison ou par 85 000 petites machines hydrauliques que les eaux de la Ville feraient marcher. Les matières convenablement délayées passeraient presque entièrement par les pompes, l'opération serait quotidienne et ne durerait que quelques minutes tous les matins. Les matières, inodores au moment de leur production, seraient versées dans le ruisseau des eaux ménagères de la cour, d'où elles se rendraient dans la gargouille du trottoir qui les verserait dans l'égout-drain.

Il me semble qu'il suffit de l'énoncé qui précède pour que tout le monde apprécie la complication et les impossibilités pratiques de ce système auquel la vidange actuelle, avec tous ses inconvénients, est certainement préférable et qui demanderait que le service intérieur des maisons soit organisé avec l'exactitude militaire qu'on obtient sur un chantier.

Système Panis. — M. Panis propose d'entourer les îlots de maisons d'un réseau de drains mis en communication avec l'égout public. On y déverserait les eaux vannes et ménagères au moyen de la pompe. Ce n'est en réalité que le système Beaudemoulin dans lequel les concierges sont remplacés par les agents de la compagnie de vidange dans la manœuvre de la pompe.

Cela est assurément plus pratique, mais on laisse à la charge du propriétaire les frais énormes et toujours croissants qu'exigera l'extraction non seulement des eaux-vannes, mais encore des eaux ménagères.

Système Debaim, Charles Botton, Charles Tellier. — MM. Debaim, Botton et Tellier présentent un système qui dispenserait également de la construction des égouts dans les rues qui en sont dépourvues. Ils proposent d'opérer la vidange, tous les jours ou tous les deux jours, dans toutes les fosses de Paris, par la succion produite au moyen de voitures à tonneaux dans lesquels on aurait fait le vide. Chaque tonne porterait un ajutage mobile qui se visserait sur un tuyau en communication avec la fosse ; en ouvrant le robinet de la voiture, la pression atmosphérique y ferait passer immédiatement toutes les matières.

Procédé Latour-Arlet, mis en pratique par M. J. Domange. — Ce système n'est, du reste, qu'une imitation de celui que M. Latour-Arlet fit breveter en 1842 et qui fut exploité jusqu'en 1847 par M. Jacques Domange. On remplaçait la pompe par une tonne en fer, dans laquelle le vide était préalablement opéré ; cette tonne, mise en communication avec la fosse par un fort tuyau, en aspirait immédiatement toutes les matières. Ce procédé ingénieux est devenu en 1848 la propriété de la Compagnie Richer, qui a cessé de l'exploiter un an après, par suite des dépenses trop considérables qu'il nécessitait. Il est évidemment plus pratique que celui de MM. Debaim et Cie, mais nous ne voyons pas qu'il supprime les inconvénients graves de la vidange [1].

---

[1] Ce système de vidange, dit *vidange barométrique,* a été repris par diverses Compagnies, depuis qu'on fait la vidange sur place à la vapeur, c'est-à-dire au moyen d'une locomobile

Aucun de ces procédés ne peut remplacer l'égout. — Aucun de ces moyens proposés pour dispenser l'Administration de la construction des égouts n'est sérieux ; il faut donc se décider à établir des galeries dans toutes les rues qui en sont encore dépourvues.

C'est la solution à la fois la plus simple et la plus économique, quoi qu'en puisssent dire les innovateurs, car toute complication donne lieu à une dépense, et si l'on voulait évaluer en argent le temps du pompage nécessité par le procédé de M. Beaudemoulin, les frais d'installation et d'entretien de ses pompes, de ses turbines, et l'eau consommée : les frais d'exploitation et d'installation de MM. Panis et Debaim, on arriverait facilement à un chiffre de dépense plus élevé que celui qu'exigera la construction des égouts dans les rues anciennes.

actionnant une pompe à air qu'on amène avec les voitures de transport devant la maison où doit se faire la vidange.

Au premier abord, ce système qui dispense d'amener la locomobile et supprime par conséquent le bruit et la fumée, paraît plus avantageux, mais il présente de graves inconvénients. Souvent le vide ne se conserve pas dans les tonneaux, parce que l'air qui se trouve dans les tuyaux dans lesquels le vide n'est pas fait, diminue, en pénétrant dans les tonnes, la puissance d'aspiration, surtout lorsque les tuyaux ont une certaine longueur. Il s'en suit que les tonneaux ne se remplissent que partiellement. Enfin, quand on arrive au fond de la fosse, alors que les tuyaux ne plongent pas toujours dans les matières plus ou moins épaisses, l'air pénètre dans le tonneau par l'extrémité découverte du tuyau et les matières cessent d'être aspirées.

TROISIÈME PARTIE

DES VOIRIES

On a pu voir, par ce qui précède, que les voiries publiques ou particulières destinées à recevoir les solides menacent de rester longtemps encore un mal nécessaire ; que, jusqu'à ce que l'Administration ait pris un parti relativement aux liquides, et qu'elle ait mis le système adopté en pratique, c'est-à-dire pendant de longues années encore, la voirie de Bondy doit être maintenue.

Il faut donc chercher les moyens d'atténuer autant que possible les inconvénients de ces plaies suburbaines. Les meilleurs palliatifs du fléau sont évidemment l'application de bons désinfectants et la mise en œuvre aussi rapide que possible des matières apportées aux voiries.

Je vais chercher à traiter ces nouvelles questions en suivant la méthode adoptée dans les deux premières parties, c'est-à-dire en faisant l'exposé de ce qui existe et en cherchant à faire un choix dans les méthodes proposées.

ESSAIS DE DÉSINFECTION DES MATIÈRES FÉCALES.

Premiers essais dus à Guyton-Morveau. — C'est à Guyton-Morveau, comme on l'a vu plus haut, qu'est due la première idée d'employer les agents chimiques pour opérer la désinfection des fosses. Les substances qu'il proposait était l'acide chlorhydrique et le chlore. Plus tard, on indiqua le chlorure de chaux qui avait été découvert récemment par Masuyer.

Découverte de MM. Chaussier, Thénard et Dupuytren. — En 1805 et 1806, MM. Chaussier, Thénard et Dupuytren firent connaître le principal agent qui produisait la terrible asphyxie connue sous le nom de *plomb;* l'acide sulfhydrique agit non seulement comme gaz impropre à la respiration, mais encore comme matière toxique, puisque, mêlé dans une faible proportion avec l'air respirable, il produit un véritable empoisonnement.

MM. Chaussier, Thénard et Dupuytren, en faisant connaître l'ennemi à combattre, avaient donc rendu un véritable service à l'humanité.

Néanmoins, jusqu'en 1830, les efforts tentés pour arriver à une désinfection pratique furent infructueux, les matières proposées étant d'un prix trop élevé.

De la désinfection par les matières carbonisées. — *Noir animalisé de MM. Salmon, Payen et Lupé.* — En 1833, M. Salmon proposa d'opérer la désinfection en se basant sur la propriété absorbante des matières carbonisées.

On sait que les substances infectes cessent de l'être si l'on absorbe les gaz qu'elles dégagent au fur et à mesure qu'ils se produisent. La terre argileuse desséchée est déjà un désinfectant, car elle absorbe trois à quatre fois son volume de gaz, mais le charbon, dans un certain état de division, en est un bien meilleur, car il absorbe cinquante à soixante fois son volume. M. Salmon fit voir qu'il suffisait, pour avoir une bonne matière désinfectante, d'un mélange intime de 9/10 de terre et 1/10 de charbon; qu'en carbonisant par exemple la vase des fleuves, on obtenait une substance très énergique.

Cette découverte de M. Salmon fit beaucoup de bruit à cette époque ; le prix Montyon lui fut décerné. Parent-Duchâtelet, dans son mémoire de 1835, fondait les plus grandes espérances sur cette découverte.

Une fabrique de noir animalisé fut organisée à Grenelle sous la raison sociale Salmon, Payen et Lupé.

Le prix trop élevé du charbon de vase carbonisée empêcha cette entreprise de prospérer. On essaya de diminuer les prix de revient par des mélanges, par exemple, en carbonisant de la terre imprégnée de goudron de gaz, mais on reconnut bien vite que le goudron, substance enveloppante, détruisait complètement la propriété absorbante. Aujourd'hui, la terre carbonisée est abandonnée.

Le noir animal, dont les propriétés désinfectantes sont bien connues, coûte beaucoup trop cher pour qu'on puisse l'employer utilement.

Tourbe carbonisée. — La tourbe carbonisée est aussi une substance désinfectante excellente. Parent-Duchâtelet en parle dans son mémoire de 1835. Mais son prix est trop élevé pour qu'on puisse en faire usage à Paris.

Charbon de Bog-head. — Une société anglaise sous la raison sociale W. Rogers et Cie vint exploiter ce désinfectant.

On sait que le bog-head est un schiste bitumineux qu'on tire d'Écosse pour en extraire une huile propre à l'éclairage. On distille à peu près 6000 mètres cubes de cette matière à Paris ; les résidus ont peu de valeur, mais le broyage préalable auquel il faut les soumettre augmente beaucoup leur prix. M. Moride, chimiste à Nantes, qui, en 1858, m'avait proposé de faire usage des résidus pulvérisés de la carbonisation du bog-head, ne pouvait pas les livrer au commerce à moins de 40 francs les 1000 kilogrammes. Depuis, d'autres propositions m'ont été faites à 10 francs et même à 6 francs.

Le 11 décembre 1858, des essais de désinfection furent faits sous mes yeux au Dépotoir; en mélangeant à poids égaux la poudre de bog-head carbonisée avec des matières des fosses, on produisit une désinfection instantanée; en prenant des matières solides des séparateurs Dugléré pour faire ce mélange, on obtenait immédiatement une substance pulvérulente inodore, semblable à la poudrette.

J'ai conservé pendant plus d'un an une boîte de cette substance dans mon cabinet, et elle est toujours restée sans odeur.

Inconvénients de toutes les matières carbonisées. — Les inconvénients de toutes les matières carbonisées consistent d'abord dans leur prix élevé, et ensuite dans le peu de richesse de la matière désinfectée.

On n'a pas de bonnes analyses des matières solides obtenues au moyen des séparateurs; beaucoup de chimistes prétendent, qu'à volume égal, elles contiennent moins d'azote que les liquides. Cela me paraît peu probable, leur valeur commerciale plus élevée tend au contraire à faire croire qu'elles en contiennent davantage. Admettons qu'elles en contiennent autant, soit 5 kil. 40 par mètre cube de solides : en mélangeant 500 kilogrammes de ces solides avec 500 kilogrammes de la moins coûteuse de ces matières carbonisées, le bog-head, on obtiendra 1000 kilogrammes d'une substance pulvérulente qui ressemblera à de la poudrette, mais qui ne contiendra que 1 kil. 70 d'azote. Cette poudre, d'après le tarif du commerce, ne contiendrait donc que pour 5 fr. 40 c. d'azote par 1000 kilogrammes et elle coûterait, pour l'acquisition du bog-head et de la matière fécale, au moins 8 francs; de plus, elle ne pourrait supporter un transport de 8 à 10 kilomètres, quand même elle serait livrée gratis à l'agriculture.

Avenir de ces désinfectants. — L'emploi des matières carbonisées dans les voiries ne sera donc possible que lorsqu'on aura trouvé le moyen de concentrer dans les fosses les produits ammoniacaux.

Des désinfectants métalliques. — M. Schattmann, en 1844, proposa d'employer comme désinfectant le sulfate de fer. On sait que tous les sels métalliques solubles, mis en présence d'un sulfure alcalin, en opèrent immédiatement la décomposition et forment des sulfures métalliques insolubles. Comme le *plomb* est dû principalement au sulfhydrate d'ammoniaque, l'emploi des sels métalliques devait détruire cette redoutable cause d'asphyxie. De plus, il devait convertir en sels fixes d'ammoniaque le plus volatil des sels azotés, le carbonate d'ammoniaque.

En 1845, on commença à faire usage, dans la pratique, du sulfate de fer, mais on y substitua bientôt le sulfate de zinc, qui a l'avantage de donner des liqueurs incolores, tandis que le sulfate de fer donne des liqueurs noirâtres et tache facilement les dallages ou carrelages sur lesquels il peut être accidentellement répandu.

La désinfection, telle qu'elle est pratiquée aujourd'hui, est très imparfaite ; on peut s'en assurer toutes les nuits en parcourant les rues où l'on coule des liquides aux égouts. Jusqu'à huit heures du matin, les matières entraînées dans les égouts répandent une forte odeur de matières fécales.

On a cherché à améliorer le système de désinfection ; beaucoup d'essais ont été faits au Dépotoir.

Procédés de MM. Goust, Larmandie et Ledoyen. — Le 17 mai 1859, on a essayé les procédés de MM. Goust, Larmandie et Ledoyen.

M. Goust faisait usage d'un mélange de potasse d'Amérique, de nitrate de plomb et de sulfate de zinc ; M. Larmandie, d'une dissolution de sulfate de cuivre et de zinc ; M. Ledoyen, d'azotate de plomb.

Chacun d'eux prétendait désinfecter en mélangeant un litre

de ces compositions avec un hectolitre de matières, et produisait des certificats constatant les bons résultats obtenus.

Dans les essais faits au Dépotoir, on a été jusqu'à trois litres par hectolitre de matières, et la désinfection n'a pas été complète. Huit jours après, les matières étaient toujours dans le même état.

Procédé de M. Lowes. — Un Anglais, M. Lowes, a proposé de substituer les sels de manganèse aux sels de zinc. Il a procédé devant moi à des essais au Dépotoir, le 19 avril 1859, et n'a pas été plus heureux que MM. Goust, Larmandie et Ledoyen.

Procédé de M. Maxime Paulet, désinfection complète et durable. — Vers la même époque, M. Maxime Paulet employait un mélange de chlorure et d'oléate de zinc. Il était chargé depuis longtemps de la désinfection d'un grand nombre d'établissements publics de la ville de Paris.

Il a opéré, en ma présence, la désinfection de 50 litres de matières en y versant 3 litres du liquide de sa composition mélangé d'un peu de goudron ; les matières se sont fortement boursouflées (d'environ 100 pour 100) et ont été désinfectées instantanément. Le lendemain, le boursouflement était tombé, et huit jours après, la désinfection était encore complète.

Le liquide dont M. Maxime Paulet est l'inventeur coûte 5 centimes le litre. Dans la pratique, il en faut au plus 30 litres par mètre cube ; ce qui fait revenir la désinfection du mètre à 1 fr. 50 c.

C'est, on le voit, un très bon désinfectant et à bon marché.

La réaction qui se produit est facile à comprendre. L'ammoniaque fait, avec l'acide oléique, des savons alcalins très lourds, l'acide sulfhydrique déplace également l'acide oléique et forme du sulfure de zinc insoluble.

Les sulfures alcalins réagissent en même temps sur le chlorure de zinc, de sorte que toute odeur d'acide sulfhydrique disparaît instantanément. Aussi voit-on la matière blanchir à mesure que le mélange s'opère ; le boursouflement dû au dégagement de l'acide carbonique du carbonate d'ammoniaque est certainement un inconvénient, mais on peut le négliger en raison des bons résultats de désinfection obtenus.

Avantages et inconvénients des désinfectants métalliques. — Avant d'avoir vu les essais de M. Maxime Paulet, je doutais beaucoup de l'efficacité des désinfectants métalliques ; les réactions qui se produisent sur les sulfures précipités ramènent, au bout de peu de jours, l'infection des matières. Néanmoins, on ne peut nier l'évidence, et il faut bien reconnaître que la désinfection obtenue par un mélange de chlorure et d'oléate de zinc et d'un peu de goudron est complète et durable.

Les réactifs employés sont peu coûteux et peu volumineux et, sous ce rapport, sont bien préférables aux matières carbonisées. Encore aujourd'hui, on n'en a pas trouvé de supérieurs.

Quelques agronomes chimistes, M. Hervé-Mangon entre autres, prétendent que les sels métalliques introduits dans les matières fécales les déprécient beaucoup, parce qu'ils sont de véritables poisons pour les plantes ; d'autres, M. Dumas par exemple, pensent que cette action est peu sensible.

Il y a là un point délicat à éclaircir.

En dehors des sels métalliques et des matières carbonisées, certains inventeurs ont proposé divers procédés de désinfection qui, expérimentés dans leurs laboratoires avaient parfaitement réussi. Mais, lorsqu'il s'est agi de passer de l'essai du laboratoire à l'expérience pratique au Dépotoir ou à la voirie de Bondy, les résultats ont presque toujours été nuls.

DU TRAVAIL DES MATIÈRES DANS LES VOIRIES

Les matières désinfectées sont trop peu riches. — On a donc aujourd'hui d'assez bons désinfectants, mais tous présentent le même défaut, ou plutôt ne remédient pas au vice radical des matières extraites des fosses, à leur peu de richesse qui ne permet pas de leur faire subir de longs transports. Je ne reviendrai pas sur ce que j'ai dit à ce sujet.

Il faut donc, par un travail qui jusqu'ici s'est effectué dans les voiries, opérer la concentration des matières azotées.

Le système actuel de concentration des matières azotées est on ne peut plus barbare. — *Poudrette.* — La concentration des matières à Bondy s'opère de deux manières. On les convertit en poudrette ou on en extrait les produits ammoniacaux.

La fabrication de la poudrette se fait toujours par le procédé de Bridel, inventeur de cette matière, c'est-à-dire en laissant les liquides exposés dans de grands bassins se concentrer à l'air libre par l'évaporation, en séparant les solides par décantation et en les apprêtant sur des séchoirs, pour l'imbibition des liquides dans le sol et pour l'action des agents atmosphériques. Lorsque la dessiccation est complète, que la matière est devenue pulvérulente, c'est un engrais commercial, c'est de la *poudrette.*

Perte énorme d'azote. — Par ce procédé barbare, on perd la plus grande partie des produits azotés, qui se dissipent dans l'air sous forme de carbonate d'ammoniaque ou retombent à la Seine par l'égout de Pantin.

En faisant abstraction des produits ammoniacaux livrés au commerce par la fabrique de produits chimiques et du volume correspondant de matières fécales, on trouve qu'il se perd à Bondy, tant par la conduite de Pantin que par le mode de fabrication de la poudrette, environ les 0,71 de l'azote contenu dans les matières, et qu'on n'en utilise que les 0,29.

Si l'on tient compte de toutes les matières, on n'utilise que les 0,41 de l'azote qu'elles renferment.

On voit que le mode de fabrication de la poudrette est bien vicieux, puisque les deux tiers de la richesse sont complètement perdus.

Je ne doute pas cependant qu'on n'arrive bientôt à abréger considérablement le travail de manutention des matières pâteuses, de manière à les transformer plus rapidement en poudrette, en les soumettant, par exemple, à une chaleur artificielle qui hâterait leur dessiccation.

La fabrique de produits chimiques rapproche la somme des produits utiles de la moitié de la richesse brute ; mais il faut voir à quel prix.

Fabrique de produits ammoniacaux. — On sait que cette fabrique fut d'abord établie vers 1836, à Montfaucon, par MM. Jacquemars et Figuera, d'après les conseils de M. Dumas, puis transportée à Bondy avec la voirie.

L'ammoniaque rendue libre par la chaux est volatilisée et traverse des vases contenant de l'acide sulfurique ou chlorhydrique, suivant qu'on veut faire du sulfate ou du chlorhydrate. On évapore la première solution ou on sublime la deuxième pour obtenir les sels sous une forme commerciale. Pour avoir l'alcali volatil du commerce, on substitue de l'eau aux acides et on concentre jusqu'à ce que le liquide marque 21° ou 22° (Maxime Paulet).

L'eau mère est extraite des chaudières et s'écoule, à une température assez élevée, à la Seine par la conduite de Pantin ; elle est chargée, suivant M. Mangon, de 1 kil. 800 d'azote par mètre cube.

Depuis quelque temps cependant, il y a lieu de constater que l'on se préoccupe davantage de la fabrication des sels ammoniacaux. On cherche en même temps à rendre cette fabrication moins odorante ; deux colonnes du système Margueritte viennent d'être installées récemment à la voirie de Bondy et présentent de grands avantages sur les procédés de saturation jusqu'alors en usage. Les matières une fois reposées et éclaircies passent dans de hautes colonnes en fonte chauffées à la vapeur. Dans ces colonnes, les composés ammoniacaux volatils s'élèvent de plateau en plateau, se concentrent peu à peu au fur et à mesure de leur ascension, et viennent enfin au sommet de l'appareil s'échapper presque dépourvus d'eau, pour se présenter de là à l'action des acides sulfurique et chlorhydrique suivant la nature des sels que l'on veut obtenir.

Ces perfectionnements n'empêchent pas des gaz dont l'odeur est bien caractéristique de se dégager des bacs de saturation et de se répandre au dehors. Il y aurait lieu d'étudier la possibilité de les brûler soit en les soumettant à la chaleur de vastes foyers, soit en leur faisant traverser le feu des générateurs des machines.

Enfin, pour éviter l'évacuation à une température élevée des liquides qui s'écoulent des colonnes et qui, en s'échauffant, se sont imprégnés de produits volatils infects, nous pensons qu'il faudrait imposer aux concessionnaires l'obligation de refroidir ces eaux résiduaires dans de vastes citernes hermétiquement closes avant de les jeter à la Seine.

Conditions commerciales des fabriques de poudrette et de produits ammoniacaux. — Pour bien se rendre compte des conditions dans lesquelles subsistent les fabriques de poudrette et de produits ammoniacaux, il suffit de se rappeler que chaque mètre cube de matières, qui coûte 7 francs au propriétaire parisien, est livré pour la somme de 1 franc aux fermiers de la Voirie et aux fabricants d'ammoniaque. Ce prix est un peu faible, nous le croyons, mais il ne paraît pas possible qu'il soit porté à plus de 2 francs. C'est donc un impôt de 5 francs par mètre cube de matières dont on grève le propriétaire de maison au profit de l'agriculture et de l'industrie.

Après tous ces sacrifices, on n'utilise pas la moitié de la richesse renfermée dans les matières, on augmente les préventions, assez justifiées, il est vrai, de la population contre les eaux de l'Ourcq et on répand des émanations infectes à plus de 2 kilomètres à la ronde de l'établissement.

DES AMÉLIORATIONS A FAIRE DANS LE TRAVAIL DES MATIÈRES.

La voirie de Bondy serait supprimée de fait si l'écoulement des liquides aux égouts ou le travail des matières dans la fosse était appliqué dans toute la ville. — L'exposé qui précède est la condamnation du régime actuel de la voirie de Bondy, malgré tous les perfectionnements qu'on cherche à y introduire journellement.

Cet établissement immonde serait supprimé de fait, si l'écoulement direct des liquides aux égouts était admis et établi dans toute la ville. Il en serait de même, si la concentration des produits ammoniacaux dans les solides des fosses était possible, et si le système était organisé dans tout Paris.

Il est évident, en effet, que dans ces deux cas les matières des vidanges seraient assez riches pour être transportées dans les voiries particulières et qu'il n'en arriverait pas un mètre cube dans la Voirie municipale.

Mesures transitoires à prendre. — *Désinfection complète et permanente.* — Mais il se passera de longues années avant que l'application de l'un de ces deux systèmes soit générale et, en attendant, il faut améliorer le régime de la Voirie.

La première amélioration qui peut être réalisée immédiate-

20

ment, suivant moi, c'est d'exiger une désinfection sérieuse des fosses avant la vidange.

Quant aux tonnes des fosses mobiles qui ne peuvent être désinfectées sur place, elles le seraient à leur arrivée à Bondy dans un bassin particulier où elles seraient vidées, car c'est par tolérance, et par une tolérance abusive, qu'on les vide au Dépotoir. Elles devraient être transportées, comme les solides, à la voirie de Bondy aux frais du fermier.

Résultat immédiat de cette première mesure. — Amélioration de la voirie de Bondy. — Ce premier point obtenu, la voirie de Bondy cesserait d'être un établissement aussi insalubre et aussi incommode pour le voisinage qu'il l'a toujours été, car si l'on n'employait à la désinfection que des matières énergiques et d'un effet durable, les émanations qui se répandent aujourd'hui jusqu'au Raincy n'existeraient plus.

Deux autres améliorations seraient la conséquence immédiate de ce premier résultat.

Avec la désinfection durable, toute fermentation cesse; on ne remarquerait donc plus dans les bassins le mouvement incessant des gaz, qui s'oppose au dépôt des matières solides ; celles-ci se déposeraient rapidement au fond des bassins, les liquides surnageraient et pourraient, au bout de peu de jours, être extraits par décantation et transportés à la fabrique d'ammoniaque. Ainsi, le travail de fabrication de la poudrette s'accélérerait considérablement.

Ce serait là un résultat important sans contredit que l'autorité municipale peut obtenir dès demain, sans aucune dépense, soit à sa charge, soit à celle des propriétaires, soit à celle des fermiers de Bondy. Il lui suffirait d'imposer l'emploi des réactifs qui ont fait leurs preuves et dont les effets se maintiennent énergiquement.

Impossibilité d'appliquer la méthode flamande à Paris. —

Est-il d'autres améliorations à réaliser immédiatement? Peut-on, comme le voudrait M. Maxime Paulet, employer les matières sortant de la fosse à l'agriculture en améliorant la méthode flamande par une bonne désinfection préalable?

Il faudrait, pour cela, que les cultivateurs se fissent vidangeurs comme ils le sont dans toute la Flandre, car s'il faut qu'ils aillent chercher les matières au Dépotoir ou à Bondy, après avoir déposé leurs denrées à Paris, ils ne feront pas ce long détour, et chargeront comme aujourd'hui leur voiture de boue ou de fumier; en outre, le transport des matières au Dépotoir resterait à la charge des propriétaires des maisons, ce qui n'est pas admissible.

Les cultivateurs de la banlieue consentiront-ils à se faire vidangeurs, et à déguster les matières comme les Flamands? Cela n'est pas probable. Cela serait-il tolérable à Paris? Je ne le pense pas.

Cette solution n'est donc pas pratique.

Système de M. Mangon. — Réussirait-on mieux en prolongeant, comme le voudrait M. Mangon, la conduite de Bondy et en refoulant les matières assez loin de Paris pour qu'on n'ait plus à craindre la concurrence des fumiers et des boues de la capitale? Cela me paraît douteux. D'abord il faudrait faire sortir les matières de la Ville, soit par le système actuel en les faisant transporter au Dépotoir, et alors on maintient l'impôt écrasant qui pèse sur le propriétaire, soit par des tuyaux spéciaux établis dans les égouts. Mais le réseau des égouts est encore trop incomplet pour qu'on puisse songer à appliquer ce dernier système qui demanderait, pour fonctionner, à ne supporter aucune solution de continuité.

Ces deux solutions me paraissent donc mauvaises. Admettons qu'on en trouve une bonne; le problème ne sera pas encore résolu, car dès que le propriétaire sera exonéré de l'impôt des vidanges, l'accroissement du volume des liquides, déjà si effrayant, prendra des proportions énormes comme à Glascow, et alors l'engrais, trop dilué, sera sans valeur aux yeux du cultivateur.

Bâtiments de graduation de M. Chodsko. — M. Chodsko, professeur de chimie, avait proposé, en 1859, de concentrer les eaux-vannes par un procédé analogue à celui employé dans les salines.

Voici le procédé qu'il avait été autorisé à appliquer à la voirie de Bondy et dont il donne ainsi la description dans une brochure intitulée : *Mémoire sur la production de l'engrais atmosphérique.*

« Voici, dit l'auteur, comment j'opère : après avoir chargé le
« bâtiment de graduation de fagots comme on le pratique dans les
« salines, à l'aide d'une pompe on remplit d'urine le réservoir su-
« périeur; alors, en y ajoutant les sels provenant des eaux mères
« des marais salants (sel d'été de M. Balard, sulfate double de
« potasse et de magnésie), ce produit fixe l'ammoniaque du li-
« quide en état de phosphate double d'ammoniaque et de
« magnésie. Après cette opération, on verse sur la pile de fagots
« l'urine qui descend de branche en branche, perd son eau
« et ne laisse après elle que son extrait, engrais qui s'attache
« au fagot. Mais pour éviter les émanations désagréables, on
« place au rez-de-chaussée du bâtiment un petit fourneau qui
« dégage simultanément l'acide sulfureux et chlorhydrique, au
« milieu d'une masse azotée, infecte.

« Les sulfhydrates d'ammoniaque sont décomposés en hy-
« drogène sulfuré et en ammoniaque qui, en s'unissant à
« l'acide chlorhydrique, forment un sel ammoniacal, sulfite
« et chlorhydrate, qui augmente la richesse de l'engrais,
« tandis que l'hydrogène sulfuré et l'acide sulfureux se décom-
« posent mutuellement et se transforment en eau et en soufre
« inertes. »

Malheureusement, ce procédé, qui avait le mérite d'être au

moins recommandable par les nombreuses études et expériences qu'il avait exigées, n'a pas eu le succès qu'en espérait son auteur. C'est là l'échec de la plupart des inventions lorsque l'on passe de la théorie à la pratique et de l'expérience en petit du laboratoire à l'essai en grand.

CONCLUSIONS

Résumé des deuxième et troisième parties. — J'ai fait voir, dans les deuxième et troisième parties de ce mémoire, que nous avions à Paris de bons séparateurs et qu'il était facile d'établir l'écoulement direct et continu des liquides frais à l'égout, tout en conservant les solides qui représentent les deux cinquièmes de la valeur commerciale des matières.

Pour les maisons neuves, la séparation se ferait dans le branchement particulier d'égout prolongé jusqu'aux tuyaux de descente, les tinettes remplies de solides seraient enlevées par l'égout public, de sorte que les locataires seraient complètement débarrassés du fléau de la vidange.

Le problème est moins simple pour les maisons anciennes dont les caves sont presque toujours aménagées de manière à rendre très difficile la pénétration du branchement particulier. La communication avec l'égout public ne peut se faire que par un tuyau; les tinettes seraient enlevées par la maison. Il y aurait nécessairement 8 à 10 visites des vidangeurs par an.

J'ai montré que les systèmes proposés pour éviter la construction des égouts dans les rues qui en sont encore dépourvues, auraient plus d'inconvénients que le mode actuel de vidange. Il faut donc construire des égouts dans toutes les rues, et cette opération, qui n'est pas au-dessus des forces de la Ville, peut s'effectuer dans une période assez restreinte.

L'agriculture n'a pas encore prouvé jusqu'ici qu'elle est très intéressée à la conservation des liquides des fosses. Ces liquides représentent en masse une richesse considérable, mais trop disséminée ; ils ne peuvent supporter les frais de transport à 8 à 10 kilomètres, et leur valeur agricole évaluée en argent ne représente pas les frais de vidange qu'on met à la charge du propriétaire parisien.

Cependant le volume des liquides extraits des fosses de Paris n'est encore que d'un litre environ par habitant et par jour. Si la valeur commerciale de ces liquides est presque nulle dans l'état actuel, que sera-ce lorsque la quantité d'eau versée dans les fosses deviendra, comme à Londres et à Glascow, une fraction notable du volume distribué ?

Il faut donc se résigner à perdre la richesse ammoniacale renfermée dans les liquides, puisqu'on ne peut la concentrer dans les solides par des réactifs chimiques.

L'application de l'un des systèmes qui précèdent, l'écoulement direct et continu des liquides frais à l'égout, ou l'écoulement intermittent des liquides inoffensifs et sans valeur dépouillés des sels azotés, réduit à peu de chose les frais de vidange, et supprime de fait la voirie de Bondy.

J'ai la ferme conviction qu'un de ces systèmes sera appliqué, parce qu'ils sont les seuls rationnels, les seuls qui réduisent les charges énormes de la vidange et qui permettent d'atténuer autant que possible, et immédiatement, les inconvénients actuels des voiries.

Lorsque celles-ci ne recevront plus que les matières solides, on devra concentrer tous ses efforts à la recherche de bons désinfectants. Bondy ne sera plus, comme il l'est aujourd'hui, un voisinage intolérable, et la préparation des poudrettes et des produits chimiques sera considérablement simplifiée.

Décembre 1864.

L'opinion de M. Belgrand, si nettement exprimée dans le mémoire précédent sur l'application du meilleur système à adopter pour l'amélioration du régime des vidanges à Paris, ne tarda pas à être prise en considération par l'administration préfectorale. Le 2 juillet 1867, M. le Préfet de la Seine a pris un arrêté (dont le texte est ci-après), par lequel les propriétaires de maisons en bordure sur la voie publique furent autorisés à faire écouler directement à l'égout les eaux-vannes de leurs fosses d'aisances, moyennant une redevance de 30 francs par tuyau de chute.

Les premiers essais tentés réussirent avec plein succès, et au lieu de la résistance qu'elle pouvait redouter de la part des propriétaires, presque toujours opposés aux innovations, l'Administration eut bientôt à constater de leur part un empressement qui ne peut mieux être traduit que par les résultats constatés au tableau suivant :

ANNÉES	NOMBRE DE TINETTES installées	REDEVANCE PAYÉE à la ville de Paris	OBSERVATIONS
		francs.	
1871	6 444	193 320	Dans ce chiffre ne sont pas compris environ 1200 appareils filtrants établis dans les établissements municipaux et dont la recette pour ordre peut être évaluée à 40 000 francs.
1878	12 700	381 000	
1885	28 133	843 990	

Ces chiffres sont éloquents. L'établissement des tinettes filtrantes a donc créé pour la Ville, et sans qu'aucune récrimination ait jamais été soulevée, une source de revenus assez considérables, qui vont chaque année en augmentant.

On verra plus loin, dans le mémoire sur « l'Achèvement des égouts et l'emploi de leurs eaux dans l'agriculture » (1871), les nouvelles mesures que proposait M. Belgrand pour arriver le plus rapidement possible à la suppression des fosses fixes et de la voirie de Bondy.

(N. D. L. R.)

2 juillet 1867.

Le Sénateur, Préfet de la Seine, etc., etc.,

Vu : 1° la loi des 16-24 août 1790 ;

2° Les décrets des 26 mars 1852 et 10 octobre 1859 ;

3° Les ordonnances de police des 5 juin 1834, 23 octobre 1850, 1ᵉʳ septembre 1853 et 29 novembre 1854 ;

4° L'arrêté préfectoral du 9 février 1867 ;

5° La délibération de la Commission municipale en date du 20 décembre 1850, qui fixe la rétribution à payer à la Ville pour écoulement dans les égouts des liquides provenant des fosses d'aisances ;

6° La délibération du Conseil municipal du 21 novembre 1862 ; ensemble l'arrêté préfectoral du 2 décembre suivant, approbatif de cette délibération ;

7° Le rapport du Directeur des Eaux et des égouts ;

ARRÊTE :

ARTICLE PREMIER. — Les propriétaires de maisons en bordure sur la voie publique pourront faire écouler les eaux-vannes de leurs fosses d'aisances dans les égouts de la Ville, d'une manière directe.

ABONNEMENT.

A cet effet, ils souscriront des abonnements qui, s'il y a lieu, seront approuvés par arrêtés préfectoraux, sur l'avis de l'ingénieur en chef des Eaux et des égouts.

Ces abonnements seront annuels et révocables à la volonté de l'Administration. Ils partiront des 1er janvier et 1er juillet de chaque année.

RENONCIATION.

Le propriétaire pourra y renoncer en prévenant le Préfet de la Seine six mois à l'avance. Quelle que soit la date de l'avertissement, le prix de l'abonnement sera exigible jusqu'à son expiration.

CONDITIONS D'ABONNEMENT.

ART. 2. — Les conditions à remplir pour l'abonnement sont les suivantes :

CONCESSION D'EAU.

1° La propriété sera desservie par les eaux de la Ville.

BRANCHEMENT D'ÉGOUT.

2° Elle sera pourvue d'un branchement d'égout particulier. Ce branchement pourra être prolongé jusqu'au caveau renfermant les appareils de vidange, pour servir, si on le juge à propos, à l'enlèvement souterrain de ces appareils. Dans ce cas, le branchement sera fermé à l'aplomb du mur de face au moyen d'une grille verticale à deux clefs dissemblables, dont une, établie sur le modèle arrêté par l'Administration, sera remise au Service des égouts, l'autre demeurant aux mains du propriétaire. Cette grille ne sera pas exigible dans le cas où le caveau et le branchement y aboutissant seront sans communication avec l'intérieur de la propriété.

APPAREILS DIVISEURS.

3° Les eaux-vannes devront été séparées des solides au moyen d'appareils diviseurs d'un modèle accepté par l'Administration. Les entrepreneurs chargés de la fourniture et de l'entretien de ces appareils seront exclusivement choisis parmi les entrepreneurs de vidange en exercice à Paris.

CAVEAU.

Les appareils diviseurs seront établis dans un caveau convenablement ventilé, et dont le sol aura été rendu imperméable et disposé en forme de cuvette.

CHUTES.

Chaque chute de cabinets d'aisances sera pourvue d'un appareil diviseur mobile. Les chutes avec leurs branchements ne pourront être placées sous un angle supérieur à 45 degrés.

EAUX-VANNES.

4° Les eaux-vannes s'écouleront à part dans l'égout par une conduite en fonte ou en grès vernissé, établie suivant les instructions de l'ingénieur en chef des Eaux et des égouts.

EAUX PLUVIALES, MÉNAGÈRES, INDUSTRIELLES ET DE CONCESSION.

5° Les eaux pluviales, ménagères, industrielles, et celles provenant de la concession desservant la propriété, seront dirigées dans la conduite de manière à se mélanger aux eaux-vannes avant qu'elles n'atteignent l'égout public. En aucun cas, les eaux de ces diverses provenances ne pourront être directement envoyées dans les appareils filtrants.

FOSSES RÉFORMÉES.

6° Les fosses fixes, rendues inutiles par suite de l'installation des appareils diviseurs, seront comblées ou converties en caves.

POLICE DES TRAVAUX.

Art. 3. — Les dispositions qui précèdent et toutes celles que l'Administration jugerait utile de prescrire, seront exécutées aux frais, risques et périls du propriétaire, d'après les instructions des agents du Service des eaux et des égouts, et sans qu'il puisse être mis empêchement au contrôle de ces agents, sous quelque prétexte que ce soit.

Aucun appareil de vidange nouveau ne sera mis en service qu'après avoir été reconnu par l'inspecteur de l'Assainissement ou son délégué, qui en autorisera l'usage.

INTERRUPTION D'ÉCOULEMENT.

Art. 4. — Les abonnés n'auront droit à aucune indemnité pour cause d'interruption momentanée d'écoulement d'eaux-vannes à l'égout, par suite de travaux exécutés par la ville de Paris, lorsque l'interruption ne se prolongera pas au delà d'un mois. Après ce terme, la réduction de la redevance fixée par l'article 6 ci-après sera proportionnelle à la durée de l'interruption.

RESPONSABILITÉ.

ART. 5. — Les abonnés seront exclusivement responsables envers les tiers de tous les dommages auxquels pourraient donner lieu, soit les appareils de vidange, soit l'écoulement des liquides en provenant.

TARIF.

ART. 6. — Le propriétaire, ou en son nom l'entrepreneur chargé de la fourniture et de l'enlèvement des appareils filtrants, acquittera à la Caisse municipale une redevance annuelle de trente francs par tuyau de chute.

PAYEMENT.

ART. 7. — Le montant de la somme à payer sera fixé chaque semestre, après constatation contradictoire du nombre des orifices existants, par l'inspecteur de l'Assainissement ou son délégué, en présence du propriétaire ou de son représentant, et sera reconnu par ceux-ci sur un état que l'ingénieur en chef des Eaux et des égouts transmettra à la Préfecture de la Seine pour être rendu exécutoire.

Le prix de l'abonnement sera versé en deux termes égaux, 1er janvier et 1er juillet, et d'avance.

RÉSILIATION.

A défaut de payement à l'une des deux échéances, l'écoulement sera suspendu, et l'abonnement pourra être résilié.

CONTRAVENTIONS.

Art. 8. — Les contraventions aux dispositions du présent arrêté seront constatées par procès-verbaux ou rapports et poursuivies par les voies de droit, sans préjudice des mesures administratives auxquelles ces contraventions pourraient donner lieu.

Fait à Paris, le 2 juillet 1867.

G.-E. Haussmann.

MÉMOIRE

L'ASSAINISSEMENT DE PARIS

TRANSFORMATION DE LA VIDANGE

ET

SUPPRESSION DE LA VOIRIE DE BONDY

ACHÈVEMENT DES ÉGOUTS

ET EMPLOI DE LEURS EAUX DANS L'AGRICULTURE

20 septembre 1871.

MÉMOIRE

SUR

L'ASSAINISSEMENT DE PARIS

———

PREMIÈRE PARTIE

VIDANGE A L'ÉGOUT ET SUPPRESSION DE LA VOIRIE DE BONDY

La suppression des fosses fixes entraîne celle de la voirie de Bondy et de la vidange ordinaire. — L'Administration de la ville de Paris se préoccupe depuis longtemps de la suppression des fosses fixes et de celle de la voirie de Bondy.

Ce double résultat, si désirable, n'a pu être obtenu jusqu'ici, parce qu'il se lie à la construction des égouts publics et des branchements d'égouts particuliers, et, en outre, parce que les appareils qu'on propose de substituer aux fosses fixes ont dû être soumis à une longue épreuve.

Aujourd'hui, la Ville possède 536 kilomètres d'égout ; il en reste 350 kilomètres à construire immédiatement ; l'exécution de ce travail exigera quinze ans environ. On pourra, dans le même temps, construire tous les branchements d'égout et y faire écouler au moins les matières liquides des fosses, qui forment les 4/5 des matières fécales.

Les solides resteraient dans les appareils diviseurs connus sous le nom de tinettes-filtres ; les vidangeurs ont le droit d'emporter ces tinettes à leurs voiries particulières, et le prix des

21

solides qu'elles renferment est assez rémunérateur pour qu'ils usent toujours de ce droit. La voirie de Bondy serait supprimée en réalité. En même temps, disparaîtraient les tonnes et les pompes de la vidange ordinaire; les rues de Paris seraient donc délivrées des émanations fétides de cette vidange et du tapage nocturne produit par les lourdes voitures qui transportent ces matières.

La vidange à l'égout rend obligatoire l'usage de l'eau dans les cabinets d'aisances et par conséquent assainit la maison d'ouvriers. — Mais ces mesures rendront possible une autre amélioration bien autrement importante.

Aujourd'hui, les maisons occupées par les ouvriers sont presque toutes privées d'une distribution d'eau. La vidange des fosses coûtant 8 francs en moyenne par mètre cube de matières, pour que cette vidange se renouvelle aussi rarement que possible, le propriétaire prend les mesures les plus rigoureuses et les plus arbitraires, et, *par exemple, interdit l'emploi de l'eau dans les cabinets d'aisances.* Le plus souvent même, il refuse obstinément à ses locataires le bienfait d'une distribution d'eau, non pas parce que cela coûte cher, mais pour ne pas augmenter la facilité du lavage des cabinets, et par conséquent pour retarder autant que possible le remplissage de la fosse. Dans la plupart des maisons d'ouvriers de Paris, le cube annuel de la vidange ne dépasse pas 500 litres par habitant; c'est, à très peu près, le volume normal de la production de matières fécales et d'urine sans aucune addition d'eau.

Les cabinets d'aisances des maisons d'ouvriers sont communs, c'est-à-dire que le même cabinet sert à plusieurs locataires. Il en résulte une première cause d'insalubrité : il suffit qu'un seul ménage soit *malpropre* pour que tous les autres usagers du cabinet cessent d'être *propres*. En outre, par suite de l'absence totale d'eau et de l'interdiction des lavages, les matières solides s'accumulent sur le siège; le sol du cabinet est couvert d'urine en putréfaction qui, la plupart du temps, s'écoule vers la cour ou la rue.

Personne ne peut se faire une idée de ces foyers d'infection, s'il ne les a vus de ses propres yeux, et c'est à leur présence surtout qu'il faut attribuer les habitudes de malpropreté de nos ouvriers et la mauvaise tenue de leurs logements. Comment pourrait-il en être autrement et quel intérêt auraient-ils à établir chez eux la propreté du ménage anglais ou flamand, lorsqu'ils ont à côté d'eux une telle accumulation d'ordures fétides ?

On dit que nos ouvriers ne vaincront jamais leurs habitudes de malpropreté ; cela est faux. Dans toutes les maisons d'ouvriers que nous avons fait bâtir pour la ville de Paris, nous avons supprimé les *communs*, nous avons donné *un cabinet avec effet d'eau à chaque ménage*. Eh bien ! sans aucune pression de notre part, par la simple action de la ménagère sur son mari et ses enfants, non seulement le cabinet, mais encore le petit logement, sont tenus avec la propreté d'une maison bourgeoise.

Ce résultat ne peut être obtenu qu'avec la vidange à l'égout et l'introduction de l'eau dans la maison. Or, ces deux opérations ne peuvent marcher l'une sans l'autre. La vidange à l'égout fait disparaître tous les scrupules du propriétaire, *qui n'a plus aucune objection à faire contre l'emploi de l'eau dans les cabinets;* ce mode de vidange rend même nécessaires de fréquents lavages des communs. On doit donc prescrire obligatoirement et la vidange à l'égout et l'abonnement aux eaux de la Ville.

Les locataires profiteront, par conséquent, pour leurs ménages, du bienfait de cet abonnement. C'est là le plus beau résultat de cette grande opération, celui avec lequel la suppression de la vidange ordinaire et de la voirie de Bondy ne peut être mise en balance.

De la vidange à l'égout, nombre de chutes. — La ville de

Paris a rendu ces améliorations possibles par les immenses sacrifices qu'elle s'est imposés depuis quelques années, pour construire les égouts et augmenter la distribution d'eau. Il est d'autant plus juste qu'elle perçoive une taxe en compensation de ces sacrifices, que cette taxe n'augmentera pas les dépenses que la vidange ordinaire impose au propriétaire; c'est ce qu'il s'agit de démontrer.

Aujourd'hui, la vidange à l'égout existe pour un certain nombre de maisons. Les matières sont reçues dans l'appareil diviseur dit tinette-filtre; le liquide s'écoule à l'égout et le solide est enlevé avec la tinette, sans que personne ait à en souffrir. Par arrêté du 2 juillet 1867[1], cette faculté est accordée aux propriétaires qui la demandent, à certaines conditions, parmi lesquelles figure le payement d'une redevance de 50 francs par tuyau de chute. 6444 tinettes-filtres sont aujourd'hui en service; plusieurs remontent à quelques années, et jusqu'ici personne n'y a renoncé.

On ne connaît pas bien exactement le nombre des chutes, et nous allons chercher à l'établir approximativement.

Le Service des vidanges ouvre un dossier à chaque maison qui demande l'autorisation de faire une opération de vidange. Ce dossier comprend le nombre de fosses, mais non celui des chutes. Sur 68 000 maisons qui existent dans Paris, 60 310 ont été explorées par le Service des vidanges.

Le nombre de fosses fixes est de. 85 775
Il y a en outre :

Fosses mobiles ordinaires.	19 203	
Appareils diviseurs écoulant leurs liquides dans des réservoirs.	12 520	38 167
Tinettes-filtres.	6 444	

Total des fosses fixes ou mobiles régulières. . . .   123 942

---

[1] Voir page 312 le texte de cet arrêté.

Les autres maisons, au nombre de 7690, n'ont pas de dossier, et n'ont jamais donné lieu à une opération régulière; la vidange s'y fait en fraude[1].

Le nombre de chutes correspondant aux fosses réglementaires peut s'évaluer ainsi approximativement :

85 775 fosses fixes à raison de 2 chutes par fosse.	171 550
19 203 fosses mobiles à une chute par fosse. . .	19 203
Ensemble.	190 753
12 520 appareils diviseurs sur réservoirs. . . .	12 520
6 444 tinettes-filtres[2].	6 444

Soit, pour 60 310 maisons pourvues d'appareils réglementaires, 3.46 chutes par maison. On peut admettre que si les 7690 maisons non visitées étaient munies d'appareils réglementaires, elles auraient aussi en moyenne 3.46 chutes par maison, soit. . . 26 607

Nombre total des chutes. . . . 236 524

La quantité de matières reçues par une chute peut s'évaluer ainsi :

Les matières des 190 753 chutes de fosses fixes ou mobiles ordinaires sont envoyées au Dépotoir ou à la voirie de Bondy, et leur volume s'est élevé, en 1869, à 600 521 mètres cubes[3].

C'est donc $\frac{600\,521}{190\,753}$ ou $3^{m3},15$ par chute.

Les matières solides qui restent dans la tinette forment le

---

[1] Ces vidanges frauduleuses s'opèrent par un des moyens suivants :

1° Par des fosses perméables qui laissent écouler les matières dans les nappes d'eau souterraines;

2° Par des trous ouverts dans les cours ou les jardins; on y déverse les matières et on les comble de terre, lorsqu'ils sont à peu près pleins;

3° Par des tonneaux non réglementaires, qu'on vide clandestinement dans des fosses ouvertes dans les jardins;

4° Par des allèges faites sans autorisation dans les fosses régulières.

[2] Ce nombre des tinettes a été relevé le 15 juillet 1871.

[3] C'est, en moyenne, 1640 mètres cubes par jour.

cinquième de la production totale; le volume sera donc de $\frac{3,15}{5}$ ou de $0^{m3},63$.

La capacité des tinettes étant de $0^{m3},10$, le nombre moyen d'enlèvement sera 6,3 par année. Mais ce nombre est très variable. Dans les casernes, les hôpitaux et autres centres d'agglomération humaine, les tinettes sont enlevées tous les trois ou quatre jours et, par conséquent, cent fois par an; pour les petites maisons habitées par moins de dix personnes, le nombre des enlèvements est inférieur à 5. En général, dans le Service, on admet que ce nombre monte à 24 pour les grandes maisons bien habitées.

On voit, d'après cela, que le produit de la vidange à l'égout serait, en admettant le nombre de chutes indiqué ci-dessus et la taxe de 30 francs par chute, $236\,324 \times 30 = 7\,089\,720$ francs, soit environ 7 millions de francs.

La taxe de la vidange à l'égout, fixée à 30 francs par chute, n'aggravera pas les charges de la propriété. — Les frais de vidange à la charge des propriétaires peuvent être évalués ainsi qu'il suit dans l'état actuel des fosses :

600 521 mètres cubes de matières transportées au Dépotoir, à raison de 8 francs en moyenne par mètre cube, payés par le propriétaire au vidangeur, ci. . . . . 4 804 168 fr.

12 520 appareils diviseurs sur réservoirs, location des tinettes, à 20 francs. 250 400

Écoulement des liquides à l'égout, y compris la taxe municipale. 197 190

Enlèvement des solides. 118 314

6444 tinettes-filtres, à 60 francs l'une. . . 386 640

Total. . . . . . 5 756 712 fr.

Soit, en nombre rond, 6 millions de francs.

Avec les tinettes-filtres, si les prix de vidange étaient maintenus, les charges s'élèveraient au chiffre suivant :

Taxe municipale.	7 000 000 fr.
Location de 236 000 tinettes, à 20 fr. l'une.	4 720 000
236 000 × 6,50 enlèvements, à 1 fr. 50.	2 250 200
Total	13 950 200 fr.

Mais il est bien certain que dès que ce système sera généralisé, cette dépense sera considérablement réduite. Beaucoup de propriétaires diminueront le nombre de leurs chutes et l'on ne doit pas évaluer la taxe municipale à plus de   5 000 000 fr.

Le prix de location des tinettes est très exagéré et ne se justifie que par l'usage restreint de ces appareils. De même, le prix d'enlèvement est beaucoup trop élevé; ce qui tient à ce que le nombre des appareils de vidange étant petit, chaque entrepreneur doit faire beaucoup de chemin pour remplir sa voiture. Ces deux articles de dépense devraient être réduits à 1 franc par tête d'habitant, ou en nombre rond à. . . . .   2 000 000 fr.

Total. . . . . .   7 000 000 fr.

Il semble donc qu'avec la tinette-filtre les frais de vidange seraient augmentés d'un sixième environ; mais il n'en est point ainsi en réalité. Pour les maisons riches où il se consomme beaucoup d'eau, il est bien démontré aujourd'hui que la tinette-filtre diminue plutôt qu'elle n'augmente les frais de vidange. 6444 appareils diviseurs fonctionnent aujourd'hui et n'ont donné lieu, sous ce rapport, à aucune réclamation. L'augmentation de frais pour l'ensemble de l'opération n'est qu'apparente ; elle tient à ce que, dans les quartiers occupés par la classe ouvrière, une grande partie de la vidange se fait, sans déclaration, par un des procédés irréguliers indiqués ci-dessus [1].

Même pour les maisons d'ouvriers, la tinette ne donnerait pas lieu à une augmentation. Voici comment nous nous en sommes rendu compte. Nous avons pris au hasard, dans les quartiers populeux, d'abord quatre maisons desservies par des appareils diviseurs à réservoirs, et nous avons constaté que la tinette-filtre, avec taxe de 50 francs par chute, n'augmenterait pas les frais de vidange ; c'est ce qu'on voit clairement en examinant le tableau (Annexe n° I, page 369).

D'après la colonne n° 15, dans le cas le plus défavorable, maison boulevard de l'Hôpital, n° 169, le rapport des deux dépenses est 1,18 ; dans le cas le plus favorable il s'élève à 0,68 ; en moyenne, la dépense pour l'ensemble des quatre maisons est la même. Les différences tiennent à la plus ou moins grande abondance des liquides. Dans la maison rue Grenéta, n° 60, les solides ne forment que la dixième partie du cube total des matières, et naturellement la vidange à l'égout devient très avantageuse ; le propriétaire y gagnerait 32 pour 100 sur les dépenses actuelles.

Il est donc démontré *à fortiori* que la vidange à l'égout, géné-

---

[1] Ces vidanges irrégulières ont lieu surtout dans la zone annexée, comme le prouvent les chiffres suivants :

En 1858, avant l'annexion, la population parisienne était de 1 220 000 habitants, et le volume de la vidange, régulièrement constaté, se décomposait ainsi :

Apport au Dépotoir	243 981 mètres cubes.
Coulage à l'égout.	219 603　—
Volume total.	463 584 mètres cubes.

soit 380 litres par tête.

Nous ne comptons pas les fosses mobiles sur réservoirs. Il est probable qu'il y avait déjà beaucoup de vidanges irrégulières.

En 1869, la population s'élève à 1 900 000 habitants, et l'apport au Dépotoir est de 600 521 mètres cubes, soit 316 litres par tête. La vidange non déclarée a donc augmenté dans une proportion considérable.

ralisée avec prix réduits résultant de la concurrence, serait moins chère que la vidange mobile avec réservoir.

Nous avons fait les mêmes calculs pour quatre maisons habitées par des ouvriers, sises aux quatre coins de Paris, munies de fosses fixes, et dans lesquelles la vidange se fait, depuis plusieurs années, en vertu de déclarations régulières.

Pour la maison avenue de Clichy, n° 109, les opérations dont il est fait mention sur le tableau (Annexe n° II, page 371), s'appliquent à la vidange des années comprises de 1865 à 1869 inclusivement;

Pour la maison rue de Sèvres, n° 165, de 1866 à 1869;

— rue Saint-Maur, n° 12, de 1865 à 1869:

— rue Mouffetard, n° 108, de 1861 à 1869.

L'examen du tableau fait voir immédiatement que la vidange à l'égout, avec les prix actuels, augmenterait notablement les frais. Le rapport des dépenses est 1,53.

Avec l'emploi des tinettes généralisé et l'enlèvement des solides, y compris location des tinettes, réduit à 10 francs par la concurrence (1 franc par tête), les dépenses sont notablement atténuées par la vidange à l'égout, et le rapport des frais de vidange est de 0,94.

Ces calculs, qu'on trouvera longs peut-être, étaient cependant indispensables pour justifier la taxe de 30 francs par chute, qui a été adoptée sur notre proposition.

On voit que cette taxe, loin d'aggraver les frais de vidange actuels, donnera aux propriétaires de maisons riches une diminution notable de dépense, sans augmenter les charges des propriétaires des maisons d'ouvriers.

La vidange à l'égout procurera aux locataires l'avantage d'un abonnement aux eaux de la Ville. — Nous avons vu que les locataires de ces dernières maisons en tireront de grands avantages, sans parler de la suppression de la vidange actuelle, véritable fléau. D'une part, ils jouiront d'un abonnement aux eaux de la Ville, rendu obligatoire; d'autre part, le propriétaire ne s'opposera plus à ce qu'on fasse usage de l'eau dans les cabinets d'aisances. Nous allons même démontrer qu'il peut être conduit, par son intérêt bien entendu, à convertir *les cabinets en véritables water-closets*, ce qui ferait disparaître une des principales causes d'insalubrité de Paris.

Il faudrait, pour obtenir ce résultat, autoriser la vidange complète à l'égout, solides et liquides. En effet, si pour établir la tinette-filtre il suffit d'un simple abonnement aux eaux de la Ville, sans distribution dans les appartements, il n'en est plus de même pour la vidange complète. Les Anglais exigent avec raison non seulement qu'on donne aux tuyaux la pente nécessaire pour que les matières arrivent à l'égout par l'effet de la gravité, mais encore que chaque cabinet soit pourvu de l'eau nécessaire pour éviter tout engorgement. Or, la vidange à l'égout supprimant tous les frais de vidange, sauf la taxe[1], le propriétaire aura un tel intérêt à l'établir, qu'il n'hésitera pas à faire la dépense d'une distribution d'eau intérieure, bienfait inappréciable dans une maison occupée par des ouvriers[2].

Avec ces trois conditions remplies, une pente suffisante, une solide canalisation entre le pied du tuyau de chute et l'égout, de l'eau abondante dans la maison, la vidange complète à l'égout fonctionne régulièrement depuis longtemps dans les principales villes d'Angleterre. Elle fonctionnerait bien mieux encore à

---

[1] Le tableau (Annexe n° II, page 371) fait voir que les frais seraient ainsi établis dans les quatre maisons qui y figurent :

Avenue de Clichy, n° 109.	151 francs au lieu de 124 fr. 80 c.	
Rue de Sèvres, n° 165.	298 francs — de 471	20
Rue Saint-Maur, n° 12.	84 francs — de 96	»
Rue Mouffetard, n° 118.	108 francs — de 112	»

[2] Est-il nécessaire de dire que le transport de l'eau de la rue au cinquième étage, et même à un étage quelconque d'une maison, coûte cher aux locataires, surtout à la ménagère qui ne peut payer l'eau 5 francs le mètre cube à un porteur d'eau, et qui doit abandonner son travail, son ménage et ses enfants, pour descendre dans la rue et puiser à la borne-fontaine, si elle n'aime mieux puiser dans le ruisseau même de la rue, comme nous le voyons faire tous les jours dans nos tournées?

Paris : 1 parce que tous les égouts sont praticables, tandis qu'en Angleterre ils sont trop petits pour être visités, trop grands pour fonctionner comme de simples tuyaux, et par conséquent s'engorgent et deviennent fétides; 2° parce que la Seine n'est pas soumise à l'action de la marée, et que les matières qui y tombent s'écoulent régulièrement.

Convient-il de faire la vidange complète à l'égout, c'est-à-dire d'y jeter solides et liquides? — La vidange à l'égout peut-elle être une cause d'insalubrité?

En ce qui concerne les liquides, les ingénieurs du Service des Eaux et des égouts reconnaissent unanimement que *l'écoulement des liquides frais à l'égout ne présente aucun inconvénient*. On a vu ci-dessus que l'Administration autorisait l'établissement des tinettes-filtres, qui laissent écouler les liquides au fur et à mesure de leur production, en retenant les solides.

Cette solution du problème suffit pour faire disparaître la voirie de Bondy, supprimer la fosse fixe et la vidange par la pompe, et permet l'introduction de l'eau dans le cabinet d'aisances de la maison d'ouvriers; ces résultats sont d'immenses améliorations pour Paris et la banlieue, nous l'avons dit ci-dessus.

Néanmoins, réduite à l'écoulement des liquides, la vidange à l'égout donne encore lieu à deux objections.

La plupart des maisons de Paris ne se prêtent pas à la prolongation du branchement d'égout à travers les caves. Les liquides seront donc conduits à l'égout public par un simple tuyau, et les tinettes pleines renfermant les solides seront extraites par la maison. Ces tinettes sont en tôle, parfaitement closes, et n'exhalent aucune odeur; leur capacité est d'un hectolitre. On les tire donc de leurs réduits sans produire dans la maison plus de gêne qu'en déplaçant une pièce de vin.

Il n'y a là aucun inconvénient réel. Mais il est, dans les classes riches surtout, nombre de personnes délicates chez lesquelles l'imagination joue un grand rôle, et qui verront avec déplaisir ces manœuvres suspectes se répéter deux fois par mois. C'est un sentiment analogue à celui que fait éprouver la vue continuelle d'un cimetière ou le passage fréquent de convois mortuaires, sentiment qu'il est fort difficile de justifier, mais qu'il est impossible de détruire par le raisonnement.

La vidange complète ne peut nuire à la salubrité des égouts. — L'autre objection est plus grave ; nous venons de dire que la tinette-filtre ne réduit pas notablement les frais de vidange dans les maisons d'ouvriers. Les locataires en tireront certainement de grands avantages ; mais les propriétaires mettront peu d'empressement à réaliser une amélioration qui les entraînera dans d'assez grandes dépenses d'installation. Il convient donc de rechercher s'il n'y aurait pas un moyen de faire disparaître ces deux objections.

On arriverait à ce résultat par la vidange complète à l'égout, c'est-à-dire en y jetant solides et liquides.

Voyons d'abord dans quelle mesure la chose est possible ; nous examinerons ensuite si elle ne présente pas d'inconvénients au point de vue de la salubrité des égouts et du fleuve.

Les matières solides ne peuvent être conduites à l'égout par un branchement d'égout prolongé sous la maison jusqu'à la fosse ; il n'y aurait pas assez d'eau pour entraîner les matières. Il faut, pour réussir, prolonger le tuyau de chute jusqu'à l'égout, en lui donnant assez de pente pour qu'il n'y ait pas engorgement. A Londres, cette pente peut être obtenue facilement dans toutes les maisons, qui sont peu étendues. A Paris, ce sera difficile, parce qu'il y a un grand nombre de maisons séparées de la rue par des cours, et que la différence de niveau entre le plus bas cabinet et l'égout n'est pas toujours suffisante.

Beaucoup de maisons de Paris ne pourraient donc pas envoyer tous leurs solides à l'égout. Ce n'est pas une raison pour qu'on ôte cette faculté aux propriétaires des corps de bâtiments plus favorablement disposés. Examinons donc la question de salubrité.

La projection des solides peut-elle nuire à la salubrité des égouts? Nous avons consulté sur ce point nos deux collaborateurs, MM. les ingénieurs en chef Rousselle et Buffet, en leur faisant remarquer qu'un des grands établissements de l'État, l'hôtel des Invalides, opérait depuis longtemps sa vidange complète à l'égout, sans soulever aucune plainte. M. Rousselle pense que les égouts dépourvus d'eau souffriraient beaucoup de la réception des solides, mais que, dans les égouts bien lavés, ces matières s'écouleraient sans grands inconvénients. M. Buffet partage cet avis; il voudrait néanmoins qu'on examinât de plus près quels sont les inconvénients de la vidange de l'hôtel des Invalides.

Plusieurs autres des établissements de l'État, l'École Militaire, l'hôtel de la Monnaie, la caserne du Louvre et un établissement de l'Assistance publique, la Salpêtrière, pratiquent la vidange complète à l'égout. Aucune observation n'est possible à l'École Militaire, à l'hôtel de la Monnaie et à la Salpêtrière, qui ont leurs égouts particuliers débouchant directement en Seine. Ces égouts ne sont pas nettoyés régulièrement, et l'un d'eux, celui de l'École Militaire, est tenu avec la plus honteuse malpropreté. La caserne du Louvre déverse dans l'égout de Rivoli les matières de ses fosses par un trop-plein, c'est-à-dire lorsque ces matières, par l'effet d'une longue fermentation, sont devenues fétides. C'est une disposition qu'on ne tolérerait certainement pas dans le service privé.

La vidange de l'hôtel des Invalides s'opère au fur et à mesure de la production des matières, dans l'égout, autrefois fort important, qui descend des boulevards d'Enfer, du Montparnasse et des Invalides, mais qui ne reçoit plus qu'une quantité d'eau médiocre depuis qu'il est coupé par le collecteur de l'avenue Bosquet, en face de l'église Saint-François-Xavier. C'est une condition essentielle, car si la vidange de l'hôtel était noyée dans une masse d'eau considérable comme celle qui coule dans le collecteur d'Asnières par exemple, on ne pourrait rien conclure de l'inodorité de l'égout. Toutes les déjections solides et liquides des 2000 habitants de l'hôtel s'écoulent par un branchement qui passe sous l'entrée principale. C'est là que nous fîmes d'abord nos observations. Nous constatâmes que l'égout public n'exhalait aucune odeur particulière en face du branchement de l'hôtel, qu'on n'y reconnaissait pas ces émanations *sui generis* si caractéristiques des matières fécales. Les agents du Service nous déclarèrent qu'il en était habituellement ainsi, excepté les jours du lavage des égouts intérieurs, qui a lieu une ou deux fois par mois; ces égouts ne recevant pas d'eau en quantité suffisante pour entraîner la totalité des matières solides, une partie de ces matières reste sur les radiers, s'y putréfie et répand une odeur d'une extrême fétidité, lorsqu'on opère le nettoiement.

Il était important de constater que toutes les matières ne restaient pas ainsi sous l'hôtel, et qu'une partie s'écoulait à l'égout public au fur et à mesure de la production. Un monceau d'immondices, noyé sous l'eau de l'égout, existait en face du branchement de l'hôtel; nous le fîmes remuer à la pelle en notre présence; il s'en détacha de longues bandes de matières fécales, solides, bien reconnaissables à leur couleur et à leur forme, qui s'écoulèrent au fil de l'eau, sans qu'il s'en dégageât d'odeur spéciale.

Si l'on considère qu'en aucun pays du monde une aussi grande agglomération d'hommes ne déverse ses déjections sur un seul point d'un égout, on peut conclure de ce qui précède que les matières fécales fraîches, noyées dans l'eau, ne peuvent augmenter l'insalubrité des égouts. Nous en eûmes un peu plus loin une preuve non moins forte. Les déjections des Invalides tombent dans le collecteur de la Bièvre, sur le quai d'Orsay, par l'égout de la rue Fabert. Nous nous transportâmes au débouché de cette galerie, et nous fîmes remuer à la pelle la vase noire qui recouvrait le radier. On détacha la couche de limon adhérente aux parois latérales, on brassa le tout dans la mince lame d'eau qui coulait au fond de l'égout, et il ne s'en dégagea aucune odeur. Nous avons également constaté l'absence complète d'émanations ammoniacales, ce qui est tout naturel, puisque les matières sont fraîches et ne renferment pas encore d'ammoniaque.

Nous avons donc la certitude que les 25 litres de matières fraîches que les Parisiens produisent par seconde, peuvent se mélanger aux 3000 litres que les collecteurs généraux débitent dans le même temps, sans augmenter l'insalubrité des égouts, et sans que les ouvriers en ressentent aucune incommodité.

Mais il faut, pour cela, que les égouts soient fréquemment lavés à l'eau fraîche. Si les matières fécales tombaient sur le radier d'un égout dépourvu d'eau, les liquides ne suffiraient pas pour entraîner les solides, qui y entreraient en putréfaction et empoisonneraient bientôt l'air de l'égout et des galeries voisines. Or, tous les égouts de Paris ne sont pas lavés, et lorsqu'on complétera la canalisation, on augmentera de plus en plus le nombre des galeries qui ne reçoivent pas l'eau fraîche des bornes-fontaines et des bouches sous trottoir.

En effet, pour absorber toutes les eaux de la voie publique, il suffit de construire des égouts sous la moitié, au plus, des rues. Soit un îlot de maisons compris entre un quadrilatère de rues A B C D; soit E la bouche d'eau qui lave le ruisseau longeant les trottoirs de l'îlot, et F la bouche d'égout qui reçoit l'eau de lavage : il est clair qu'il suffira, pour faire écouler ces eaux souterrainement, de construire l'égout F D C, qui se prolongera dans

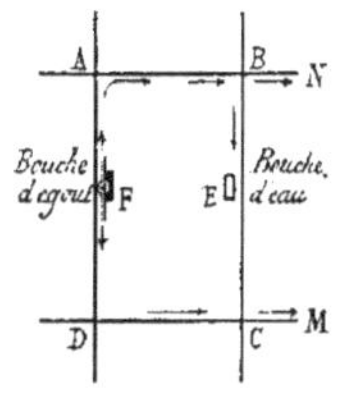

une direction quelconque C M. Dans ce cas particulier, les égouts nécessaires n'occupent pas la moitié des rues qui entourent l'îlot. Si l'on veut compléter la canalisation souterraine de l'îlot, pour recevoir les déjections des maisons, on aura encore un égout lavé F A B, en opérant un partage d'eau au point F ; il restera l'égout du côté B C du quadrilatère, qui ne peut être lavé par l'eau de la bouche E.

On a commencé, naturellement, par construire les égouts qui sont nécessaires, comme l'égout F D C, pour absorber les eaux de la voie publique ; c'est ainsi qu'on a supprimé les cassis des chaussées pavées qui autrefois conduisaient les eaux d'un îlot dans le ruisseau de l'îlot inférieur. Il reste surtout à faire les galeries analogues à F A B C, et plus on avancera dans cette construction, plus on aura développé la partie du réseau qui, de même que B C, ne peut être lavée par les eaux publiques dans le système actuel des bouches d'égout.

Mais il est très facile de modifier ce système de manière à donner à l'égout B C l'eau qui lui manque. Supposons que la pente de cette galerie la dirige, comme l'indique la flèche, vers l'égout D C M : il suffira, pour que B C soit lavé à volonté, d'établir une vanne dans l'égout B N, à l'aval du point B ; en fermant cette vanne, l'eau de l'égout F A B prendra la direction B C ; en l'ouvrant, cette eau suivra son cours naturel A B N. Tous les égouts, même dans les conditions les plus difficiles, peuvent donc être lavés.

On peut estimer à 20 000 mètres cubes la quantité d'eau complémentaire qui serait dépensée chaque jour pour laver tous les égouts, quand le réseau sera complet ; la ville de Paris pourrait certainement alors disposer de cette quantité, sans gêner aucun service. De plus, on peut dire que le lavage est nécessaire dans tous les cas ; qu'aucun égout ne peut se passer du lavage opéré avec les eaux publiques, et que la dépense ne doit pas être mise à la charge de l'opération de la vidange souterraine.

On peut donc opérer cette vidange sans nuire à la salubrité des égouts.

La vidange à l'égout sera moins nuisible encore à la salubrité du fleuve. — Elle sera moins nuisible encore à la salubrité de la Seine. Noyées dans l'eau des égouts, les matières fécales perdent entièrement leur odeur, on l'a vu ci-dessus et on le comprend sans peine, puisque leur volume monte par jour à 2000 mètres cubes environ[1], tandis que le volume d'eau sale débitée par les collecteurs atteindra bientôt 300 000 mètres cubes, c'est-à-dire qu'il sera 150 fois plus grand. Il est évident qu'en tombant dans la Seine, qui débite, en temps de basses eaux, 6 millions de mètres cubes d'eau, c'est-à-dire 20 fois plus que les collecteurs, ces matières seront encore plus diluées, et, partant, plus inoffensives.

Nous allons plus loin, il y aura amélioration réelle dans l'état du fleuve. Aujourd'hui les matières fécales sont transportées à la voirie de Bondy, mais les solides seuls y sont conservés entièrement, pour être convertis en poudrette. Les liquides, après qu'on en a traité la moitié environ pour en extraire les sels ammoniacaux, sont renvoyés en Seine par une conduite spéciale, mais dans un état de fétidité dont on ne peut se faire une idée si l'on n'a pas passé quelques heures à la voirie de Bondy. La quantité de liquides ainsi expulsée de la Voirie s'est élevée, pour l'année 1869, à $503\ 826^{m^3}, 96$, soit 1 380 mètres cubes par jour; c'est un volume presque égal à celui des matières transportées au Dépotoir, et cela doit être, l'effet de l'évaporation sur la Voirie étant à peu près compensé par l'accumulation des eaux pluviales.

La conduite *de retour*, qui reçoit les eaux-vannes surabondantes, débouche dans le collecteur de la route nationale n° 1, tout près de la Seine, à Saint-Denis; les exhalaisons abomina-

---

[1] On a vu que la quantité des matières portées au Dépotoir est seulement de 1640 mètres cubes par jour, mais qu'il y a une perte considérable par suite des vidanges illicites.

bles qui s'en dégagent se font sentir à 5 kilomètres de là, aux fortifications, en remontant le collecteur. Les 16 ouvriers qui travaillent au nettoiement souffrent beaucoup des émanations ammoniacales, huit sont atteints d'ophtalmies plus ou moins graves, et l'un d'eux est menacé de perdre la vue. Aucun des égouts de Paris n'est comparable, même de loin, à ce cloaque fétide. C'est surtout à son débouché que le poisson de la Seine meurt empoisonné; les pêcheurs à la ligne fréquentent beaucoup, au contraire, le débouché de l'égout d'Asnières. N'est-il pas évident que l'eau du fleuve est bien plus altérée par ces déjections que par celles de l'égout d'Asnières, *dont l'odeur est si peu incommode que ce collecteur est fréquemment parcouru par de nombreux visiteurs?* La vidange à l'égout, en supprimant la voirie de Bondy, améliorera considérablement la situation du collecteur Saint-Denis, et, par suite, l'état de salubrité du fleuve.

Il convient de rendre la vidange à l'égout obligatoire, au moins pour les liquides. — Temps nécessaire pour transformer les fosses. — La conclusion de la discussion qui précède est que la vidange des liquides à l'égout doit être rendue *obligatoire*, avec une taxe de 30 francs par tuyau de chute; nous n'hésiterions pas à en dire autant de la vidange à l'égout des solides, s'il ne s'agissait que de la salubrité des égouts et du fleuve. Mais la disposition des maisons de Paris ne se prête pas partout à la vidange souterraine des solides; ce mode de vidange ne peut donc être établi *obligatoirement*. Avant de surmonter les préjugés de la population, il faudra peut-être procéder par tâtonnements, en commençant par les rues où l'opération ne peut donner lieu à aucun inconvénient. Comme cette vidange n'occasionne aucun frais, elle peut être taxée à 50 francs par tuyau de chute [1].

---

[1] L'Administration supérieure ne paraît pas disposée à recevoir ces matières solides dans

La vidange à l'égout ne sera généralisée dans Paris, et la voirie de Bondy ne sera supprimée que lorsque tous les égouts seront construits. — Nous avons vu ci-dessus que les fosses fixes et mobiles peuvent être remplacées par 256 000 appareils diviseurs laissant écouler les liquides à l'égout au fur et à mesure de leur production. 6 444 de ces appareils sont déjà installés. Les propriétaires feront disparaître un certain nombre de tuyaux de chute, pour réduire le montant de la taxe qui leur sera imposée ; peut-être aussi l'Administration voudra-t-elle rendre la charge moins lourde pour certaines maisons occupées exclusivement par la classe ouvrière ; nous supposerons donc, pour éviter tout mécompte, que l'impôt ne dépassera pas 5 millions de francs. L'établissement obligatoire des diviseurs commencerait en 1872 et serait terminé dans un délai de 11 ans, soit en 1882. L'accroissement annuel du produit de la taxe serait donc de $\dfrac{5\,000\,000}{11}$, ou en nombre rond de 450 000 francs.

En admettant que le nombre des chutes non encore pourvues d'appareil soit réduit à 220 000, la moyenne annuelle de chutes transformées serait de 20 000. Suivant toute probabilité, le produit total de la taxe dépassera 5 millions de francs, et s'élèvera peut être à 6 ou 7 millions. Mais dans l'appréciation d'une augmentation de revenu, il faut se tenir plutôt au-dessous qu'au dessus des probabilités.

Cette nouvelle taxe ne peut être imposée qu'en vertu d'une loi, dont on trouvera ci-après le projet (Annexe n° III, page 373), ainsi que celui du règlement qui sera imposé aux propriétaires (Annexe n° IV, page 374).

Aucun impôt n'est mieux justifié que celui des tinettes-filtres ; il ne constitue pas une aggravation de charges pour la propriété, il supprime la fosse fixe, foyer permanent d'émanations

---

la Seine ; il faudrait donc, avant d'arriver à une solution, que l'emploi des eaux d'égout, au profit de l'agriculture, fût généralisé ; mais nous proposons de faire des essais dans un certain nombre de rues.

pestilentielles, la vidange par la pompe, autre fléau trop connu des Parisiens, le tapage nocturne des lourdes voitures qui transportent les tonnes, la voirie de Bondy et les autres dépotoirs particuliers qui rendent la banlieue de Paris inhabitable en été; enfin il rend possible l'assainissement de la maison d'ouvriers, et c'est là le plus grand bienfait qui résultera pour les Parisiens de la transformation des fosses.

ACHÈVEMENT DES ÉGOUTS

Longueur des égouts faits et à faire. — Les améliorations si désirables dont il a été question dans la première partie de ce mémoire, c'est-à-dire la transformation de la vidange, l'assainissement de la maison d'ouvriers et la suppression de la voirie de Bondy, ne seront obtenus qu'après l'achèvement complet du réseau des égouts.

La longueur des égouts existant au 1ᵉʳ janvier 1871, et celle des égouts à construire est donnée dans le tableau suivant :

DÉSIGNATION DES ARRONDISSEMENTS	LONGUEUR DES ÉGOUTS			
	EXISTANTS	A CONSTRUIRE	QU'IL N'EST PAS UTILE DE CONSTRUIRE IMMÉDIATEMENT	A CONSTRUIRE IMMÉDIATEMENT
	mètres	mètres	mètres	mètres
1ᵉʳ arrondissement	23 984	8 936	25	8 911
2ᵒ id.	13 606	10 499	»	10 499
3ᵉ id.	15 118	11 089	»	11 089
4ᵉ id.	15 456	15 383	1 790	13 593
5ᵉ id.	24 783	14 957	2 041	12 916
6ᵉ id.	20 159	17 760	1 615	16 615
7ᵉ id.	25 167	22 058	252	21 806
8ᵉ id.	54 964	13 111	630	12 481
9ᵉ id.	33 104	9 808	30	9 778
10ᵉ id.	28 944	16 145	1 280	14 865
11ᵉ id.	28 797	24 018	2 035	21 983
12ᵉ id.	26 764	28 702	7 884	20 818
13ᵉ id.	23 004	38 138	6 491	31 647
14ᵉ id.	16 371	31 649	3 746	27 903
15ᵉ id.	27 240	37 165	3 392	33 773
16ᵉ id.	46 852	42 649	7 134	55 515
17ᵉ id.	40 413	38 303	3 582	34 721
18ᵉ id.	29 183	43 316	9 125	34 191
19ᵉ id.	29 296	27 962	5 782	22 180
20ᵉ id.	12 506	59 161	11 980	27 181
Totaux. . .	535 691	490 809	68 844	421 965

Parmi les égouts portés dans la deuxième colonne, il en est un grand nombre qui ne seraient pas d'une grande utilité, de sorte qu'on peut admettre que la longueur totale d'égouts à construire immédiatement ne dépasse guère 550 kilomètres.

La répartition des égouts construits est très inégale dans l'ensemble de la ville; ainsi, dans les 1ᵉʳ, 5ᵉ, 8ᵉ, 9ᵉ et 10ᵉ arrondissements la longueur totale des égouts construits est de 166 kilomètres, la longueur totale des égouts qu'il est utile de construire immédiatement est de 59 kilomètres : le rapport de ces deux nombres est 0,56. Dans certains arrondissements le travail est bien moins avancé; par exemple dans les 13ᵉ, 14ᵉ, 15ᵉ, 18ᵉ et 20ᵉ arrondissements, la longueur des égouts existants est de 108 kilomètres, celles des égouts qu'il est utile de construire immédiatement est de 155 kilomètres : le rapport de ces deux nombres est 1,43. La proportion est renversée : dans les 1ᵉʳ, 5ᵉ, 8ᵉ, 9ᵉ et 10ᵉ arrondissements, les égouts sont faits aux trois quarts; dans les 13ᵉ, 14ᵉ, 15ᵉ, 18ᵉ et 20ᵉ arrondissements, il en reste près des trois cinquièmes à établir.

Il convient de faire remarquer que ces derniers arrondissements sont occupés, à peu près exclusivement, par la classe ouvrière, c'est-à-dire par celle qui souffre le plus du défaut d'assainissement des rues.

Cette inégalité de la répartition des égouts se conçoit facilement : quoiqu'une grande partie des fonds affectés à la construction des égouts, depuis 10 ans, ait été employée dans la zone suburbaine, l'annexion est un fait trop récent pour que le développement du réseau des égouts soit aussi considérable dans le nouveau Paris que dans l'ancienne ville.

Parmi les égouts qu'il est utile de construire, il en est dont l'urgence est extrême; tels sont ceux qui doivent remédier à l'état d'insalubrité intolérable où se trouvent certaines rues du quartier des Épinettes, de Clignancourt, de Ménilmontant, etc.; tels sont encore les égouts des rues basses, peu nombreuses aujourd'hui, qui sont submergées par les eaux d'averses, telles que les rues Corvisart, Croulebarbe, des Cinq-Diamants, du Fouarre, Saint-André-des-Arts, Gît-le-Cœur, Jacob, des Canettes, de l'École-de-Médecine, Duroc, Barthélemy, du Bac près de la rue de l'Université, etc [1].

Parmi les quatre collecteurs qui restent à construire, il en est un, celui du boulevard et de la rue de la Chapelle, qu'il est indispensable de construire promptement ; car l'égout de petite dimension qui le remplace est absolument insuffisant et la voie publique est inondée à chaque averse.

Le collecteur qui doit faire disparaître la Bièvre, entre les fortifications et la rue Geoffroy-Saint-Hilaire, n'est pas moins utile, car la Bièvre est le fléau des quartiers de la Glacière, Mouffetard et du Jardin-des-Plantes ; mais avant d'enfermer dans un égout ce ruisseau immonde, il faut préalablement faire disparaître les tanneries et les mégisseries qui encombrent son cours, ce qui présente d'assez graves difficultés, quoique cela ne soit pas impossible.

Il y a des rues qu'il ne sera jamais utile de canaliser : telles sont la rue de Marengo, qui est drainée par les rues de Rivoli et Saint-Honoré, et ne reçoit ni eaux publiques ni eaux privées, et certaines ruelles, comme la rue du Paon, trop étroites pour qu'on y construise un égout.

Dépense qu'exigera la construction des égouts. — Pour effectuer convenablement la construction des égouts immédiatement utiles, sans trop entraver la circulation, il faut environ quinze ans. Les dépenses à faire peuvent être évaluées ainsi qu'il suit :

---

[1] En général, toute la partie de l'ancienne ville, située sur la rive droite de la Seine, est aujourd'hui préservée des inondations par la construction des collecteurs. On sait combien les inondations étaient graves entre le faubourg du Temple et la chaussée d'Antin. Dans la zone annexée, le point bas du boulevard de la Chapelle, la rue de Chabrol, la rue Bayen, dans le quartier des Ternes, sont seuls mauvais. Sur la rive gauche, on a remédié au mal aux points qui souffraient le plus, notamment rue Oudinot.

Égouts collecteurs[1]. — Collecteur de la Bièvre entre les fortifications et la partie en exploitation. . . . 5 000 000 fr.

Collecteur de Grenelle. . . . . . . ⎫
    —   du Point-du-Jour . . . . . ⎬ 5 000 000
    — —   de la Chapelle. . . . . . ⎭

                        Total. . . 6 000 000 fr.

Égouts ordinaires; longueur, déduction faite
des collecteurs, 556 kilomètres, à 100 000 fr.
l'un. 55 600 000

                    Dépense totale. . . 59 600 000 fr.

Soit 40 millions.

On verra, dans la dernière partie de ce mémoire, que cette
dépense peut être effectuée sans que la Caisse municipale ait
aucun sacrifice à faire.

---

[1] Ces égouts sont exécutés aujourd'hui (1885) ; voir « LES ÉGOUTS » pages 159 et suiv.

TROISIÈME PARTIE

EMPLOI DES EAUX D'ÉGOUT AU PROFIT DE L'AGRICULTURE

Le moyen le moins insalubre, employé jusqu'ici pour se débar-rasser des déjections des égouts, consiste à les noyer dans l'eau des rivières. Il faut que les procédés nouveaux proposés n'offrent pas plus d'inconvénients. — Le moyen le moins insa-lubre et le moins incommode qu'on ait trouvé jusqu'ici, pour se débarrasser des déjections des villes, consiste à les jeter dans les rivières ; et en effet, on comprend sans peine qu'en les noyant dans un grand volume d'eau, on fait disparaître la cause la plus énergique d'insalubrité, les émanations fétides. C'est ce qu'on peut vérifier au débouché du collecteur d'Asnières. L'odeur qui s'en exhale provient non pas du fleuve, mais de l'égout ; c'est l'odeur fade et spéciale bien connue de tous les visiteurs de nos grandes galeries souterraines ; elle devient insensible lors-qu'on s'éloigne un peu du fleuve, et en descendant du côté d'aval, elle est absolument nulle. Sur le pont de Clichy, l'odorat n'est pas plus désagréablement affecté que sur un des ponts de Paris. Les Parisiens, s'ils ont bonne mémoire, se rappelleront très bien que l'odeur de la Bièvre, lorsque ce cloaque tombait en Seine au pont d'Austerlitz, disparaissait dès que ses déjections étaient noyées dans le fleuve ; ainsi elle était insensible sur les ponts de l'Archevêché et Saint-Michel ; il en est exactement de même à l'aval du Collecteur général.

Nous ne devons cependant pas nous dissimuler les inconvénients de cette projection des eaux d'égout dans la Seine. Avant la construction des collecteurs, l'eau du fleuve, en été, était complètement noircie à partir du pont d'Austerlitz, sur la rive gauche, et du pont au Change, sur la rive droite; et ce spectacle affligeant se prolongeait jusqu'à Poissy, sur **78** kilomètres. L'eau de la Seine était impropre à tout usage domestique, les promenades sur les bords du fleuve avaient perdu tout leur agrément, les lavoirs et les bains froids étaient établis dans une eau insalubre, etc.

Aujourd'hui, ces inconvénients sont reportés à l'aval de l'égout d'Asnières, mais avec une grande atténuation ; la population est incomparablement moins dense, et il est certainement moins fâcheux de troubler l'eau du fleuve à Asnières que dans la traversée de Paris, Sèvres, Saint-Cloud, Boulogne, Neuilly, etc. De plus, les déjections des égouts étant concentrées sur la rive droite, les riverains trouvent sur la rive gauche une eau propre aux usages domestiques. C'est ainsi qu'à Épinay, la Compagnie des eaux de Montmorency a prolongé le tuyau d'aspiration de ses pompes jusqu'au delà de l'île qui sépare la Seine en deux bras, et qu'elle distribue une eau qui n'est pas altérée par les déjections des égouts. L'école de natation d'Asnières est dans une situation analogue.

Débouchés des égouts collecteurs. — Les eaux pluviales et ménagères des quartiers de Paris situés sur la rive droite de la Seine, au-dessous des boulevards de Ménilmontant, de Belleville, de la Villette, de la Chapelle et Rochechouart, sont ou seront recueillies dans huit égouts collecteurs dont sept sont construits, savoir :

Le collecteur des Quais,

    —   de Sébastopol,

    —   de la rue de Rivoli,

    —   de la rue Neuve-des-Petits-Champs.

L'égout de Ceinture,

Le collecteur des Coteaux,

—   des Batignolles.

Ces sept galeries se réunissent dans un émissaire unique :
le Collecteur général, qui part de la place de la Concorde, longe
la rue Royale, le boulevard et la rue Malesherbes, passe sous
le promontoire de Monceaux, suit la route d'Asnières et débouche en Seine à l'extrémité de la rue du bac d'Asnières, à l'aval
du pont de la route.

Un des collecteurs de la rive droite reste à construire, c'est
celui qui ramènera les eaux du Point-du-Jour vers la place de
l'Alma, où elles tomberont dans l'égout de la Bièvre dont il va
être question.

Les eaux de la Bièvre et des quartiers de la rive gauche sont
ou seront réunis dans trois collecteurs dont deux sont construits,
savoir :

Le collecteur de la Bièvre,

—   de l'avenue Bosquet.

Le troisième, qui n'est pas commencé, ramènera au pont de
l'Alma les eaux des égouts qui tombent encore en Seine, le
long des quais de Grenelle et de Javel jusqu'aux fortifications.
Ces trois collecteurs se réunissent dans un émissaire unique
en tête du pont de l'Alma.

Cet émissaire passe en siphon sous la Seine, puis sous le promontoire de la place de l'Étoile, traverse le village de Levallois
et se jette dans le Collecteur général sous la route d'Asnières,
en amont du pont du chemin de fer de Rouen.

Il recevra en route, vers le pont de l'Alma, le collecteur du
Point-du-Jour, et reçoit dès aujourd'hui, près des fortifications,
le collecteur des eaux de Passy.

Enfin, les eaux du nord de Paris, entre les boulevards de
Ménilmontant, de Belleville, de la Villette, de la Chapelle, Rochechouart et les fortifications, sont ou seront recueillis dans
deux collecteurs dont un, celui de Belleville, est construit, et

l'autre, celui de Montmartre, est encore en lacune. Ces deux galeries se réuniront à la porte de la Chapelle et déboucheront dans un émissaire unique, le collecteur général de la plaine Saint-Denis, qui suit la route nationale n° 1 et débouche en Seine un peu en amont du canal Saint-Denis.

En somme, toutes les eaux de Paris tombent ou tomberont en Seine par les deux débouchés des collecteurs généraux d'Asnières et de Saint-Denis.

Débits de ces collecteurs. — MM. Mille et Alfred Durand-Claye, qui ont été chargés de l'étude d'un système d'utilisation des eaux d'égout au profit de l'agriculture, ont dû se rendre compte avant tout du volume et de la valeur de ces eaux. Il résulte de ces études préliminaires que le collecteur général d'Asnières, appelé à tort par ces ingénieurs : *collecteur de Clichy*, débite en moyenne par seconde environ $2^{m3},53$; le maximum constaté en 1870 a été sensiblement de 5^{m3}. Le collecteur de la plaine Saint-Denis donne par seconde $0^{m3},509$.

Les deux collecteurs généraux réunis donnent donc par seconde $5^{m3},059$ d'eau, soit par 24 heures 262570 mètres cubes.

Valeur des eaux d'égout. — MM. Mille et Durand-Claye ont constaté, par de nombreuses analyses, la composition des matières transportées par les eaux d'égout.

Chaque mètre cube du collecteur général d'Asnières transporte :

Matières organiques, y compris 0 kilog. 043
d'azote	kilog. 0,733
Matières minérales, y compris 0 kilog. 017
d'acide phosphorique.	— 1,594

Total. . . .	kilog. 2,327

Le collecteur général de Saint-Denis porte par mètre cube d'eau :

Matières organiques, y compris 0 kilog. 040 d'azote . . . .   kilog. 1,518

Matières minérales, y compris 0 kilog. 040 d'acide phosphorique. . . . .   — 1,943

Total . . .   kilog. 3,461

Cet excès de richesse du collecteur de Saint-Denis tient à ce qu'il reçoit à son débouché les eaux de la voirie de Bondy. Aux fortifications, il ne transporte que 1 kilog. 787 de matières, c'est-à-dire moins que le collecteur d'Asnières.

Il est évident que lorsque l'emploi des tinettes-filtres sera généralisé et la voirie de Bondy supprimée, la richesse des eaux d'égout s'égalisera sensiblement dans les deux collecteurs.

Si l'on ne tient compte que des matières en suspension dans l'eau, qui sont susceptibles de former des bancs ou dépôts solides à l'aval des débouchés, on trouve, d'après les recherches de MM. Mille et Durand-Claye, qu'elles forment un total de 118 000 mètres cubes.

C'est le volume de matières que le Service de la navigation enlève annuellement par des dragages aux frais de la ville de Paris.

L'azote emporté par les eaux d'égout monte à 4300 tonnes par an[1].

Tel est l'état de choses qui a excité de vives réclamations parmi les riverains de la Seine à l'aval du débouché des collecteurs généraux. Le Ministre des Travaux publics se préoccupa de ces plaintes, et, après avoir consulté les chefs des

---

[1] Les résultats numériques indiqués dans ce chapitre sont extraits du mémoire de MM. Mille et Durand-Claye pour l'année 1870. Les résultats des années précédentes sont peu différents.

Services de la navigation et des eaux et des égouts, adressa au Préfet de la Seine la lettre suivante :

Paris, le 30 juillet 1870.

Monsieur le Préfet, des plaintes très vives m'ayant été adressées sur l'état d'infection que présentent les eaux de la Seine en aval de l'égout collecteur d'Asnières, j'ai chargé une commission composée de MM. Kleitz et Belgrand, inspecteurs généraux, et Krantz, ingénieur en chef, de se rendre sur les lieux pour constater l'état exact des choses, et pour me proposer les mesures qu'il y aurait lieu de prendre.

La commission vient de me faire parvenir son rapport; elle a fait remarquer que l'Administration est saisie en ce moment du résultat d'études très complètes faites par les ingénieurs du Service municipal de Paris, études dont vous m'avez adressé le dossier le 15 juin dernier, et qui fait de ma part l'objet d'une décision de ce jour.

La commission a cru dès lors devoir restreindre sa mission aux mesures provisoires et d'une application immédiate, qui seraient de nature à atténuer autant que possible les inconvénients de la situation.

Il résulte de son rapport que l'altération des eaux de la rivière par la déjection des égouts se manifeste par trois effets distincts :

1° Les sables et les matières organiques les plus lourdes que charrient les égouts se déposent en bancs vaseux et infects, qui s'étendent le long de la rive droite sur une longueur de plusieurs kilomètres, et sur des largeurs qui occupent, en quelques points, jusqu'à près de la moitié de la largeur du fleuve. Ces bancs acquièrent au bout de quelques mois, à proximité des bouches d'égouts, une épaisseur de plus d'un mètre. Le volume de ces dépôts peut atteindre annuellement environ 100 000 mètres cubes. Pendant les chaleurs de l'été et les basses eaux, ils entrent en fermentation.

2° Les matières boueuses, très ténues et composées en grande partie de matières organiques, restent en suspension dans la rivière et en troublent les eaux au point de les rendre impropres aux usages domestiques, sans filtrage ou épuration. Cet état d'impureté est d'abord très peu prononcé le long de la rive gauche ; mais, en aval du tournant de Saint-Denis, les eaux se mélangent sur toute la largeur de la rivière. A la hauteur de Marly, elles sont encore sensiblement plus troubles dans le bras droit que dans le bras gauche, mais la différence, déjà peu marquée, s'efface plus loin.

3° Les substances dissoutes dans l'eau, lesquelles forment environ le tiers des matières étrangères mêlées aux eaux d'égout et contiennent des matières organiques à peu près dans la même proportion, produisent une altération qui se propage dans tout le cours du fleuve, mais qui paraît sans inconvénient au point de vue de la salubrité publique.

Des trois effets qui viennent d'être indiqués, le premier comporte seul un moyen d'atténuation immédiat et pratique : c'est l'enlèvement des bancs vaseux au moyen de dragages.

Cette année, l'envasement du lit de la Seine, comme l'altération de ses eaux, ont pris une gravité tout à fait exceptionnelle, à cause de la longue sécheresse qui réduit le débit du fleuve à moins des deux tiers du débit d'étiage ordinaire, et aussi à cause de la diminution de la quantité d'eau pure que reçoivent les égouts durant les chaleurs prolongées de l'été, les énormes quantités d'eau consommées par l'arrosage de la voie publique se perdant presque toutes par l'évaporation.

La commission pense que l'on ne saurait tenter d'apporter à la situation présente un remède prompt et efficace, et que cette situation n'éprouvera d'amélioration sérieuse que par l'effet de pluies un peu abondantes, et par une petite crue de la Seine. Il lui paraît impossible d'organiser les dragages avec une activité suffisante pour enlever, dans un court délai, les dépôts fermentescibles qui tapissent le fond de la rivière en aval des égouts collecteurs. Leur volume est beaucoup trop considérable; leur mise en mouvement et surtout leur dépôt sur les berges, donneraient lieu à des foyers d'infection bien autrement dangereux que ceux qui existent. Il faut choisir des lieux de dépôt convenables, de manière à noyer les matières draguées presque entièrement sous l'eau, et on ne trouve à remplir cette condition que dans des limites restreintes. Il semble donc opportun de laisser à la prudence des ingénieurs le soin de développer les dragages dans la mesure qu'ils jugeront sans danger. Mais il importe qu'à l'avenir les crédits nécessaires soient régulièrement ouverts par l'Administration municipale, afin que les travaux de dragages puissent être exécutés d'une manière complète en dehors de la saison des grandes chaleurs.

Quant à l'écoulement plus rapide des eaux impures, qu'on voudrait obtenir par l'abaissement des barrages de navigation, ainsi que l'idée en a été exprimée, ce moyen doit être repoussé absolument : car, indépendamment du préjudice qu'en éprouverait la navigation, il aurait l'inconvénient de mettre à découvert, le long des rives, des portions du lit actuellement couvertes de vases qui entreraient immédiatement en fermentation.

En résumé, la commission a exprimé l'avis qu'en attendant que des moyens efficaces soient appliqués par la ville de Paris pour remédier aux inconvénients du versement en Seine des eaux d'égout, il y a lieu de prendre les mesures provisoires suivantes :

1° Assurer l'enlèvement complet des dépôts vaseux dans le lit de la rivière par des dragages exécutés en saison convenable, en faisant connaître à l'ingénieur en chef de la Navigation, dès le commencement de l'année, le crédit total qui sera mis à sa disposition, et qui paraît ne pas devoir être inférieur à 200 000 francs;

2° Continuer les dragages en cours d'exécution avec le degré d'activité qu'ils comportent, durant les chaleurs, sans donner lieu à des inconvénients pour la salubrité publique, et enlever immédiatement les matières qui forment des amas d'écume à la surface de l'eau en aval des bouches des égouts collecteurs.

J'approuve de tous les points les propositions de la commission, et je vous prie de donner des instructions dans ce sens à MM. les ingénieurs de la Navigation et du Service municipal.

J'appelle votre attention toute particulière, Monsieur le Préfet, sur cette question qui préoccupe très sérieusement le Gouvernement. Je ne saurais trop vous recommander de ne négliger aucune mesure qui puisse donner satisfaction aux plaintes très fondées dont l'Administration est saisie.

Recevez, Monsieur le Préfet, l'assurance de ma considération la plus distinguée.

Le Ministre des Travaux publics,

PLICHON.

Cette lettre, dont la sagesse et la modération n'échapperont à personne, pose très nettement la question ; en attendant une solution plus complète, la ville de Paris doit atténuer le mal dans la limite du possible, c'est-à-dire enlever les atterrissements au fur et à mesure qu'ils se forment dans le fleuve au débouché des égouts. Nous allons examiner s'il y a autre chose à faire, notamment s'il est possible d'utiliser les eaux d'égout au profit de l'agriculture.

Les inconvénients dont se plaignent les riverains sont très réels, on ne saurait le nier ; mais néanmoins ils n'augmenteront pas l'insalubrité générale de la contrée.

Il faut qu'il en soit de même des procédés qu'on veut substituer à l'ancien système : avant de dériver les eaux d'égout pour les employer à un usage quelconque, il faut qu'il soit bien établi que cette dérivation n'aura aucun effet fâcheux sur la salubrité générale du pays. Or, c'est ce qui n'est pas encore démontré.

On cite toujours l'exemple de l'Angleterre et de la Belgique. En réalité, il n'y a encore rien de fait dans ces deux pays ; les expériences de Gennevilliers, dont il sera question ci-dessous, sont beaucoup plus décisives. A Londres, à la vérité, une grande compagnie s'est constituée pour exploiter l'eau des collecteurs. Mais jusqu'ici, après avoir dépensé une somme assez forte, elle n'a rien fait absolument que de mettre en culture, au moyen des eaux d'égout, une ferme d'une centaine d'hectares. Les eaux d'égout de Croydon, d'Édimbourg, etc., sont répandues sur des surfaces moindres encore. A Bruxelles, on attend le résultat des essais de Paris. Jusqu'ici, donc, on est fort embarrassé partout; les ingénieurs de Londres, que nous avons consultés, nous ont déclaré qu'ils ne croyaient pas au succès de la grande compagnie. Dans l'état actuel des choses, aucun homme spécial n'oserait émettre une opinion sur le résultat probable, au point de vue de la salubrité, d'une opération qui consistera à répandre et à exposer, à l'effet de la radiation solaire, 500 000 mètres cubes d'eau d'égout sur une surface de quelques milliers d'hectares de terre.

La grande compagnie de Londres a été accueillie favorablement; cela se conçoit sans peine; elle agit *à ses risques et périls, et ne demande aucune subvention*. On va voir, au contraire, que tous les projets d'utilisation des eaux des égouts de Paris entraînent la Ville dans de grandes dépenses.

Depuis plusieurs années, l'Administration municipale fait des essais sur les deux rives de la Seine, sur le territoire de Clichy et de Gennevilliers.

En outre, un ingénieur des mines, M. de Freycinet, a adressé le 1ᵉʳ août 1869 une demande de concession des eaux des égouts, au nom d'une compagnie dont il est le représentant.

Nous avons discuté les propositions de cet ingénieur dans un mémoire du 11 avril 1870, et nous avons dû les repousser malgré leur mérite très réel; aujourd'hui il n'y a même plus lieu de les examiner. M. de Freycinet demande une subvention annuelle de 4 300 000 francs pendant cinquante ans. L'état des finances de la Ville ne permet pas certainement l'inscription d'une pareille somme à son budget.

Propositions de l'ingénieur en chef Mille. Historique. — Les propositions de M. l'ingénieur Mille ont été discutées, pour la première fois, en 1865, devant une commission dont nous faisions partie; nous exprimâmes l'avis que jamais les eaux d'égout ne seraient acceptées par l'agriculture, qu'elles étaient trop peu riches, qu'elles ne pourraient entrer en concurrence avec les boues et les fumiers de Paris, qu'on ferait beaucoup de dépenses pour arriver à un échec [1]. Beaucoup de bons esprits se rallièrent alors à cette opinion.

M. le Préfet de la Seine nous proposa de nous charger de la direction des travaux ; nous refusâmes en lui disant que nous ne croyions pas au succès, et qu'il nous paraissait beaucoup plus convenable de les confier à M. Mille qui avait la foi.

Les premières tentatives, faites sur la rive droite de la Seine, n'ont pas été heureuses suivant nous, et n'ont rien démontré ; mais l'essai fait sur une plus grande échelle à Gennevilliers a été, au contraire, une démonstration complète : 5 hectares de terres arides, composées de gravier recouvert d'une mince couche de limon rouge, ont été achetés et livrés à la culture maraîchère. Cette terre ingrate a été partagée entre les cultivateurs des environs qui, sans employer d'autres engrais que les eaux d'égout, en ont tiré des produits énormes. Nous avons pu apprécier, comme tout le monde, ces premiers résultats. En 1869, la culture libre, gagnée par l'exemple, a pris part à la distribution d'eau. Des champs de betteraves et de pommes de terre ont été fumés et arrosés avec l'eau des égouts, et nous avons constaté que, malgré la sécheresse et la chaleur continue de l'été dernier, ces légumes avaient pris un développement considérable, qu'ils dépassaient de beaucoup les dimensions qu'ils atteignent dans les meilleures terres et dans les années les plus favorables, tandis que les champs voisins, quoique bien fumés, n'ont donné que des produits très médiocres.

Il est donc déjà démontré que les eaux d'égout pourront être très utilement employées dans les terres perméables et arides comme les caps de graviers des anciens lits des fleuves, et qu'elles seront acceptées par les cultivateurs, non seulement parce qu'elles portent un engrais avec elles, mais encore parce

---

[1] Rapport du 25 mars 1865.

qu'elles entretiennent la fraîcheur dont les terrains de cette
nature sont privés en été, et sans laquelle ils sont stériles,
quelle que soit d'ailleurs l'abondance de la fumure.

C'est un premier point acquis.

Les expériences de M. Mille ont vérifié un autre fait que nous
avions signalé dans notre rapport du 25 mars 1865. Nous
disions qu'avec mille hectares de terrain de la plaine sablonneuse de Pierrelaye, on absorberait toutes les eaux d'égout qui
ne seraient pas utilement employées. Les essais de Gennevilliers
prouvent que les deux mille hectares du cap de graviers de
cette localité donneraient les mêmes résultats ; ces graviers ne
sont pas moins perméables que les sablons de Pierrelaye.

MM. Mille et Durand-Claye ont donc résolu déjà une partie du
problème ; ils savent qu'en s'adressant à la culture libre, ils
auront des clients nombreux, et ils peuvent donner la mesure
de la surface de terrain qui leur est nécessaire.

Tel était l'état de la question lorsqu'en 1869 le Ministre des
Travaux publics ordonna des conférences entre les ingénieurs de
la Navigation et ceux du Service municipal pour examiner les
moyens de porter remède à l'état de la Seine. Les procès-verbaux
de ces conférences furent soumis au Conseil des ponts et chaussées dont l'avis se trouve formulé dans la lettre suivante :

Paris, le 30 juillet 1870.

Monsieur le Préfet, j'ai soumis à l'examen du Conseil général des ponts et
chaussées les dossiers que vous m'avez adressés le 13 janvier et le 15 juin derniers,
concernant : 1° les procès-verbaux des conférences tenues entre les ingénieurs de la
Navigation et ceux du Service municipal, en vue de rechercher les mesures à prendre
pour faire cesser l'insalubrité résultant de l'écoulement des eaux d'égout de Paris
dans la Seine à Clichy et à Saint-Denis ; 2° les études faites par les ingénieurs du
Service municipal sur l'assainissement de Paris.

Le Conseil, après un examen très approfondi des questions traitées par les ingénieurs et des projets présentés, a exprimé l'avis suivant :

1° L'écoulement en Seine des collecteurs de Clichy et de Saint-Denis a, au point de vue de la salubrité, des inconvénients auxquels la ville de Paris est tenue de remédier.

2° En attendant qu'on ait pris des mesures plus efficaces, il est nécessaire que la Ville fasse des dragages plus fréquents et plus complets aux points où les eaux d'égout déterminent des dépôts dans la Seine, et y consacre des crédits réguliers et suffisants.

Par lettre de ce jour[1], je vous adresse à cet égard des instructions plus détaillées.

3° Les expériences faites à Gennevilliers ayant donné des résultats satisfaisants au point de vue de la désinfection des eaux d'égout, par leur application à l'irrigation et par l'épuration au sulfate d'alumine, et ces résultats étant tels que s'ils étaient reconnus d'une efficacité durable, ils dispenseraient de jeter directement dans la Seine les eaux impures des égouts, il convient de conseiller à l'Administration municipale de continuer ces expériences en les développant.

4° Il y a lieu de lui proposer, dans ce but, de soumettre à l'enquête[2] l'avant-projet dressé par M. l'ingénieur en chef Mille et par M. l'ingénieur ordinaire Durand-Claye.

Cette enquête aurait lieu dans la forme prescrite par l'ordonnance du 18 février 1854; il conviendrait de déposer les plans essentiels et le mémoire à l'appui dans les communes intéressées, dont les Conseils municipaux devront être appelés à en délibérer.

J'approuve de tous points l'avis du Conseil, et je vous prie, Monsieur le Préfet, de faire connaître ma décision à MM. les ingénieurs des services intéressés.

Ci-joint les pièces.

Recevez, etc.

Le Ministre des Travaux publics,

Plichon.

Les événements qui se sont accomplis depuis l'époque où cette lettre a été écrite ont fait négliger l'affaire de Gennevilliers : cela se comprend sans peine; aucune mesure n'a été prise depuis cette époque par l'Administration municipale. MM. Mille et Durand-Claye, qui jusqu'alors étaient restés en quelque sorte indépendants des autres services municipaux, ont demandé à rentrer dans notre direction; nous avons appuyé cette demande, qui a été adoptée par M. Jules Ferry.

D'après le projet dont il est question dans la lettre qui pré-

---

[1] Voir la lettre ministérielle qui précède.

[2] Cette enquête n'a pas eu lieu ; nous pensons, avec MM. Mille et Durand-Claye, qu'elle n'est pas nécessaire.

cède, un aqueduc de dérivation conduisait les eaux des collecteurs généraux à une usine qui les refoulait à un niveau convenable pour arroser toute la plaine de Gennevilliers sur laquelle elles étaient réparties par un canal. L'estimation des dépenses montait à la somme totale de 10 millions de francs.

Savoir :

Collecteur de dérivation d'Asnières. . . .	1 000 000 fr.
— — de Saint-Denis. . .	1 400 000
Pont-canal ou siphon	600 000
Usine.	1 500 000
Indemnités de terrains.	400 000
Canal et dépendances.	2 800 000
Imprévu, etc.	2 300 000
Total.	10 000 000 fr.

Nouvel avant-projet proposé et première dépense à faire. — Depuis que le service de MM. Mille et Durand-Claye est rattaché à notre direction, nous avons examiné, avec ces ingénieurs, leur avant-projet, et il a été reconnu que les dépenses pouvaient être notablement réduites. Ainsi, les eaux du collecteur général de Saint-Denis peuvent être conduites par l'action seule de la gravité depuis la porte de la Chapelle jusqu'au pont de Saint-Ouen, et de là dans la plaine de Gennevilliers; on économise donc la plus grande partie des dépenses du collecteur de dérivation, et, de plus, les frais d'installation des machines et le charbon. Le canal et ses dépendances peuvent aussi être établis plus économiquement, et, en somme, l'estimation des dépenses serait aujourd'hui fixée ainsi qu'il suit :

Dérivation du collecteur de Saint-Denis. .	400 000 fr.
Dérivation du collecteur d'Asnières et éta-	
A reporter. . .	400 000 fr.

	Report. . .	400 000 fr.
blissement d'une partie de l'usine de refoulement.		600 000
Pont-canal ou siphon, supprimés. . . .		» »
Reste de l'usine à établir.		1 125 000
Indemnités de terrains, canal et dépendances		1 500 000
Somme à valoir pour cas imprévus. . . .		1 375 000
	Total. . . .	5 000 000 fr.

Les premiers travaux à faire pour développer l'expérience de Gennevilliers comprennent d'abord la construction de l'égout de dérivation du collecteur de Saint-Denis, qui, partant de la porte de la Chapelle, se développe vers la Seine du côté du pont de Saint-Ouen, sur lequel il passe en se dirigeant vers le centre de la plaine de Gennevilliers. Cet égout est estimé, comme on vient de le voir. . . . . 400 000 fr.

Il dérive par la simple action de la gravité, et sans aucune dépense en machines et en charbon, la totalité de l'eau du collecteur. Mais ce volume d'eau ne suffirait pas pour satisfaire à toutes les demandes qui nous sont adressées. Il faut donc construire l'aqueduc de dérivation du collecteur général d'Asnières, et une partie de l'usine qui doit refouler l'eau de cette dérivation sur la plaine de Gennevilliers, en la faisant passer sur le pont de Clichy dans deux conduites de $1^m,10$ de diamètre; cette seconde partie de la dépense est évaluée à. . . . . 600 000 fr.

De telle sorte que les premières dépenses à faire ne dépasseront pas. 1 000 000 fr.

Ainsi, on dérivera complètement les eaux du collecteur de Saint-Denis, dont le volume moyen est porté ci-dessus à $0^{mc},509$ par seconde ou, par 24 heures, à. . . . . $44 000^{mc}$

A reporter. . . . . $44 000^{mc}$

Report. . . .   44 000^{m³}

une seule machine de 150 chevaux aspirera une partie des eaux du collecteur d'Asnières, estimée à 500 litres par seconde, ou par 24 heures à. . .   43 000

En résumé, avec cette dépense de 1 000 000 fr. on répandra sur la plaine de Gennevilliers un volume d'eau d'égout de. . . . .   87 000^{m³} c'est-à-dire exactement le tiers du débit moyen des deux collecteurs réunis, évalué ci-dessus à. . . . . .   262 000^{m³}

C'est donc une très grande expérience de l'emploi des eaux d'égout sur la plaine de Gennevilliers qu'on se propose d'entreprendre, et nous avons la certitude qu'on réussira, car les profits qui résultent de l'emploi des eaux d'égout par les cultivateurs sont tels que les demandes arrivent de tous côtés.

Avec une dépense relativement très faible, si on la compare à celle demandée par M. de Freycinet, le Service des eaux et des égouts peut donc faire une expérience décisive sur la plaine de Gennevilliers, et si elle réussit, comme on en a aujourd'hui presque la certitude, on pourra avant peu d'années débarrasser la Seine des déjections des égouts, et ce grand résultat sera obtenu avec une dépense première de 5 millions de francs et une dépense annuelle d'exploitation qui, suivant nous, ne doit pas dépasser 1 million de francs.

Nous devons faire remarquer que le système d'emploi des eaux d'égout fera disparaître des dépenses assez importantes qui chargent le budget d'entretien. Ainsi, les ingénieurs estiment que, pour entretenir convenablement la Seine au débouché des collecteurs généraux, il faut dépenser annuellement. . . . .   200 000 fr.

La suppression de la voirie de Bondy fait disparaître le Dépotoir, qui coûte. 180 000

et la surveillance des vidanges, qui coûte. . . .   260 000

Total. . . . . .   640 000 fr.

L'exploitation des eaux d'égout coûtant annuellement. . . . .   1 000 000 fr.
l'augmentation de dépense n'est en réalité que
de . . . .   360 000 fr.

QUATRIÈME PARTIE

VOIES ET MOYENS

L'ensemble des opérations décrites dans ce mémoire, si l'on ne l'envisage qu'au point de vue financier, se décompose ainsi :

Recettes. — Taxe des tinettes-filtres donnant lieu, pendant onze ans, à un accroissement de recettes de 450 000 francs, soit à l'expiration de la onzième année, à une recette totale annuelle de. . . . .   5 000 000 fr.

Dépenses. — Achèvement de la portion immédiatement utile des égouts. . . . .   40 000 000 fr.
Travaux de la plaine de Gennevilliers. . .   5 000 000
Total . . . . .   45 000 000 fr.

Cette dépense doit être effectuée en quinze ans, ce qui donne une moyenne annuelle de 3 millions de francs de travaux.

Cette charge se trouve diminuée de 400 000 francs par an, somme inscrite au budget ordinaire pour constructions d'égouts.

Il est évident qu'à la rigueur ces travaux pourraient être exécutés en quinze ans sans rien demander à l'emprunt, et uniquement au moyen des recettes des tinettes-filtres et de la somme inscrite au budget ordinaire, et même cette dernière somme ne serait nécessaire que pendant neuf années.

En effet, la somme des onze premiers termes de la progression arithmétique des recettes des tinettes-filtres est donnée par l'expression $450\,000 \times 66 = \quad$ 29 700 000 fr.

Ajoutant :

2 années de 5 000 000 fr. de recettes. . . 10 000 000

Somme inscrite au budget ordinaire pendant neuf ans. 5 600 000

Et un complément pour la quinzième année de. 1 700 000

On trouve un total de. . . . . 45 000 000 fr.

qu'on obtiendrait sans aggraver les charges du budget.

Mais le tableau (Annexe n° V, page 577) prouve que le mode d'exécution des travaux ne serait pas rationnel.

Ce système, très logique en apparence, a l'inconvénient d'ajourner aux dernières années des travaux d'assainissement dont l'urgence n'est douteuse pour personne, d'aggraver considérablement, pendant ces dernières années, les difficultés de la circulation, puisque l'on construirait alors non pas 1/9, mais 1/15 de la longueur des égouts, et enfin de retarder le développement de l'expérience de Gennevilliers, qui ne pourrait être entreprise qu'à partir de 1875; on découragerait ainsi les cultivateurs, qui sont aujourd'hui si bien disposés à soutenir l'Administration.

Nous croyons qu'il convient d'ajouter, pendant les premières années, aux ressources qui figurent au tableau (Annexe n° V, page 577), le produit d'un emprunt dont les versements auraient lieu d'année en année, de manière à porter à une somme fixe de 5 millions de francs le montant annuel des travaux. Le remboursement de cet emprunt serait fait au moyen des excédents de recettes des dernières années; c'est ce qui résulte du tableau (Annexe n° VI, page 579). Nous avons supposé que le taux des intérêts annuels serait de 5 pour 100; il est possible qu'il soit plus élevé; mais cela ne change rien à notre démonstration. Il faudra, s'il en est ainsi, augmenter la somme complémentaire qui figure aux recettes de la dernière année.

Dans ce second système, la dépense est augmentée de 5 665 000 francs, environ d'un dixième; mais le crédit appliqué chaque année à l'exécution des travaux est uniformément de 3 millions de francs, somme suffisante pour construire les égouts dont l'ajournement ne peut être admis, et développer immédiatement la distribution d'eau d'égout sur la plaine de Gennevilliers.

L'emprunt nécessaire pour mettre ce système en pratique est, en nombre rond, de 11 millions de francs. Cette somme pourrait être divisée en 11 000 obligations de 1000 francs, dont on se bornerait à payer les intérêts jusqu'en 1879, par prélèvement sur les recettes de la taxe des tinettes-filtres. A partir de 1880, l'amortissement commencerait à fonctionner et marcherait rapidement, le montant des recettes dépassant de beaucoup la somme de 3 millions de francs nécessaire pour exécuter les travaux.

Le tableau fait voir aussi qu'en 1887 l'accroissement de recettes applicable aux dépenses ordinaires de la Ville sera de. . . . . 2 655 000 fr.
et que, dans les années suivantes, cet accroissement sera de. . . . . 5 000 000 fr.
ou, en d'autres termes, que le produit de la taxe des tinettes-filtres deviendra complètement libre.

RÉSUMÉ ET CONCLUSIONS

En réalité, quoiqu'il n'y ait aucune connexité entre la vidange
à l'égout et l'emploi des eaux d'égout, on voit cependant que
ce mode de vidange est la base de tout le système d'amélioration décrit ci-dessus. Si on ne l'applique pas rigoureusement, il
faut renoncer pour longtemps à l'achèvement du réseau des
égouts, et conserver à perpétuité la vidange ordinaire et la
voirie de Bondy; les maisons des ouvriers de Paris resteront des
foyers d'émanations fétides; il n'y aura aucun moyen de rendre à l'agriculture les matières fertilisantes qui, aujourd'hui,
souillent les eaux de la Seine; il faudra suspendre les essais de
Gennevilliers ou les restreindre à une échelle où ils seront privés de toute signification.

Nous demandons en conséquence que ce Mémoire soit examiné
par une commission de membres du Conseil municipal.

Les propositions qui seront soumises à cette commission
seront les suivantes :

1° Établissement de la vidange à l'égout et remplacement
des fosses fixes et mobiles par des appareils diviseurs connus
sous le nom de tinettes-filtres. La conséquence de cette première
mesure est la suppression de la vidange ordinaire, de la voirie
de Bondy (voir la note aux Annexes, n° VII, page 381), et la
possibilité d'assainir les maisons d'ouvriers;

2° Essais de vidange complète à l'égout, c'est-à-dire remplacement des fosses fixes et mobiles par de simples tuyaux condui-
sant à l'égout la totalité des matières solides et liquides, et,

par suite, suppression des frais de location des tinettes-filtres et d'enlèvement des solides qu'elles renferment ;

3° Établissement d'une taxe de 30 francs par tuyau de chute débouchant dans une tinette-filtre, et 50 francs par tuyau de chute débouchant directement à l'égout ;

4° Application du produit de cette taxe à l'achèvement du réseau des égouts et au développement de l'emploi des eaux d'égout au profit de l'agriculture.

L'établissement des taxes et l'emprunt devront être autorisés par une loi.

I.   APPAREILS SUR RÉSERVOIRS, 1869. (UN RÉSERVOIR DANS CHAQUE MAISON.)

LOCALITÉS	NOMBRE		CUBATURE		VIDANGES ANNUELLES		FRAIS DE VIDANGE							RAPPORTS des deux chiffres de dépense	RAPPORTS du volume des solides au volume total de la vidange
						ACTUELS				AVEC TINETTES-FILTRES et coulage à l'égout.				
	des appareils	d'enlèvements annuels	des appareils	des réservoirs	solides	liquides	Location des tinettes à 20 fr.	Enlèvement des solides à 1 fr. 50 c.	Coulage des liquides à 6 fr. 25 c.	DÉPENSE TOTALE	Taxe à 50 fr. par chute	Location des tinettes et enlèvement des solides	DÉPENSE TOTALE		
1	2	3	4	5	6	7	8	9	10	11	12	13	14	15	16
			m. c.	m. c.	m. c.	m. c.	fr. c.	fr. c.	fr. c.	fr. c.	fr. c.	fr. c.	fr. c.		
Rue de Bièvre, n° 25 (5e arrondissement)	2	24	0,090	4,100	2,160	8,200	40,00	56,00	31,25	127,25	60,00	76,00	136,00	1,07	0,208
Boulev. de l'Hôpital, n° 169 (13e arrondissement) . . .	1	16	0,090	2,000	1,440	3,000	20,00	24,00	18,75	62,75	50,00	44,00	74,00	1,18	0,324
Rue Grenéta, n° 60 (2e arr.ondissement).	1	12	0,090	7,500	1,080	10,000	20,00	18,00	62,50	100,50	50,00	58,00	68,00	0,68	0,097
Rue du Faubourg-Saint-Antoine, n° 89 (11e arrond¹).	1	12	0,090	2,050	1,080	3,000	20,00	18,00	18,75	56,75	50,00	58,00	68,00	1,05	0,265
												Moyenne des rapports. .		0,99	0,192

24

II. SUBSTITUTION DE LA VIDANGE A L'ÉGOUT A LA VIDANGE ORDINAIRE PAR LA POMPE ET LA TONNE.

LOCALITÉS	NOMBRE		VIDANGE ORDINAIRE				Par habitant		VIDANGE A L'ÉGOUT AVEC LES PRIX ACTUELS (TINETTES)							RAPPORT des nombres des colonnes 16 et 7	VIDANGE A L'ÉGOUT généralisée			RAPPORT des nombres des colonnes 20 et 7
	d'habitants	de fosses	Cube des fosses	Nombre d'années	Cube de matières enlevées par an	Frais de vidange à 8 fr. le m. c.	Quantité de matières	Frais de vidange	Nombre présumé de chutes	Cube présumé des solides	Nombre d'enlèvements	Taxe	Location des tinettes	Enlèvement des solides	Dépense totale		Taxe municipale	Location et enlèvement à 10 francs par m. c.	Dépense totale	
1	2	3	4	5	6	7	8	9	10	11	12	13	14	15	16	17	18	19	20	21
			m. c.		m. c.	fr. c.	m. c.	fr. c.		m. c.		fr. c.	fr. c.	fr. c.	fr. c.		fr. c.	fr. c.	fr. c.	
Aven. de Clichy, nº 109.	»	2	»	5	15,6	124,80	»	»	4	5,1	51	120,00	80,00	46,50	246,50	1,97	120,00	51,00	151,00	1,21
Rue de Sèvres, nº 165. .	107	5	58,99	4	58,9	471.20	0,550	4,40	6	11,8	118	180,00	120,00	177,00	477,00	1,01	180,00	118,00	298,00	0,63
Rue Saint-Maur, nº 12.	70	1	15,00	5	12,0	96,00	0,171	1,37	2	2,4	24	60,00	40,00	56,00	156,00	1,42	60,00	24,00	84,00	0,87
Rue Mouffetard, nº 108.	45	5	69,25	9	14,0	112,00	0,511	2,71	5	2,8	28	90,00	60,00	42,00	192,00	1,71	90,00	28,00	118,00	1,05
Moyennes des rapports																1,55				0,94

PROJET DE LOI.

Article premier. — La ville de Paris est autorisée à interdire, en totalité ou en partie, l'extraction des matières fécales des fosses au moyen de tout système fonctionnant sur la voie publique, et leur transport aux voiries publiques ou privées ; à remplacer ce mode de vidange par la vidange continue à l'égout, et à ordonner la suppression des fosses fixes.

Art. 2. — Le Préfet de la Seine, agissant comme Maire de Paris, désignera tous les ans, par un arrêté, les propriétés auxquelles ces mesures seront appliquées, et indiquera le délai passé lequel la vidange ordinaire sera interdite.

Art. 3. — La ville de Paris est autorisée à appliquer d'une manière définitive la vidange complète à l'égout à certaines maisons, dont le nombre ne pourra dépasser 2000.

Art. 4. — En compensation de l'avantage résultant de la suppression de la vidange ordinaire, et pour subvenir à l'augmentation de dépense mise par le nouveau mode de vidange à la charge de la ville de Paris, l'Administration de cette ville est autorisée à percevoir, par tuyau de chute, une taxe annuelle de 30 francs pour la vidange réduite aux liquides, et de 50 francs pour la vidange complète.

Art. 5. — Pour faciliter l'écoulement des matières fécales à l'égout, l'abonnement aux eaux de la Ville est rendu obligatoire.

Art. 6. — L'Administration municipale prendra les mesures réglementaires nécessaires pour l'exécution de la présente loi.

Les contraventions seront constatées par des procès-verbaux qui seront déférés aux tribunaux, et donneront lieu à une amende de 50 francs à 500 francs de mois en mois, tant que le contrevenant ne se sera pas conformé à la loi et au règlement.

IV

Le Préfet de la Seine,

Arrête :

Écoulement des eaux-vannes à l'égout. — Article premier. — Les propriétaires de maisons renfermées dans l'enceinte de Paris feront écouler les eaux-vannes de leurs fosses d'aisances dans les égouts.

A cet effet, un arrêté préfectoral désignera tous les ans les maisons auxquelles cette mesure sera appliquée. Cet arrêté sera notifié aux propriétaires avant le 1er mars.

Dans un délai de trois mois à partir de cette notification, chacune de ces propriétés devra être pourvue d'un branchement d'égout et d'un abonnement aux eaux de la Ville.

Vidange complète à l'égout. — Art. 2. — Les propriétaires qui seront autorisés à faire la vidange complète à l'égout, prolongeront leurs tuyaux de chute jusqu'à leur branchement d'égout.

Les tuyaux formant le prolongement seront en fonte; ils auront $0^m,20$ de diamètre et $0^m,011$ d'épaisseur de paroi, et seront assemblés par des bagues avec joints en plomb conformes aux modèles de la Ville. Ces dispositions sont de rigueur depuis le plus bas cabinet desservi par le tuyau de chute jusqu'à l'égout public.

La pente du tuyau, depuis l'extrémité de la chute jusqu'audit égout, sera de $0^m,03$ par mètre au moins.

Les travaux seront exécutés dans l'intérieur de la maison par le propriétaire, et sur la voie publique par l'entrepreneur de la Ville, sous la direction des ingénieurs du Service municipal.

Chaque cabinet sera pourvu de l'eau nécessaire pour assurer le rapide écoulement des matières à l'égout.

Vidange des eaux-vannes à l'égout. — ART. 5. — La vidange à l'égout, réduite aux eaux-vannes, aura lieu aux conditions suivantes :

Le branchement d'égout pourra être prolongé jusqu'au caveau renfermant les appareils de vidange, pour servir, si on le juge à propos, à l'enlèvement souterrain de ces appareils. Dans ce cas, le branchement sera fermé, à l'aplomb du mur de face, au moyen d'une grille verticale à deux clefs dissemblables. dont une, établie sur le modèle arrêté par l'Administration, sera remise au Service des égouts, l'autre demeurant aux mains du propriétaire. Cette grille ne sera pas exigible dans le cas où le caveau et le branchement y aboutissant seront sans communication avec l'intérieur de la propriété.

Les eaux-vannes devront être séparées des solides au moyen d'appareils diviseurs d'un modèle accepté par l'Administration. Les entrepreneurs chargés de la fourniture et de l'entretien de ces appareils seront exclusivement choisis parmi les entrepreneurs de vidange en exercice à Paris.

Les appareils diviseurs seront établis dans un caveau convenablement ventilé, et dont le sol aura été rendu imperméable et disposé en forme de cuvette.

Chaque chute de cabinet d'aisances sera pourvue d'un appareil diviseur mobile.

Les eaux-vannes s'écouleront à part dans l'égout par une conduite en fonte, établie suivant les instructions du Service des eaux et des égouts.

Les eaux pluviales, ménagères et industrielles, ne pourront être directement envoyées dans les appareils filtrants.

Les fosses fixes, rendues inutiles par suite de l'installation des appareils diviseurs, seront comblées ou converties en caves.

Dispositions générales. — ART. 4. — Les dispositions qui précèdent et toutes celles que l'Administration jugerait utile de prescrire, seront exécutées aux frais, risques et périls du propriétaire, d'après les instructions des agents du Service des eaux et des égouts, et sans qu'il puisse être mis empêchement au contrôle de ces agents, sous quelque prétexte que ce soit.

Taxe. — ART. 5. — Conformément à la loi en date du . . . . . . , le propriétaire payera une redevance annuelle fixée par tuyau de chute :

1° A 50 francs pour la vidange réduite aux liquides ;
2° A 50 francs pour la vidange complète à l'égout.

Le nombre des tuyaux de chute sera compté au-dessous de l'étage du plus bas cabinet d'aisances de la maison.

V

ANNÉES	PRODUIT de la taxe des tinettes	SOMME inscrite au budget ordinaire	MONTANT des travaux annuels	TRAVAUX cumulés	OBSERVATIONS
1	2	3	4	5	6
	fr.	fr.	fr.	fr.	
1872	»	400 000	400 000	400 000	
1873	450 000	400 000	850 000	1 250 000	
1874	900 000	400 000	1 300 000	2 550 000	
1875	1 350 000	400 000	1 750 000	4 300 000	
1876	1 800 000	400 000	2 200 000	6 500 000	
1877	2 250 000	400 000	2 650 000	9 150 000	
1878	2 700 000	400 000	3 100 000	12 250 000	
1879	3 150 000	400 000	3 550 000	15 800 000	
1880	3 600 000	400 000	4 000 000	19 800 000	
1881	4 050 000	»	4 050 000	23 850 000	A partir de 1881, le budget ordinaire serait diminué de 400 000 francs.
1882	4 500 000	»	4 500 000	28 350 000	
1883	4 950 000	»	4 950 000	33 300 000	
1884	5 000 000	»	5 000 000	38 300 000	
1885	5 000 000	»	5 000 000	43 300 000	
1886	1 700 000	»	1 700 000	45 000 000	
Totaux .	41 400 000	3 600 000	45 000 000		

VI

ANNÉES	RECETTES			DÉPENSES			
	EMPRUNTS		Produit de la taxe des tinettes et crédit des égouts cumulés	PARTAGE DES SOMMES DE LA COLONNE 4			Travaux cumulés 3 000 000 par an
	annuels	cumulés		intérêts	amortissement	travaux	
1	2	3	4	5	6	7	8
	fr.	fr.	fr.	fr.	fr.	fr.	fr.
1872	2 600 000	2 600 000	400 000	»	»	400 000	3 000 000
1873	2 280 000	4 880 000	850 000	130 000	»	720 000	6 000 000
1874	1 944 000	6 824 000	1 300 000	244 000	»	1 056 000	9 000 000
1875	1 591 000	8 415 000	1 750 000	341 000	»	1 409 000	12 000 000
1876	1 221 000	9 636 000	2 200 000	421 000	»	1 779 000	15 000 000
1877	832 000	10 468 000	2 650 000	482 000	»	2 168 000	18 000 000
1878	423 000	10 891 000	3 100 000	523 000	»	2 577 000	21 000 000
1879	»	10 886 000	3 550 000	545 000	5 000	3 000 000	24 000 000
1880	»	10 430 000	4 000 000	544 000	456 000	3 000 000	27 000 000
1881	»	9 902 000	4 050 000	522 000	528 000	3 000 000	30 000 000
1882	»	8 897 000	4 500 000	495 000	1 005 000	3 000 000	33 000 000
1883	»	7 392 000	4 950 000	445 000	1 505 000	3 000 000	36 000 000
1884	»	5 762 000	5 000 000	370 000	1 630 000	3 000 000	39 000 000
1885	»	4 050 000	5 000 000	288 000	1 712 000	3 000 000	42 000 000
1886	»	2 253 000	5 000 000	203 000	1 797 000	3 000 000	45 000 000
1887	»	»	2 365 000	112 000	2 253 000	»	»
	Totaux		50 665 000	5 665 000	10 891 000	34 109 000	

V

NOTE

—

EXPLOITATION DE LA VOIRIE DE BONDY.

La vidange à l'égout, nous l'avons démontré, supprimera la voirie de Bondy; mais, pour que l'opération soit complète, il faudra que les égouts soient construits, ce qui exigera un délai de 15 ans. Pendant tout ce temps, si l'Administration n'y mettait ordre, la Voirie continuerait à infecter l'atmosphère à 4 ou 5 kilomètres à la ronde, ce qui serait intolérable.

En 1865, nous avons formulé le programme du perfectionnement à introduire dans la voirie de Bondy, et depuis cette époque tous les appareils indiqués dans ce programme ont été expérimentés avec plein succès à la voirie du Point-du-Jour par la Compagnie Lesage, sous la direction des ingénieurs du Service municipal.

L'action de la voirie de Bondy sur l'atmosphère tient à l'étendue des bassins qui reçoivent les matières fécales. Ces bassins ont huit hectares de superficie, et les matières y restent exposées à l'air pendant trois ans au moins, avant d'être converties en poudrette. Durant tout ce temps, la fermentation et l'évaporation, activées par la radiation solaire, jettent dans l'air des torrents de vapeurs fétides, et cette production est trop abondante pour que le mélange avec la masse de l'atmosphère en détruise l'odeur.

D'après notre programme et les expériences du Point-du-Jour, les matières seront reçues dans des bassins clos et couverts; les liquides, formant les $\frac{8}{10}$ du cube total, seront décantés au bout de 24 heures et renvoyés en Seine après avoir passé par la fabrique d'ammoniaque; un autre dixième sera obtenu par une décantation un peu plus longue et sera traité de même. Enfin les matières pâteuses, formant le dernier dixième, seront, après un court séjour, extraites des bassins pour être converties en poudrette. Tous les gaz produits seront brûlés dans les foyers des générateurs de vapeur de la fabrique d'ammoniaque. En réalité, la voirie de Bondy sera convertie en un simple établissement insalubre ordinaire, et sentira moins mauvais qu'une fonderie de suif, une fabrique de noir animal, etc., dont l'odeur devient insensible à quelques centaines de mètres de distance.

Tel est l'état de transition proposé et qui sera imposé au nouveau fermier de la voirie de Bondy, lorsque le projet de bail que nous avons transmis à l'Administration aura reçu son exécution.

La commission du Conseil municipal à laquelle ce projet a été soumis s'est beaucoup préoccupée de la reprise du stock des matières de Bondy par le nouveau fermier; elle trouve que l'estimation de ces matières ne laisse pas à ce fermier une marge de bénéfices suffisante; cela est incontestable, et c'est jusqu'ici cette raison qui a empêché de procéder à une nouvelle adjudication du fermage de Bondy. L'Administration a compris qu'en imposant au fermier entrant la lourde charge de la reprise du stock, on le mettait dans de mauvaises conditions d'exploitation.

C'est pour obtenir la réduction à 2 millions de francs de cette charge qu'on a abaissé, en 1867, à 0 fr. 80 c. par mètre cube la redevance que la compagnie Lesage paye à la Ville.

Dans le nouveau projet de bail on a fait mieux encore; le stock à la fin de ce bail sera complètement supprimé.

LES ÉGOUTS

TABLE DES CHAPITRES

APPENDICE

ANNEXES

LES VIDANGES

TABLE DES CHAPITRES

PREMIÈRE PARTIE

FOSSES. — EXTRACTION. — VOIRIES.

DEUXIÈME PARTIE

DES AMÉLIORATIONS A FAIRE. — FOSSES ET VIDANGES.

TROISIÈME PARTIE

DES VOIRIES.

MÉMOIRE

SUR L'ASSAINISSEMENT DE PARIS

(Septembre 1871)

TRANSFORMATION DE LA VIDANGE ET SUPPRESSION DE LA VOIRIE DE BONDY.

ACHÈVEMENT DES ÉGOUTS

ET

EMPLOI DE LEURS EAUX DANS L'AGRICULTURE.

TABLE ALPHABÉTIQUE

DES MATIÈRES

———

W